应 用 光 学

YINGYONG GUANGXUE

（第2版）

胡玉禧　编著

中国科学技术大学出版社

内 容 简 介

本书是作者多年来在中国科学技术大学讲授"应用光学"课程的基础上编写而成。全书内容分三部分：第一部分是光学成像基本理论，主要讲授高斯光学与各种光学元件的成像特性，简单介绍像质评价和光能计算方法；第二部分主要讲授各种应用光学系统，除经典的目视、摄像、投影光学系统外，还包括激光、光纤和红外等现代应用光学系统；第三部分讲授光学系统设计方法，系统介绍光学系统设计的全过程，包括总体方案选择、外形尺寸计算、像差平衡和光学制造技术条件制定等具体方法。

本书是光学工程、仪器科学与技术、精密仪器及机械、测控技术与仪器、测试计量技术及仪器、光信息科学与技术等专业的本科生和研究生的专业基础课教材，也是从事光电仪器设计和制造的专业技术人员的参考书。本书有配套习题集《应用光学试题与解析》。

图书在版编目(CIP)数据

应用光学/胡玉禧编著. — 2 版. —合肥：中国科学技术大学出版社，2009.1
(2024.7重印)
(中国科学院指定考研参考书)
ISBN 978-7-312-02287-6

Ⅰ.应… Ⅱ.胡… Ⅲ.应用光学—研究生—入学考试—自学参考资料
Ⅳ.O439

中国版本图书馆 CIP 数据核字(2008)第 211066 号

中国科学技术大学出版社出版发行
安徽省合肥市金寨路 96 号，230026
http://press.ustc.edu.cn
https://zgkxjsdxcbs.tmall.com
合肥市宏基印刷有限公司印刷
全国新华书店经销

开本：710 mm×960 mm 1/16 印张：21.75 字数：420 千
1996 年 9 月第 1 版 2009 年 2 月第 2 版 2024 年 7 月第 11 次印刷
定价：60.00 元

再 版 前 言

应用光学自 1996 年出版以来,在若干高校作为应用光学、工程光学课程的教材,并被列为中国科学院指定考研参考书.本次修改再版是在第 1 版的基础上,根据作者的多年教学实践和读者的宝贵意见,对内容作了如下的补充、调整和修改.

1. 根据光学科学技术的发展,在典型光学系统部分增加了激光微光斑形成系统、半导体激光整形系统、光纤内窥系统、CCD/CMOS 摄像系统、超远摄和超广角成像系统、红外遥感系统和光学无热化(消热差)系统等;

2. 主要章节中增加了设计计算实例,这些例子来源于科研实践,具有实用和参考价值;

3. 每章增加了习题,选用习题的原则是,讲究实效不求数量.通过学生的解题训练,加深对教材内容的理解;

4. 最后一章光学系统设计,改写成对光学系统设计全过程的描述,把教学内容与课程设计相结合,激发学生的学习兴趣,达到学以致用的目的;

本教材中的缺点和错误,恳请读者批评指正.

胡玉禧

2008 年修改于合肥

前　　言

　　根据面向 21 世纪的教学内容和课程体系改革要求,为适应科学技术的发展和培养人才的需要,我们重新编写了本教材.

　　本教材共分十一章,前五章论述高斯光学理论及基本光学零件的成像特性,并从实用出发介绍像质评价和光能计算方法;第六到第十章讨论典型光学系统,除经典的目视和摄影、投影光学系统外,增添了激光、光纤和红外等现代应用光学系统;最后一章对光学系统计算机辅助设计的原理和方法作了简要介绍.本教材不仅注意了必要的理论基础,保持内容的系统性和完整性,又努力反映了技术光学领域的新发展,并注意培养学生解决实际问题的能力.

　　本教材由中国科学技术大学和北京理工大学教师共同编著.具体分工是中国科学技术大学胡玉禧负责第一、二、三、四、五、七、八、九、十一章;北京理工大学安连生负责第六、十章.

　　在教材编写过程中,曾得到不少同志的帮助,谨致谢意.由于我们水平有限,书中错误和缺点在所难免,恳请读者指正.

胡玉禧　安连生

1996 年 2 月

目　　次

第一章　几何光学基本原理和成像概念

　　撇开光的波动本性,仅以光线为基础,研究光在透明介质中传播问题的学科,称为几何光学.本章首先引入几何光学中的光线概念,然后讨论光线的传播规律,即几何光学的基本定律和两种重要的光传播现象,最后给出有关理想光学系统和理想像的基本概念.

第一节　光波和光线

一、光波

　　现代物理学认为,光是一种具有波、粒二象性的物质,即光既具有波动性又具有粒子性.一般来说,除了研究光和物质作用的情况下必须考虑光的粒子性之外,其他情况下都把光作为电磁波看待,称为"光波".

　　图 1.1 表示了电磁波按波长分类的情况.光波的波长比一般无线电波短得多,其波长范围约为 $10 \sim 10^6$ nm(1 nm $= 10^{-6}$ mm $= 10^{-3}$ μm $= 10$Å).波长在 $400 \sim 760$ nm 的光波能够为人眼所感觉,称为"可见光",超出这个范围人眼就感觉不到.在可见光波段内,不同波长的光产生不同的颜色感觉,具有单一颜色的光称为"单色光".将几种单色光混合得到的光称为"复色光".用红、橙、黄、绿、蓝、靛、紫七种单色光按一定比例混合即可得到白光.不同颜色的光对应的波长范围及表示符号如图1.2所示.

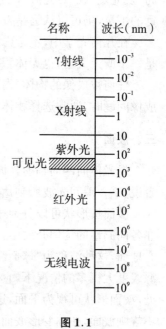

名称	波长(nm)
γ射线	10^{-3}
	10^{-2}
	10^{-1}
X射线	1
	10
紫外光	10^2
可见光	
	10^3
红外光	10^4
	10^5
	10^6
	10^7
无线电波	10^8
	10^9

图 1.1

不同波长的光波在真空中具有完全相同的速度,其值为:c≈3×10⁸ m/s.在空气中也近似此值.在水、玻璃等透明介质中,光的传播速度比在真空中慢,且速度随波长不同而改变.

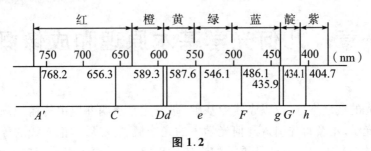

图 1.2

二、发光体与发光点

凡能辐射光能的物体统称为"发光体"或"光源".一切自身发光(例如太阳、恒星、灯等等)或受到光照射而发光的物体均可视为发光体.

当发光体的大小与其辐射光能的作用距离相比可以忽略时,则此发光体可视为"发光点"或"点光源".例如,对于地球上的观察者来说,体积超过太阳但距离遥远的恒星,仍可以认为是发光点.

在几何光学中,不考虑发光点所包含的物理概念(如光能密度等),认为发光点是一个既无大小,也无体积而只有位置的发光几何点.

任何被成像的物体(发光体)均由无数个发光点组成.在研究光的传播与物体成像问题时,通常选择物体上某些特定的点来进行讨论.

三、波面

发光体向四周辐射光波,在某一瞬时,光振动位相相同各点所构成的曲面,或者说,某一瞬间光波所到达的位置称为"波阵面",简称"波面".

波面按形状可以分为球面、平面(以上为规则波面)和任意曲面(不规则波面).在各向同性的均匀介质中,发光点所发出的光波波面,是以发光点为中心的一些同心球面,这种波称为"球面波".对有一定大小的实际发光体,在光的传播距离比光源线度大得多的情况下,它所发出的光波也可近似视为球面波.在距发光点无限远处,波面形状可视为平面,这种波称为"平面波".偏离上述规则波面的任意曲面为不规则波面,亦称变形波面.

四、光线

光既然是电磁波,研究光的传播问题,应是一个波动传播问题.但是,几何光学中研究光的传播,并不把光看做是电磁波,而把光看做是能够传输能量但没有截面大小,只有位置和方向的几何线.这样的几何线叫做"光线".发光体发光就是向四周发出无数条几何线,沿着每一条几何线向外发散能量.根据物理光学观点,在各向同性介质中,辐射能量是沿着波面的法线方向传播的.因此,物理光学中的波面法线就相当于几何光学中的光线.换句话说,光线必定垂直于波面,如图1.3所示.

图 1.3

五、光束

无限多条光线的集合称"光束".常见的光束有图1.4所示三种类型:

同心光束

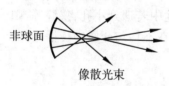

像散光束

平行光束

图 1.4

同心光束——相交于同一点或由同一点发出的一束光线.其对应的波面形状为球面.

像散光束——不聚交于同一点或不是由同一点发出的光束.对应的波面形状为非球面.

平行光束——没有聚交点而互相平行的光线束.对应的波面为平面.

上述各概念中,光线是几何光学中最基本最感兴趣的一个概念.但是,光线并不是一个物理实体,它只是一种数学工具,只是人们直接从无数客观光学现象中抽象出来的一个概念.由于在自然界中的许多光的传播现象,例如我们常见的影子的形成、日蚀、月蚀、小孔成像等,都可以用把光看做光线的概念来解释,所以,光线始终被用在几何光学中.

几何光学研究光的传播,也就是研究光线的传播.光线是一些具有方向的几何线,因此,几何光学中研究光的传播问题,就变成了一个简单的几何问题,这就是"几何光学"名称的由来.同时也说明了在研究光的传播问题上,为什么几何光学比物理光学简单容易得多.

以光线代替光波后,光波本身的衍射特性被忽略.从而使以光线表示的光的传播特性具有近似性.但是,绝大多数光学系统的通光口径比波长大得很多很多,衍射现象并不能察觉.而且,几何光学使光传播问题的研究大为简化.因此,以光线作为基本概念的几何光学理论具有很重要的实用价值.目前使用的光学仪器,绝大多数都是按几何光学原理设计出来的.随着科学技术发展,新的成像方法不断涌现,但很多方法远不如几何光学方法成熟,几何光学理论至今仍然是最重要的成像理论.

第二节　光线的传播规律
——几何光学的基本定律

一、直线传播定律

在各向同性的均匀透明介质中,光是沿着直线传播的.这就是光的直线传播定律.这个定律可以解释很多自然现象,例如上节提到的日食、月食、小孔成像等.很多仪器的设计原理也是以此定律为基础.但是应该注意,光的直线传播定律只有在一定的条件下才成立,这就是光必须在各向同性的均匀介质中传播,且在行进途中不遇到小孔、狭缝和不透明的小屏障等阻挡.光在传播途中若遇到小孔、狭缝等,则根据波动光学的原理将发生衍射现象而偏离直线.光若在不均匀介质中传播,光的轨迹将是任意曲线.

二、独立传播定律

从不同发光体发出的互相独立的光线,以不同方向相交于空间介质中的某一点时,彼此互不影响,各光线独立传播.这就是光的独立传播定律.

利用几个探照灯在夜空中搜寻、交会飞机是这一定律的有说服力的例证.在几束光的交点处,光能量相加,通过交点后,各光束仍按各自原来的方向及能量分布向前传播.

光的独立传播定律的意义在于,当考虑某一光线的传播时,可不考虑其他光线对它的影响,从而使得对光线传播情况的研究大为简化.

应该指出,光的独立传播定律仅对不同发光体发出的光即非相干光才是准确的.如果由同一光源发出而后又被分开的两束光,经过不同的路径相交于某点,这样的两束光当满足一定条件时,可能成为相干光而发生干涉现象,则独立传播定律不适用.

三、反射定律和折射定律

这是研究光在两种均匀透明介质分界面上的传播规律的定律.一般说,光在两种均匀介质分界面处将产生复杂的现象:在光滑分界表面(指表面任何不规则度大约≤波长数量级)上,将产生规则的反射和折射;而在粗糙分界表面处将产生漫反射和漫折射.反射和折射定律指的是在光滑界面上的光传播规律.

若一束光投射到两种介质分界面上,如图 1.5 所示,其中一部分光线在分界面上反射到原来的介质,称为反射光线;另一部分光线透过分界面进入第二种介质,并改变原来的方向,称为折射光线.反射和折射光线的传播规律,就是反射和折射定律.为了便于表述这些定律,首先引入以下几个名词.

入射光线和界面法线间的夹角 I 称入射角;反射光线和界面法线间夹角 I'' 称反射角;折射光线和界面法线间夹角 I' 称折射角;入射光线和界面法线构成的平面称入射面.

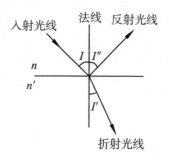

图 1.5

反射和折射定律可分别表述如下.

反射定律:

1. 反射光线位于入射面内;

2. 反射角等于入射角,即

$$I'' = I \tag{1.1}$$

折射定律:

1. 折射光线位于入射面内;

2. 入射角和折射角正弦之比,对两种一定的介质来说,是一个与入射角无关的常数.它等于折射光线所在介质折射率 n' 与入射光线所在介质折射率 n 之比

$$\frac{\sin I}{\sin I'} = \frac{n'}{n} \tag{1.2}$$

n,n' 为介质的绝对折射率,指真空中光速 c 与介质中光速 v(或 v')之比,即

$$\left. \begin{array}{l} n = \dfrac{c}{v} \\[2mm] n' = \dfrac{c}{v'} \end{array} \right\} \tag{1.3}$$

由于光线是具有方向的几何线,可以用向量来表示,因此,折射定律和反射定律也可用向量公式表示.

如图1.6a所示,入射光线的方向用单位向量 Q 表示,折射光线的方向用单位向量 Q' 表示,法线方向用单位向量 N 表示,则折射定律可以用下列向量公式表示:

$$n\,Q \times N = n'Q' \times N$$

或者

$$(n\,Q - n'Q') \times N = 0 \qquad\qquad (1.4)$$

由于 $|Q \times N| = \sin I$,$|Q' \times N| = \sin I'$,因此,上述向量公式既代表了入射角 I 和折射角 I' 之间的数量关系 $n\sin I = n'\sin I'$,同时也表示 Q,Q',N 三个向量共面.

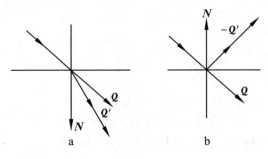

图 1.6

对于反射的情形,用 $-Q'$ 向量代表反射光线方向的单位向量,见图 1.6b. 根据反射定律,$Q,-Q',N$ 向量之间应满足下列关系

$$Q \times N = -Q' \times N \qquad\qquad (1.5)$$

这就是反射定律的向量公式.如果把 $n' = -n$ 代入公式(1.4),就可以得到公式(1.5).因此,可以把反射定律看做是折射定律在 $n' = -n$ 时的特例.

至于光在不均匀介质中传播的规律,我们可以把不均匀介质看做是由无限多的均匀介质组合而成的.光线在不均匀介质中的传播,可以看做是一个连续的折射.随着介质性质不同,光线传播曲线的形状各异.由上讨论可见,直线传播定律、独立传播定律、反射和折射定律能够说明自然界中光线的各种传播现象,它们是几何光学中仅有的物理定律.因此,称为几何光学的基本定律.几何光学的全部内容,就是在这些定律的基础上用数学方法研究光的传播问题.

第三节　马吕斯定律和费马原理

马吕斯定律是表述光线传播规律的另一种形式.其内容如下：

与某一曲面垂直的一束光线,经过任意次折射、反射后,必定与另一曲面垂直,而且位在这两个曲面之间的所有光线的光程相等.

该定律首先肯定了和光束垂直的曲面,即波面永远连续存在,而且这些曲面按照等光程的规律传播.

根据光的波动性质,马吕斯定律的成立显然不成问题.因为光既是电磁波,波面当然是连续存在的.按照波面的定义,任意两个波面之间,所有光线的传播时间相同.又根据光程定义,光程 L 是几何路程 S 和介质折射率 n 的乘积,即

$$L = S \cdot n = S \cdot \frac{c}{v} = t \cdot c \tag{1.6}$$

所以,只要光线的传播时间 t 相同,它们的光程也就相同.因此,任意两波面之间必然是等光程.

马吕斯定律指出了由已知波面寻求未知波面的途径.例如有一波面 W,一束光线 $A_1 I_1, A_2 I_2, \cdots, A_k I_k$ 垂直于 W 波面,如图 1.7 所示.为了找出这些光线通过介质分界面 P 后的折射光线位置,可首先利用马吕斯定律找出折射后的波面.有了新波面,就可确定折射光线位置.假定折射面 P 两边的折射率分别为 n 和 n'.设光束中任一条光线 $A_i I_i$ 由 W 到 P 的距离为 S_i,则光程为 nS_i.假定由折射点 I_i 到新波面的距离为 $S_i{}'$,则光程等于 $n'S_i{}'$.两波面之间的光程为 $L = nS_i + n'S_i{}'$.对

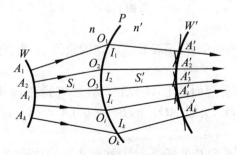

图 1.7

任一条光线,L,n,n',S_i 均为已知,满足上面的光程表示式便可求得 S_i'.以 S_i' 为半径,以 I_i 为圆心作圆弧.每一条光线都重复以上步骤,即可作出一系列圆弧.然后,作所有圆弧的包络线 W'.W'显然符合等光程条件.根据马吕斯定律,它就是我们要找的新的波面.作各折射点 I_i 和相应的圆弧和包络面的切点 A_i' 的连线 I_iA_i'.I_iA_i'显然垂直于波面 W'.所以,它就是我们要找的折射光线.

费马原理是光线传播规律的又一种形式.该原理为:实际光线沿着光程为极值的路线传播,或者说,光沿光程为极小、极大或常量的路径传播.

为了证明费马原理的正确,下面由费马原理导出直线传播定律,折射定律和反射定律.

在均匀介质中,折射率为常数,要求光程为极值,也就是要求几何路程为极值.两点之间直线最短,对应的光程为极小值,所以,均匀介质中光线按直线传播.

假定 A,B 两点分别位在折射率为 n 和 n' 的两种介质内,此两介质的分界面为平面 P,如图1.8所示.光线由 A 点发出,经过平面 P 折射传播到 B.下面根据费马原理确定实际光线的传播路线.

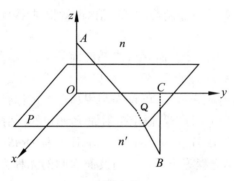

图1.8

为了表示实际光线的位置,需要建立一定的坐标系.为了推导简单,选取以下的直角坐标系.

设 xy 坐标面位在分界面 P 上;A 点在 z 轴上;B 点在 yz 坐标面内(图1.8).由 B 点作平面 P 的垂线 BC.并设 $AO=a$,$BC=b$,$OC=c$.A,B 两点的坐标分别为 $A(0,0,a)$,$B(0,c,b)$.

计算由 A 点经过平面 P 上任意一点 $Q(x,y,0)$ 到达 B 点的光程,得到
$$L = n \cdot AQ + n' \cdot QB$$

$$= n \cdot \sqrt{x^2 + y^2 + a^2} + n' \cdot \sqrt{x^2 + (c-y)^2 + b^2}$$

Q 点位置不同,光程 L 改变,因此,L 是 Q 点坐标 x,y 的函数.根据费马原理,实际光线是沿着光程为极值的路线传播.欲使 L 为极值,必须使它对 x,y 的一阶偏导数同时为零,这样得到

$$\frac{\partial L}{\partial x} = 0, \quad \frac{\partial L}{\partial y} = 0$$

根据以上两个条件即可确定实际光线的位置.

根据第一个条件,由 L 对 x 求偏导数得

$$\frac{\partial L}{\partial x} = \frac{nx}{\sqrt{x^2 + y^2 + a^2}} + \frac{n'x}{\sqrt{x^2 + (c-y)^2 + b^2}} = 0$$

由上式求解得:$x = 0$.

即 Q 点必须位在 y 轴上,这就是说 AQ 和 BQ 都位在 yz 坐标面内,Q 点的法线,显然也位在该平面内,由此得出折射定律的第一个内容:入射光线、折射光线和法线位在同一平面内.

根据第二个条件,由 L 对 y 求偏导数得

$$\frac{\partial L}{\partial y} = \frac{ny}{\sqrt{x^2 + y^2 + a^2}} - \frac{n'(c-y)}{\sqrt{x^2 + (c-y)^2 + b^2}} = 0$$

由第一个条件得到 $x = 0$,实际光线位在 yz 坐标面内,因此,下面的讨论限制在 yz 坐标面内.单独作出 yz 坐标面,如图1.9所示.同时在上式中把 $x = 0$ 代入得

$$\frac{\partial L}{\partial y} = \frac{ny}{\sqrt{y^2 + a^2}} - \frac{n'(c-y)}{\sqrt{(c-y)^2 + b^2}} = 0$$

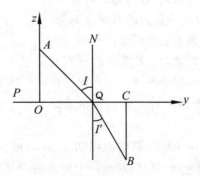

图1.9

设 AQ 和法线 QN 之间的夹角为 I,QB 和 QN 之间的夹角为 I',由图得到

$$\sin I = \frac{y}{\sqrt{y^2 + a^2}}, \quad \sin I' = \frac{c - y}{\sqrt{(c - y)^2 + b^2}}$$

将以上关系代入 $\frac{\partial L}{\partial y} = 0$ 公式得

$$n \sin I = n' \sin I'$$

可见,根据光程为极值的条件,又导出了折射定律的第二个内容.

同样的方法,可以由费马原理导出反射定律.反过来说,满足反射定律的光线必符合费马原理限定的路径.

设由 A 点发出根据反射定律决定的反射光线通过 B 点,如图 1.10 所示.如果从 A 到 B 有另一可能路程 AO_1B.作 B 点相对反射面的对称点 C,则有

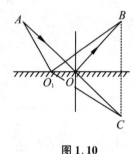

图 1.10

$$OB = OC, \quad O_1 B = O_1 C$$

按图上几何关系

$$AO + OC < AO_1 + O_1 C$$

即

$$AO + OB < AO_1 + O_1 B$$

显然,满足反射定律的光线必符合光程极短条件.

上面说明了在以平面为界面的情况下,按折射定律和反射定律行进的光线,其光程为极小值.但是,光程的一次导数等于零不仅是极小值的条件,也可以是极大值的条件.当以曲面为界面发生折射或反射时,随曲面的性质和曲度的不同,实际光程可能是极小,也可能是极大,还可能是常量.例如图 1.11 所示的以 F 和 F' 为焦点的椭球反射面.从椭球面性质可知,由两焦点引至椭球面上任一点的两直线之和为一常数,因此,由 F 发出的所有光线,不论从界面上哪一点反射到 F' 点,其光程皆相等.所以在这种情况下,光是沿着光程为常量的路径传播的.

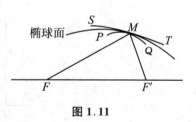

图 1.11

图 1.11 中还画出了两个均与椭球面相切于 M 点的反射面 PQ 和 ST,FM 和 MF' 为其入射光线和反射光线.显然,对这两个面来说,光程(FMF')均为一极值.但其中的 PQ 面因比椭球面更凹,因此,光程(FMF')为极大值;而 ST 面,因其曲度比椭球面小,光程(FMF')将是该面的最短光程.

上面我们由费马原理分别导出了直线传播定律、折射定律和反射定律.这就充

分说明了费马原理能够代表光线在不同情况下的传播规律.

几何光学的基本定律、马吕斯定律和费马原理,都能够说明光线传播的基本规律,都可以作为几何光学的基础.只要三者中任意一个已知,即可导出其余的两个.几何光学的基本定律是按不同的具体情况分别说明光线的传播规律,而马吕斯定律和费马原理则是用统一的方式加以说明,因而更具有普遍性.

第四节 光路可逆和全反射

上面介绍了光线传播的基本定律,本节将应用这些定律来研究两种重要的光的传播现象——光路可逆和全反射.

一、光路可逆

一条光线沿着一定的路线,从空间的 A 点传播到 B 点.如果我们在 B 点,按照与 B 点处出射光线相反的方向投射一条光线,则此反向光线必沿同一条路线通过 A 点,光线传播的这种现象称为光路可逆.

光路可逆现象,不论是在均匀介质中光直线传播时,还是在两种均匀介质界面上发生折射与反射时都同样存在.

推而广之,光线经过一个复杂的系统,不论通过何种介质,经过多少次反射和折射,光路可逆现象都始终存在,如图 1.12 所示.

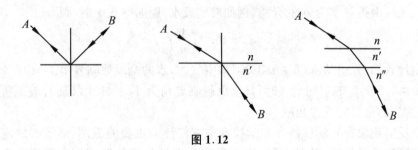

图 1.12

光路可逆现象具有重要意义.根据这一现象,在研究光线传播规律、进行光学设计时,可以按实际光线进行的方向来研究、计算;必要时,也可按与实际光线相反的方向(即所谓"反向光路")来进行研究与计算,其结果是完全相同的,这对解决实际问题提供了极大的方便.这点尤其对透镜设计十分重要.

二、全反射

在一般情况下,投射在两种介质分界面上的每一条光线,都分成两条:一条光线从分界面反射回到原来的介质;另一条光线经分界面折射进入另一种介质.随着光线入射角的增大,反射光线的强度逐渐增强,而折射光线的强度则逐渐减弱.

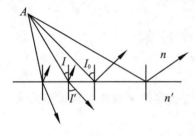

图 1.13

在图 1.13 中,介质 n 内的发光点 A 向各方向发出光线,投射在介质 n 和 n' 的分界面上.每条光线都分成一条折射光线和一条反射光线.假定 $n>n'$,根据折射定律 $n\sin I = n'\sin I'$ 得到 $I'>I$.

当入射角 I 增大时,相应的折射角也增大.同时,反射光的强度随之增加,而折射光的强度逐渐减小.当入射角增大到 I_0 时,折射角 $I' = 90°$.这时,折射光线掠过两介质的分界面,并且强度趋近于零.当入射角 $I>I_0$ 时,折射光线不再存在,入射光线全部反射.这样的现象称为全反射.折射角 $I' = 90°$ 对应的入射角 I_0 称为全反射临界角.

由上述分析看出,发生全反射必须满足两个条件:光线从折射率高的介质(光密介质)射向折射率低的介质(光疏介质),并且入射角大于全反射临界角.

根据折射定律,可以确定全反射临界角

$$I_0 = \sin^{-1}\left(\frac{n'}{n} \cdot \sin90°\right) = \sin^{-1}\left(\frac{n'}{n}\right)$$

当光线由折射率为 n 的介质(例如玻璃或水)射向空气中时,则有

$$I_0 = \sin^{-1}\left(\frac{1}{n}\right) \tag{1.7}$$

由计算知,光线从水($n = 1.33$)射向空气时,水的全反射临界角 $I_0 = 48°36'$.光线从 $n = 1.5$ 的玻璃射向空气时,其全反射临界角为 $I_0 = 41°48'$.随着玻璃折射率增大,对应的全反射临界角减小.

全反射现象在光学仪器和光学技术中有广泛而重要的应用.最重要的应用有反射棱镜和光学纤维.此外,折射率测量和分划板刻线的照明等也都应用全反射原理.

第五节　光学系统及成像的基本概念

一、光学系统的基本概念

　　人们通过对光传播规律的研究,设计制造了各种光学仪器.光学仪器的核心部分是光学系统.大多数光学系统的基本作用是成像,即将物体通过光学系统成像,以供人眼观察、照相或光电器件等接收.

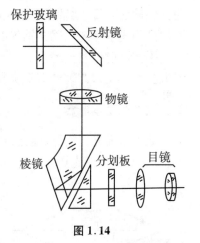

图 1.14

　　所有的光学系统,都是由一些光学零件按照一定方式组合而成.如图 1.14 所示为一个光学瞄准镜的光学系统图.它是由两组透镜(物镜和目镜)、一组棱镜、一个平面反射镜、一个分划板和一块保护玻璃组成.

　　组成光学系统的光学零件,基本有如下几类:

　　1. 透镜.单透镜按其形状和作用可分为两类:第一类为正透镜,又称凸透镜或会聚透镜.其特点是中心厚边缘薄,起会聚光束作用.这类透镜又具有各种不同形状,如图 1.15a 所示;第二类为负透镜,又称凹透镜或发散透镜.其特点是中心薄边缘厚,起发散光束作用.这类透镜的各种形状如图 1.15b 所示.

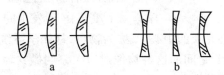

图 1.15

　　2. 反射镜.按形状可以分为平面反射镜和球面反射镜.球面反射镜又有凸面镜和凹面镜之分.

　　3. 棱镜.按其作用和性质,可以区分为反射棱镜和折射棱镜.

4. 平行平板. 工作面为两平行平面的折射零件.

所有的光学零件都是由不同介质(光学玻璃或塑料、晶体等)的一些折射和反射面构成. 这些面形可以是平面、球面,也可以是非球面. 由于球面和平面便于大量生产,因而目前绝大多数光学系统中的光学零件面形均为球面和平面. 但是,随着工艺水平的提高,非球面也正被更多地采用.

凡由球面透镜(平面可视为半径无限大的球面)和球面反射镜组成的系统称为球面系统. 所有球面球心的连线为光学系统的光轴. 光轴为一条直线的光学系统称为共轴球面系统. 共轴球面系统的光轴也就是整个系统的对称轴线. 本教材中所讨论的球面光学系统均属共轴球面系统.

平面反射镜和棱镜、平行平板等组成平面镜棱镜系统. 实际中采用的光学系统绝大多数都是由共轴球面系统和平面镜棱镜系统组合而成.

二、成像的基本概念

无论是发光的物体,还是被照明而发光的物体,均可视为其表面是由许多发光点组成的. 每个发光点均发射出球面波,每个球面波都对应着一束同心光束.

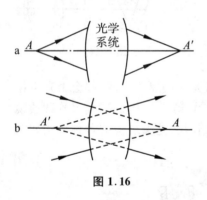

图 1.16

光学系统的基本作用,是接收由物体表面各点发出的一部分入射球波面,并改变其形状,最终生成物体的像. 从光束的角度看,光学系统的成像,本质上就是进行光束变换. 即将一个发散或会聚的同心光束,经过系统的一系列折射和反射后,变换成为一个新的会聚或发散的同心光束. 如图 1.16 所示,A 点发出的一束发散同心光束,经光学系统后得到一束会聚于 A' 点的会聚同心光束. 或者,一束会聚于 A 的同心光束经光学系统后变成由 A' 发出的一束发散同心光束. 入射到光学系统上的同心光束的中心 A 称为物点;从光学系统出射的同心光束的中心 A' 称为像点. A 和 A' 之间的这种物像对应关系叫做共轭,物点 A 和像点 A' 之间沿光轴的距离 AA' 称共轭距.

同心光束各光线实际通过的交点,或者说由实际光线相交形成的点称为实物点或实像点,如图 1.16a 所示. 由这样的点所构成的物和像称为实物和实像. 实像可直接被屏幕、底片和光电器件等记录,即直接呈现在接收面上.

由实际光线的延长线的交点所形成的物点和像点称为虚物点和虚像点,如图 1.16b 中的 A 和 A'. 由这样的虚点所构成的物和像称为虚物和虚像. 虚物通常是前面的光学系统所成的像;虚像可以被眼睛感受,但不能在屏幕或底片或其他接收面上得到.

物和像是相对的,前面光学系统所生成的像,即为后一个光学系统的物.

物和像所在的空间分别称为物空间和像空间.若规定光线自左向右行进,则整个光学系统第一面左方的空间为实物空间,第一面右方的空间为虚物空间;整个光学系统最后一面右方的空间为实像空间,最后一面左方的空间为虚像空间.可见,物空间和像空间是可以无限扩展的,它们都占据了整个空间.那种认为只有整个光学系统第一面左方的空间才是物空间、光学系统最后一面右方的空间才是像空间的看法显然是错误的.

但是,在进行光学计算时,不论是对整个系统,还是每一个折射面,其物方折射率均应按实际入射光线所在介质的折射率来计算;其像方折射率应按实际出射光线所在介质的折射率计算,而不管是实物还是虚物,是实像还是虚像.

根据实际光线光路可逆现象,如果把像点 A' 看做物点 A,则由 A' 点发出的光线必相交于物点 A 处,A 就成了 A' 通过光学系统成的像,A 和 A' 仍然满足物像共轭关系.

第六节 理想像和理想光学系统

一、共轴理想光学系统成像性质

光学系统成像的最基本要求是像应清晰.为了保证成像清晰,必须使一物点发出的全部光线,通过光学系统以后仍相交于一点.也就是说每一个物点都对应唯一的像点.如果光学系统物空间和像空间均为均匀透明介质,根据光线的直线传播定律,符合点对应点的像同时满足直线成像为直线,平面成像为平面.这样一种物、像空间符合点对应点,直线对应直线,平面对应平面关系的像称为理想像,把成像符合上述关系的光学系统称为理想光学系统.

对于共轴光学系统,光轴即为系统的对称轴.由于系统的对称性,共轴理想光学系统所成的像还具有如下性质:

1. 位在光轴上的物点对应的像点也必然位于光轴上;位于过光轴的某一个截面内的物点对应的像点必位在同一平面内;同时,过光轴的任意截面成像性质都是相同的.因此,我们可以用一个过光轴的截面来代表一个共轴光学系统.另外,垂直于光轴的物平面,它的像平面必然垂直于光轴.

2. 位于垂直于光轴的同一平面内的物所成的像,其几何形状和物完全相似.也就是说,在整个物平面上无论什么位置,物和像的大小比例等于常数.像和物的大小之比称为放大率.所以,对共轴理想光学系统来说,垂直于光轴的同一平面上的各部分具有相同的放大率.对此性质,我们可以作下面的证明.

假定 O,P,Q 为垂直于光轴的三个物平面,O',P',Q' 分别为它们的像平面,同样垂直于光轴,如图 1.17 所示.在 Q 平面上取对称于光轴的两点 G,H,它们的像 G',H' 也一定对称于光轴.在 P 平面上任取一点 E,它的像在 P' 平面上为 E'.连接 GE 和 HE,交平面 O 于 A,B;连接 $G'E'$ 和 $H'E'$,交平面 O' 于 A',B'.根据理想像的性质,$A'B'$ 显然就是 AB 的像.如果我们在 P 平面上取不同的 E 点位置,E' 点在 P' 平面上的位置随之改变,AB 和 $A'B'$ 在平面 O 和 O' 上也将对应不同的位置.由图可以看到,AB 和 $A'B'$ 的大小显然不变,因此,两者之比不变,证明了同一垂直面内具有相同的放大率.

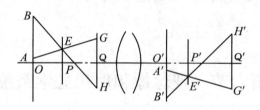

图 1.17

当光学系统物空间和像空间符合点对应点、直线对应直线、平面对应平面的理想成像关系时,一般来说,物和像并不一定相似.在共轴理想光学系统中,只有垂直于光轴的平面才具有物像相似的性质.对绝大多数光学仪器来说,都要求像和物在几何形状上完全相似.因为人们使用光学仪器的目的,就是为了帮助人们看清用眼睛直接观察时看不清的细小或远距离的物体.如果通过仪器观察到的像和物不相似,我们就不能真正了解实际物体的情况.因此,我们总是使物平面垂直于共轴光学系统的光轴,在讨论共轴光学系统的成像性质时,也总是取垂直于光轴的共轭面.

3. 一个共轴理想光学系统,如果已知两对共轭面的位置和放大率,或者已知一对共轭面的位置和放大率以及光轴上的两对共轭点的位置,则其他一切物点的像点都可以根据这些已知的共轭面和共轭点确定.对此性质,证明如下:

如图 1.18a 所示,O,O' 和 P,P' 为已知放大率的两对共轭面;D 为任意的其他物点,要求它的像点 D' 的位置.为此,连 DP 和 DO 两直线分别交 O,P 平面于 A, B 两点.由于 O,P 两平面的像平面 O',P' 的位置和放大率为已知,所以能够找到它们的共轭点 A',B'.作连线 $A'P'$ 和 $B'O'$,两连线相交于 D' 点,它就是 D 点的像.因为按照理想像的性质,由一点发出的光线仍相交于一点,从 O,B 和 A,P 入射的光线必然通过 O',B' 和 A',P',所以,$O'B'$ 和 $A'P'$ 就是入射光线 OB 和 AP 的出射光线,它们的交点 D' 必然就是 D 点的像.

如图 1.18b 所示,O,O' 为已知的一对共轭面;P,P' 和 Q,Q' 为光轴上的两对已知的共轭点.D 点为任意的其他物点,连 DP 和 DQ 两直线,使之交平面 O 于 A, B 两点.根据平面 O 的共轭面 O' 的位置和放大率,可找到它们的像点 A' 和 B'.作 $A'P'$ 和 $B'Q'$ 相交于一点 D',和前面同样理由,D' 就是 D 点的像.

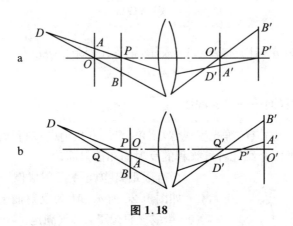

图 1.18

由此性质可知,共轴理想光学系统的成像特性可以用这些已知的共轭面和共轭点来表示.这些已知的共轭面和共轭点位置可以是任意的,为了应用方便,人们规定统一采用一些特殊的共轭面和共轭点作为已知的共轭面和共轭点,称为光学系统的基面和基点.有关基面、基点的定义、性质及计算将在第二章中详细叙述.

二、物点理想成像的条件——等光程

按照理想像的定义,单个物点的理想成像,就是要求由物点 A 发出的全部光线,通过光学系统后,仍然聚交于一点 A',如图 1.19 所示.因为 A 和 A' 是一对理想的共轭物像点,所以,A 和 A' 分别是同心光束的中心.以 A 和 A' 为球心,分别作球面 W 和 W',W 和 W' 分别与入射和出射的所有光线垂直,因此,它们是光束的波面.按马吕斯定律,W 和 W' 之间的所有光线都是等光程的.同时,由 A 到 W 以

及由 W' 到 A' 的所有光线也都是等光程的. 所以,由物点 A 到像点 A' 的所有光线都是等光程的. 由此得出结论:

物点 A 通过光学系统理想成像于 A' 时,物点和像点间的所有光线为等光程. 或者说,等光程是理想成像的条件.

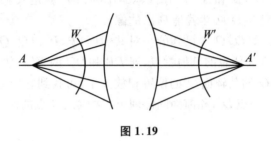

图 1.19

从 A 到 A' 的光程用符号 (AA') 表示,则等光程条件可以写作

$$(AA') = 常数$$

三、理想成像的界面——等光程面

要实现对某一物点的等光程成像,用单个界面(反射的或折射的)就能满足,称其为等光程面. 下面介绍几种等光程的反射面和折射面.

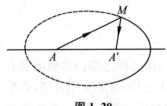

图 1.20

1. 有限距离物点 A 反射成像于有限距离 A' 点.

如图 1.20 所示,M 为反射面上任意一点. 欲使物点 A 成理想像于 A',须满足

$$(AA') = AM + MA' = 常量$$

由解析几何可知,对两定点距离之和等于常数的点的轨迹是以该两定点为焦点的椭圆. 所以,椭球面反射镜对它的两个焦点等光程. 位在一个焦点处的物点 A 经椭球面反射后,在另一焦点处形成理想像点 A'. 因此,椭球反射面是使有限距离物点反射成像于有限距离的等光程面.

2. 无限远物点 A 反射成像于有限距离 A' 点.

和无限远物点对应的光束是平行光束,对应的波面为平面. 如图 1.21 所示,任一平面波面 W 到无限远物点 A 的光程相等. 要实现 A' 理想成像,必须满足 W 面上各点发出光线到 A' 点等光程,即

$$(GA') = (G_1 A') = 常数$$

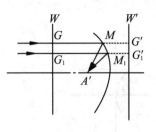

图 1.21

或者

$$GM + MA' = G_1 M_1 + M_1 A' = 常数$$

作辅助面 W' 平行于 W 面.显然,W 面和 W' 面间等光程,即

$$GM + MG' = G_1 M_1 + M_1 G_1' = 常数$$

如果能使 $MA' = MG'$,$M_1 A' = M_1 G_1'$,则 A' 必为理想像点.根据解析几何,到一定点的距离与到一定直线的距离相等的动点 M 的轨迹是以该定点作为焦点,以定线作为准线的抛物线.所以,抛物面反射镜是满足无限远物点理想成像于有限距离的等光程面.

3. 有限距离物点 A 折射成像于有限距离 A' 点.

如图 1.22 所示,欲使 A 点经折射面成理想像于 A',须满足

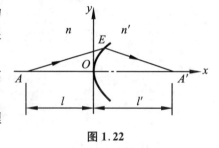

图 1.22

$$(AA') = n \cdot AE + n' \cdot EA' = nl + n'l' = 常数$$

为方便计,取一原点与折射面顶点重合的直角坐标系,x 轴与 AA' 重合,则上式成为

$$n \cdot \sqrt{(l+x)^2 + y^2} + n' \cdot \sqrt{(l'-x)^2 + y^2} = nl + n'l'$$

或者

$$n'\left[l' - \sqrt{(l'-x)^2 + y^2}\right] + n\left[l - \sqrt{(l+x)^2 + y^2}\right] = 0$$

这是一个四次曲线方程,为卵形线.曲线绕 Ox 轴旋转得到的笛卡儿卵形面即为 A 和 A' 点的等光程折射面.

4. 有限远物点 A 折射成像于无限远处.

像点 A' 在无限远处时,出射波面 W 为平面波面,如图 1.23 所示.此时,A 和 A' 间的等光程条件为

$$n \cdot \sqrt{(l+x)^2 + y^2} + n' \cdot EG = nl + n'x + n' \cdot EG$$

即

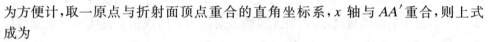

$$n'x + n\left[l - \sqrt{(l+x)^2 + y^2}\right] = 0$$

这是一个二次曲线方程.当 $n < n'$ 时,为双曲线,如图1.23a所示.当 $n' < n$ 时,为椭圆,如图1.23b所示.所以,两种情况下的等光程面分别为双曲面和椭球面.

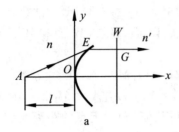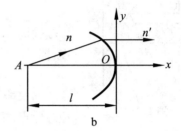

图 1.23

习　题

1. 已知光在真空中的速度为 3×10^8 m/s，求光在以下各介质中的速度：水（$n = 1.333$）；冕玻璃（$n = 1.50$）；重火石玻璃（$n = 1.65$）；加拿大树胶（$n = 1.526$）.

2. 一个折射率为 $\sqrt{3}$ 的玻璃球，入射光线的入射角为 $60°$，求折射光线和反射光线间夹角.

3. 人眼垂直看水池中 1 m 深处的物体，问该物体的像到水面的距离是多少？

4. 为了从坦克内部观察外界目标，需要在坦克装甲上开一个孔，假定坦克装甲厚度为 200 mm，孔宽为 120 mm，在孔内安装一块折射率 $n = 1.5163$ 的玻璃，厚度与坦克装甲厚度相同，问在观察者眼睛左右移动的条件下，能看到外界多大的角度范围？

5. 游泳者在水中向上仰望，能否感觉整个水面都是明亮的？

6. 一束与凹面反射镜轴线对称的平行光，经凹面镜反射后聚焦于一点，用等光程条件证明该凹面镜为抛物面镜.

7. 一界面把 $n = 1$ 和 $n = 1.5$ 的介质分开，设此分界面对无限远和像距 $l' = 100$ mm 处的点为等光程面，求此分界面的表达式.

第二章　高　斯　光　学

　　物空间一点经光学系统后仍成像为一点,并且物空间中的任一直线和平面都与像空间中的一直线和一平面相对应,这样的光学系统便定义为理想光学系统.理想光学系统的理论最早由高斯(Gauss)提出,因而人们通常把理想光学系统的理论称为高斯光学.高斯光学可用在任何结构的光学系统中,但仅适用于物体发出的光线很靠近光轴的一个空间区域,这个空间区域称为高斯区域,又称近轴区域.本章主要解决共轴球面系统中的求理想像问题,首先导出近轴区域的成像关系和性质,然后引入理想光学系统的基面和基点,讨论如何由基面和基点求理想像以及确定光学系统基面和基点的方法.

第一节　实际光路计算

　　共轴球面系统的求像问题,也就是在已知光学系统结构参数及物平面位置和大小的条件下,求像的位置和大小的问题.为了找到某一物点的像,只要根据几何光学基本定律,找出物点发出的一系列光线通过光学系统以后的出射光线位置.这些出射光线的交点就是该物点的像点.共轴球面系统是由一些球心位在同一条直线上的球面组成的,其前一面的折射光线就是后一面的入射光线.所以,为了由入射光线位置找到通过光学系统后的出射光线位置,只要依次找出各面的折射光线即可.由入射光线计算出射光线的过程称为光路计算或光路追迹.

　　下面首先导出实际光线经过单个球面折射时,由入射光线位置计算出射光线位置的公式.

一、球面折射光路计算公式

　　图 2.1 所示是一条位在纸平面内的光线经球面折射的光路.对于单个球面,凡

过球心 C 的直线就是其光轴.光轴与球面的交点 O 称为顶点.球面的半径用 r 表示,球面两边折射率分别为 n 和 n'.

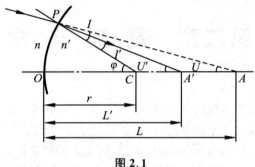

图 2.1

在含光轴的面内,入射到球面上的光线,可以用两个量来确定其位置.一是从顶点 O 到光线与光轴交点 A 的距离,记之以 L,称为截距;另一是入射光线与光轴的夹角,记之以 U,称为孔径角.这条光线经球面折射以后,仍在含光轴面内,其位置相应地也可用截距和孔径角两个量确定.但为了区分是入射光线还是折射光线,在表示折射光线位置的字母右上方加撇,即用 L' 和 U' 表示折射光线位置. L 和 U 称为物方截距(简称物距)和物方孔径角; L' 和 U' 称为像方截距(简称像距)和像方孔径角.

下面讨论在给定球面半径 r 和两边介质折射率 n, n' 时,如何由已知的入射光线坐标 L 和 U 求出出射光线的坐标 L' 和 U'.

为了便于推导,作入射点 P 和球心 C 的连线, PC 即球面在入射点 P 处的法线.法线与光轴的夹角用 φ 表示,法线分别和入射光线,折射光线的夹角 I, I' 就是入射角和折射角.

由图 2.1,对 $\triangle APC$ 应用正弦定理

$$\frac{L-r}{\sin I} = \frac{r}{\sin U}$$

由此得到

$$\sin I = \frac{L-r}{r} \sin U \tag{2.1}$$

公式(2.1)右边各参数皆为已知.因此,可由它求出入射角 I.根据折射定律,可由入射角求得折射角 I'

$$\sin I' = \frac{n}{n'} \sin I \tag{2.2}$$

由图 2.1,对 $\triangle APC$ 和 $\triangle A'PC$ 应用外角定理

$$\varphi = U + I = U' + I'$$

故

$$U' = U + I - I' \tag{2.3}$$

公式(2.3)中 U 为已知,I、I' 前面已经求得.因此,利用该式可得到折射光线的一个参量 U'.

为了求得折射光线的另一个参量 L',对 $\triangle A'PC$ 同样应用正弦定理

$$\frac{L'-r}{\sin I'} = \frac{r}{\sin U'}$$

故

$$L' = r + \frac{r\sin I'}{\sin U'} \tag{2.4}$$

公式(2.4)右边 r 为已知,I'、U' 前面已经求出.因此,L' 即可求出.

利用上面的公式(2.1)~(2.4)顺序进行计算,便可由已知的 L,U,r,n,n' 求得折射光线的 L',U'.

二、转面公式

当计算完第一面以后,其折射光线就是第二面的入射光线,如图 2.2 所示.

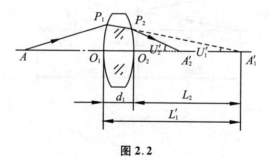

图 2.2

由图显而易见

$$\left.\begin{array}{l} U_2 = U_1' \\ L_2 = L_1' - d_1 \end{array}\right\} \tag{2.5}$$

以上公式称为由前一面至后一面的转面公式.式中 d_1 为由前一面的顶点到后一面顶点的距离.求出了 L_2,U_2,就可以再应用公式组(2.1)~(2.4)计算第二面的光路.这样重复应用公式组(2.1)~(2.5),就可以把光线通过任意共轴球面系统

的光路计算出来.所以,公式(2.1)～(2.5)称为共轴球面系统的实际光路计算公式.

三、符号规则

上面的公式是按图2.1中光线和球面的几何位置推导出来的.但在实际光学系统中,光线和球面的位置可能是各种各样的.例如,半径等于10的球面有如图2.3a所示的两种弯曲方向.又如光线和光轴交点到球面顶点的距离为100,和光轴夹角为1°的入射光线就可以有如图2.3b所示的四种情况.而公式(2.1)～(2.4)是根据图2.1所示的光线位置和球面弯曲方向推导出来的.怎样才能使这些公式普遍适用于各种情况呢? 这就必须给公式中的所有参量规定一套符号规则.符号规则直接影响公式的形式,应用一定形式的公式时必须遵守一定的符号规则.

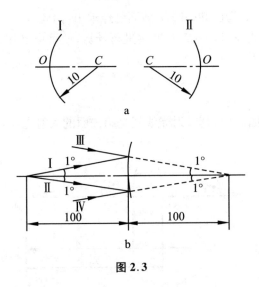

图 2.3

现将各参量的符号规则规定如下:

1. 线段:和一般数学中所采用的坐标一样,规定由左向右为正,由下向上为正,反之为负.

为了规定某一线段参量的符号,除了规定坐标方向以外,还需要规定线段的计算起点.公式中各参量的计算起点和计算方法如下:

L,L'——由球面顶点算起到光线和光轴的交点;

r——由球面顶点算起到球心;

d——由前一面顶点算起到下一面顶点.

2. 角度:一律以锐角来度量,规定顺时针转为正,逆时针转为负.和线段要规定计算起点一样,角度也要规定起始轴.各参量的起始轴和转动方向为

U,U'——由光轴转到光线;

I,I'——由光线转到法线;

φ——由光轴转到法线.

其他参量的计算起点或起始轴以后出现时再指出.

应用公式(2.1)~(2.4)进行计算时,必须首先根据球面和光线的几何位置确定每一参量的正负号,然后代入公式进行计算.算出的结果亦应按照数值的正负来确定光线的相对位置.

例如,按符号规则,$r = 10$ 代表图 2.3a 中第 I 种情形;$L = 100$,$U = 1°$代表图 2.3b第III种情形.又如图 2.4 所示的情况,按符号规则应为

$$L = -10, \quad U = -20°, \quad r = -5$$

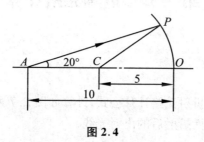

图 2.4

不但在进行数值计算时需要使用符号规则,而且在推导公式时,也要使用符号规则.为了使导出的公式具有普遍性,几何图形上所有几何量恒为正,即所有量必须一律标注其绝对值,如图 2.5 所示.

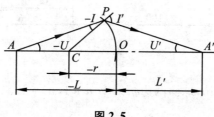

图 2.5

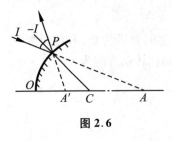

图 2.6

应用了符号规则,还可以使折射的公式适用于反射的情形.如图 2.6 所示,反射可看成是折射的一种特殊情形.根据反射定律,反射角 I' 等于入射角 I.按照符号规则,I' 与 I 符号相反,应有 $I' = -I$.把以上关系代入折射定律 $n\sin I = n'\sin I'$,则 $n' = -n$.也表明了可以把反射看成是 $n' = -n$ 时的折射.以后我们推导公式时,都只讲折射的公式,对于反射的情形,只需将 n' 用 $-n$ 代入即可,无须另行推导.

符号规则是人为规定的,但一经规定下来,就必须严格遵守.对在几何光学中所遇到的每一个参量,不仅要记住它所代表的几何意义,同时也要记住它的符号规则.符号弄错了,即使公式和运算都正确,得到的结果仍然是错误的.

第二节 近轴光路计算

一、近轴区域

利用上一节的球面折射光路计算公式,计算如图 2.7 所示由光轴上物点 A 发出的三条入射光线经球面折射后的出射光线.

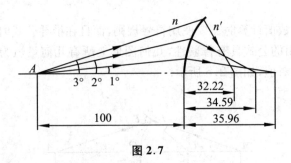

图 2.7

已知球面半径 $r = 10$,球面两边折射率 $n = 1$,$n' = 1.5163$.三条入射光线的坐标为

第一条光线:$L = -100$, $U = -1°$

第二条光线:$L = -100$, $U = -2°$

第三条光线：$L = -100$，　　$U = -3°$

经光路计算后，三条出射光线坐标为

第一条光线：$L' = 35.969$，　　$U' = 2.7945°$

第二条光线：$L' = 34.591$，　　$U' = 5.9094°$

第三条光线：$L' = 32.227$，　　$U' = 9.8350°$

计算结果表明，这三条光线经过球面折射后，它们和光轴的交点到球面顶点的距离 L' 随着 U 角（绝对值）的增大而逐渐减小.这说明，由同一物点 A 发出的光线，经球面折射后，实际上并不交于一点.所以，一般地说，球面成像并不符合理想.

由上面计算结果不难看出，U 越小，L' 变化越慢.当 U 相当小时，L' 几乎不变.也就是说，靠近光轴的光线聚交得较好.凡是很靠近光轴的光线，称为近轴光线（或傍轴光线）.近轴光线所在区域，称为近轴区（或傍轴区）.

若将角度 U 的三角函数按幂级数展开，有

$$\sin U = U - \frac{1}{3!}U^3 + \frac{1}{5!}U^5 - \frac{1}{7!}U^7 + \cdots$$

$$\operatorname{tg}U = U + \frac{1}{3}U^3 + \frac{2}{15}U^5 + \frac{17}{315}U^7 + \cdots$$

$$\cos U = 1 - \frac{1}{2!}U^2 + \frac{1}{4!}U^4 - \frac{1}{6!}U^6 + \cdots$$

当 U 角很小时，即近轴条件下，上述级数中 U^2 以上各项可以忽略，即有 $\sin U \approx U$，$\operatorname{tg}U \approx U$，$\cos U \approx 1$.所以，近轴区域应该是能用角度本身弧度值来代替角度的正弦或正切的狭小区域.显然，近轴区域并没有明确的界限，而是由允许的相对误差的大小确定.例如，允许相对误差$\left(\text{即}\dfrac{\sin U - U}{\sin U}\right)$为千分之一时，近轴区域范围不超过 $5°$，若相对误差允许万分之一，此时的近轴区域仅 $1.5°$.

二、近轴光路计算公式

对于近轴光线，U，U'，I，I' 都很小，以 $\sin U = u$，$\sin U' = u'$，$\sin I = i$，$\sin I' = i'$ 代入公式组(2.1)~(2.5)，便得到近轴区域的光路计算和转面公式

$$i = \frac{l-r}{r}u \tag{2.6}$$

$$i' = \frac{n}{n'}i \tag{2.7}$$

$$u' = u + i - i' \tag{2.8}$$

$$l' = r + \frac{r\,i'}{u'} \tag{2.9}$$

$$u_2 = u_1', \quad l_2 = l_1' - d_1 \tag{2.10}$$

为了区别近轴光线和实际光线,近轴公式中各参量一律用小写字母表示.比较近轴光路公式和实际光路公式显而易见,近轴光路公式是用三角函数级数展开式的第一项代替函数之后所得到的结果,也就是忽略了级数中二次方以上各项的一个近似式.对于 U 为有限大小的光线,永远具有一定的误差.角度越大,误差越大.只有在 U 角很小时,才具有足够的精确度.

第三节　近轴区成像性质和物像关系

一、近轴区成像性质

从公式(2.6)~(2.9)看到,对一定的 l,当 u 改变时,i,i',u' 按比例变化,而 $\frac{i'}{u}$ 保持不变,对应的 l' 也不变.因此,由光轴上同一物点发出的近轴光线,经过球面折射后聚交于光轴上同一点.也就是说,光轴上物点用近轴光线成像时是符合理想的.

上面讨论的是轴上物点的情况.下面再讨论垂轴平面的成像情况.如图 2.8 所示,AB 为垂直光轴的物体,它经球面折射成像.对单个球面来说,任意一条半径都可看做是它的轴线.光轴外物点 B,对通过 B 点的半径 BC 来说相当于一个轴上点.A 点近轴成像于 A' 点.以 C 为球心,CA 为半径作圆弧 $\overset{\frown}{AB_1}$.显然,以 C 为球心,CA' 为半径的圆弧 $\overset{\frown}{A'B_1'}$ 是 $\overset{\frown}{AB_1}$ 的理想像.过 A' 作光轴 CA' 的垂线交 BC 轴于 B'.当物 AB 对球面张角 ω 很小,位于近轴区时,$\omega \approx \mathrm{tg}\omega \approx \sin\omega$.此时,圆弧 $\overset{\frown}{AB_1}$ 和垂轴线段 AB;圆弧 $\overset{\frown}{A'B_1'}$ 和垂轴线段 $A'B'$ 间无可计较的差别,可认为 B_1 和 B,B_1' 和 B' 重合.所以,$A'B'$ 为 AB 的理想像.

综上所述,可以得出以下结论:当物点以近轴光线成像时,形成的像点为理想像点;位在近轴区域内的垂轴平面物体以近轴光线成像也符合理想.所以说,由近轴光路计算公式所求得的像为理想像,理想像即近轴像,也称为高斯像.讨论光学系统近轴区域成像性质和规律的光学为近轴光学,也称高斯光学.

在近轴光路计算公式中,l' 不随 u 而变,也就是无论 u 如何改变,l' 永远等于 U 趋近于零时 L' 的极限值.实际上,u,u',i 和 i' 这时已失去了它们原来所代表的近轴范围角度的意义,而只能看做是计算过程中的中间变量.所以,在实际进行近轴光路计算时,初始的 u 角可以任意取值.

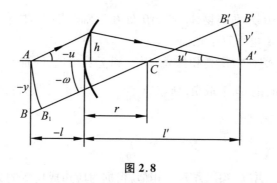

图 2.8

二、近轴区物像位置关系式

只要物距 l 确定,就可利用近轴光路计算公式得到 l',而与中间变量 u,u',i,i' 无关.因此,可以将公式中的 u,u',i,i' 消去,而把像点位置 l' 直接表示成物点位置 l 和球面半径 r 以及介质折射率 n,n' 的函数.

在近轴光路计算公式(2.7)中,以(2.6)和(2.9)式中的 i 和 i' 代入,并引用对近轴光线成立的简单关系(见图 2.8)

$$h = lu = l'u' \tag{2.11}$$

式中 h 为光线和球面交点离光轴的距离,规定以光轴为计算起点,向上为正,向下为负.可以得到

$$n'\left(\frac{1}{r} - \frac{1}{l'}\right) = n\left(\frac{1}{r} - \frac{1}{l}\right) \tag{2.12}$$

或者

$$\frac{n'}{l'} - \frac{n}{l} = \frac{n' - n}{r} \tag{2.13}$$

或者

$$n'u' - nu = \frac{h}{r}(n' - n) \tag{2.14}$$

这三个式子只是一个公式的三种不同表示形式,以方便于不同场合下选择使用.当已知球面半径 r 和介质折射率 n,n' 后,只要给出轴上物点的位置 l(或 h,u),就能求得像点位置 l'.上面表示的是单个球面的物像关系式,采用转面公式,便可求

得物点经光学系统的近轴像点位置.

三、近轴区物像大小关系式

参看图2.8, AB 为垂轴物体. 当 AB 处在近轴范围内时, 它经球面所成的像 $A'B'$ 是理想的, $A'B'$ 也垂直于光轴.

AB 和 $A'B'$ 分别称为物高和像高, 用 y 和 y' 表示. 它的符号规则如下: 以光轴为计算原点, 向上取正, 向下取负. 所以, y 为负, y' 为正. $\dfrac{y'}{y}$ 称为物像共轭面间的垂轴放大率, 用 β 表示, 即

$$\beta = \frac{y'}{y}$$

在图2.8中, $\triangle ABC$ 和 $\triangle A'B'C$ 相似, 根据对应边成比例的关系, 得到

$$\frac{y'}{-y} = \frac{l'-r}{-l+r} \quad \text{或} \quad \frac{y'}{y} = \frac{l'-r}{l-r}$$

把前面的物像位置公式(2.13)进行移项并通分, 得

$$n'\frac{l'-r}{l'} = n\frac{l-r}{l}$$

或写成

$$\frac{l'-r}{l-r} = \frac{nl'}{n'l}$$

代入 β 公式得到

$$\beta = \frac{y'}{y} = \frac{nl'}{n'l} \tag{2.15}$$

这就是物像大小的关系式. 利用公式(2.13)(或(2.12),(2.14))和(2.15), 就可以求得任意位置和大小的物体经单个折射球面所成的近轴像的位置和大小.

对于由若干个透镜组成的共轴球面系统, 逐面应用公式(2.13)和(2.15), 就可以求得任意共轴系统所成的近轴像的位置和大小.

四、近轴光学公式的实际意义

根据近轴光学的性质, 近轴光学公式只能适用于近轴区域. 但是, 实际使用的光学系统, 无论是成像物体的大小, 还是由一物点发出的成像光束都超出近轴区域. 既然如此, 研究近轴光学到底有什么实际意义呢? 在实际中, 近轴光学的应用事实上并不仅限于近轴区域内, 而是把近轴光学公式扩大应用到任意空间. 对于超出近轴区域的物体, 仍然可以使用近轴光学公式来计算像的位置和大小. 这种利用

近轴光学公式计算出来的像具有以下两方面的实际意义：

第一，作为衡量光学系统成像质量的标准.为了评价一个实际系统成像质量的好坏，首先要有一个标准，这个标准就是理想像.而近轴光学就是理想光学，利用近轴光学公式可以准确求得理想像的位置和大小.所以，近轴光学为成像质量评定提供了标准.

第二，可以近似确定光学系统的成像尺寸.在分析光学系统工作原理和设计光学系统时，首先需要近似地确定像的位置和大小.利用近轴光学公式，便可很方便地求得实际系统的成像几何尺寸，从而为方案制定、原理分析提供依据.

由此可见，近轴光学具有重要的实际意义，它在今后研究光学系统的成像原理时将会经常用到.

第四节　基面、基点和焦距

对于一个已知的共轴球面系统，利用近轴光学基本公式，可以求出任意物点的理想像.但是，当物面位置改变时，则需要重复地逐面利用光路计算公式重新计算，十分繁杂.在前面讨论共轴理想光学系统的成像性质时曾经证明，只要知道了两对共轭面的位置和放大率，或者已知一对共轭面的位置和放大率，以及轴上的两对共轭点的位置，则任意物点的像就可以根据这些已知的共轭面和共轭点来求得.因此，该光学系统的成像性质就可以用这些已知的共轭面和共轭点来表示，这样就可使求像工作变得简单.这些已知的共轭面和共轭点可以是任意的.在无限多对共轭面和共轭点中，人们发现了几对具有特殊性质的共轭面和共轭点，称它们为光学系统的基面和基点.下面分别进行介绍.

一、主面和主点

根据公式(2.15)可知，不同位置的共轭面对应着不同的放大率.不难想象，总有这样一对共轭面，它们的放大率 $\beta = +1$.称这一对共轭面为主平面.其中的物平面称为物方主平面，对应的像平面称为像方主平面.两主面和光轴的交点分别称为物方主点

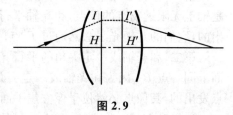

图2.9

和像方主点,用 H,H' 表示,如图 2.9 所示.H 和 H' 显然也是一对共轭点.

主平面具有以下的性质:假定物空间的任意一条光线和物方主平面的交点为 I,它的共轭光线和像方主平面交于 I' 点,则 I 和 I' 距光轴的距离相等.这一点根据主平面的定义很容易理解.

二、焦点和焦面

当轴上物点位于无限远时,它的像点位于 F' 处,如图 2.10a 所示.F' 称为像方焦点.通过像方焦点垂直于光轴的平面称为像方焦平面,它显然和垂直于光轴的无限远的物平面共轭.

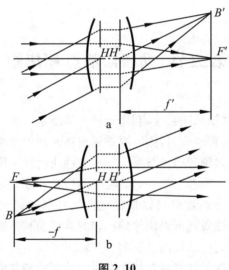

图 2.10

像方焦点和像方焦平面具有以下性质:

第一,平行于光轴入射的任意一条光线,其共轭光线一定通过 F' 点.因为 F' 点是轴上无限远物点的像点,和光轴平行的光线可以看做是由轴上无限远的物点发出的,它们的共轭光线必然通过 F' 点.

第二,和光轴成一定夹角的平行光束,通过光学系统以后,必相交于像方焦平面上同一点 B'.因为和光轴成一定夹角的平行光束,可以看做是无限远的轴外物点发出的,其像点必然位于像方焦平面上,如图 2.10a 所示.

如果轴上某一物点 F,和它共轭的像点位于轴上无限远,如图 2.10b 所示,则 F 称为物方焦点.通过 F 垂直于光轴的平面称为物方焦平面,它显然和无限远的垂直于光轴的像平面共轭.

物方焦点和物方焦平面具有以下性质:

第一,过物方焦点入射的光线,通过光学系统后平行于光轴出射;

第二,由物方焦平面上轴外任意一点 B 发出的所有光线,通过光学系统以后,对应一束和光轴成一定夹角的平行光线,如图 2.10b 所示.

由上讨论可知,无限远轴上物点和像方焦点 F' 是一对共轭点;无限远轴上像点与物方焦点 F 是一对共轭点.但是,F 和 F' 点并非一对共轭点.

三、焦距和光焦度

主平面和焦点之间的距离称为焦距.由像方主点 H' 到像方焦点 F' 的距离称为像方焦距,用 f' 表示,如图 2.10a 所示.由物方主点 H 到物方焦点 F 的距离称为物方焦距,用 f 表示,如图 2.10b 所示.f' 和 f 的符号规则如下:

f'——以 H' 为起点,计算到 F',由左向右为正,反之为负;

f——以 H 为起点,计算到 F,由左向右为正,反之为负.

光学系统的像方焦距 f' 与物方焦距 f 的量值并不一定相等,它与系统两边(即物方和像方)的介质折射率有关.以后的讨论将表明,若光学系统物方和像方介质折射率 n,n' 相同,则有 $f' = -f$,反之,则有 $f' \neq -f$.

$\dfrac{n'}{f'},-\dfrac{n}{f}$ 定义为光学系统的光焦度,以符号 Φ 表示,即

$$\Phi = \frac{n'}{f'} = -\frac{n}{f} \tag{2.16}$$

光焦度表征光学系统的会聚或发散本领.具有正光焦度的光学系统,$\Phi > 0$,对光束起会聚作用.反之,具有负光焦度的光学系统,$\Phi < 0$,对光束起发散作用.所以,光焦度的大小是会聚本领或发散本领的数值表示.光焦度绝对值越大或焦距绝对值越短,则出射光束相对于入射光束的偏折越大.

如果光学系统处于空气中,$n = n' = 1$,其光焦度为

$$\Phi = \frac{1}{f'} = -\frac{1}{f} \tag{2.17}$$

规定在空气中,焦距为正 1 m 的光焦度作为光学系统光焦度单位,称为折光度(亦称屈光度),用 D 表示.因此,为求光学系统的光焦度数值,先要将焦距用"米"来表示,再按其倒数来计算.例如,位在空气中 $f' = 400$ mm 的光学系统,其光焦度为 $\Phi = \dfrac{1}{0.4} = 2.5$ 折光度.又如 $f' = -250$ mm 时,$\Phi = \dfrac{1}{-0.25} = -4$ 折光度.光焦度 Φ 的概念和焦距 f' 的概念在应用中同等重要.

四、节点和节平面

如图 2.11 所示,如果物方光线 a 以与光轴的夹角为 U 的方向射入光学系统,并通过光轴上 J 点,则其像方共轭光线 a' 必沿着平行于 a 光线方向出射(即出射光线与光轴夹角 $U' = U$),且通过光轴上另一点 J'. 则 J 和 J' 称为物方节点和像方节点.

过节点的垂轴平面称节平面,与物方节点、像方节点相对应,有物方节平面和像方节平面之分.

节点具有以下性质:凡是通过物方节点 J 的光线,其出射光线必定通过像方节点 J',并且和入射光线相平行.

在图 2.11 中,过物方焦点 F 作一条平行于光线 a 的光线 b. 根据焦点性质,它的共轭光线 b' 平行光轴出射. 再根据焦平面性质,a、b 这一对平行光线经光学系统后必定相交于像方焦平面上同一点 B'. 过入射光线 a 和物方焦平面交点 B 再作一条平行于光轴的光线,这条光线经光学系统后必通过像方焦点 F',并与光线 a' 平行.

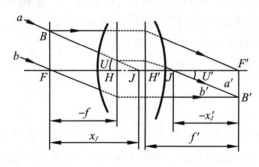

图 2.11

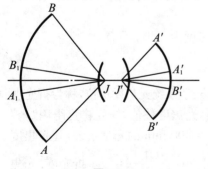

图 2.12

用 x_J 表示以物方焦点 F 为原点到物方节点 J 的距离;用 x_J' 表示以像方焦点 F' 为原点到像方节点 J' 的距离. 按符号规则和图 2.11 中的几何关系可以得到

$$- x'_J = -f, \qquad x_J = f'$$

如果物像空间介质的折射率相等,则有 $f' = -f$,因此可得

$$- x'_J = f', \qquad x_J = -f$$

这时, J 与 H, J' 与 H' 显然是重合的,即主平面也就是节平面.但是,在光学系统物像空间介质不相同的情况下,节点和主点是不重合的.

　　应用节点具有入射和出射光线彼此平行的特性,可以构成拍摄大型团体照片的周视照相机,其工作原理如图 2.12 所示.拍摄对象排列在一个圆弧 AB 上,照相物镜并不能使全部物体同时成像,而只能使小范围内的物体 A_1B_1 成像于底片 $A_1'B_1'$ 处.由于从同一物点进入镜头的入射光线的方向不变,根据节点的性质,通过像方节点 J' 的出射光线一定平行于入射光线.当物镜绕像方节点 J' 转动时,过 J' 的出射光线的方向和位置都不发生改变.因此,像点位置不变,整个底片 $A'B'$ 上就可以获得整个物体 AB 的清晰像.

　　上面介绍了在理想共轴光学系统中用到的几对特殊的共轭面和共轭点.其中,一对主平面,加上无限远轴上物点和像方焦点 F',以及物方焦点 F 和无限远轴上像点这两对共轭点,是最常用的共轴理想光学系统的基面和基点,根据它们便能找出物空间任意物点的像.因此,不管光学系统的具体结构如何,只要已知一个共轴光学系统的一

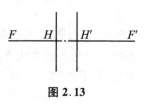

图 2.13

对主平面和两个焦点位置,它们的成像性质就完全确定.所以,我们通常总是用一对主平面和两个焦点位置来代表一个光学系统,如图 2.13 所示.

第五节　由基面、基点求理想像

　　本节讨论如何根据已知的主面、焦点和节点,用作图或计算的方法求光学系统的理想像的位置和大小,并导出物像空间中有关参量的相互关系.

一、作图法求像

　　由于在理想成像的情形,从同一物点发出的所有光线,通过光学系统后仍然相交于一点,所以,只需找出由物点发出的两条特殊光线在像空间的共轭光线,则它们的交点就是该物点的像.根据主平面、节点和焦点的性质,常用的特殊光线有三条:

　　1. 由物点 B 发出通过物方焦点 F 的光线,它的共轭光线平行于光轴,如图 2.14 中光线 1 所示.

　　2. 通过物点 B 平行于光轴入射的光线,它的共轭光线通过像方焦点 F',如图

2.14 中光线 2 所示.

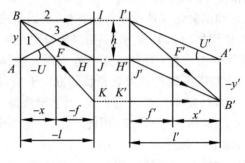

图 2.14

3. 通过物点 B 和物方节点 J 的光线,其共轭光线一定经过像方节点 J',并且出射光线和入射光线方向相同(通常,在未加特别注明的情况下,光学系统两边介质相同,节点和主点重合),如图 2.14 中光线 3 所示.

在这三条特殊光线中,任取两条,它们的交点 B' 便是物点 B 的像点.在求得轴外点 B 的共轭像点 B' 的基础上,过 B' 作垂轴线段与光轴交于 A',则 $A'B'$ 就是物 AB 的像.

图 2.15 给出了正透镜和负透镜作图求像的几个例子.

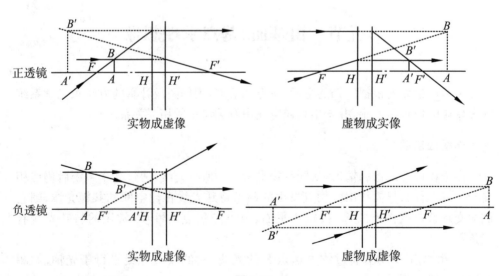

图 2.15

图 2.16 给出的是利用作图法求轴上物点 A 的像. 这时, 光轴可以作为一条特殊光线. 但作第二条特殊光线时, 仅利用焦点和主平面的性质是不够的, 必须同时利用焦平面上轴外点的性质. 第二条特殊光线的作图步骤如下:

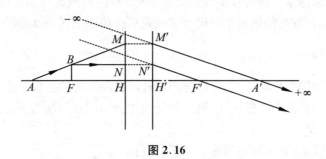

图 2.16

1. 在主平面上任取一对共轭点 M, M', 联结 AM 直线与物方焦平面交于 B 点, 其出射光线上只有 M' 点已知, 还无法画出出射光线的方向.

2. 利用焦平面的性质, 通过焦平面上 B 点的光线出射后是一束与光轴夹一定角度的平行光线. 由 B 点作一条平行于光轴的辅助光线 BN. 由 N 找到 N'. 这条辅助光线 BN 射出系统后应通过像方焦点 F'. 自 B 点发出通过主平面上 M' 的光线必与 $N'F'$ 光线平行, 它与光轴相交于 A' 点, A' 点即物点 A 的像.

但应注意, AM 线段的像并不是 $A'M'$. 当物点 A 沿着 AM 线趋于物点 B 时, 因为物点 B 的像在无限远, 像点就由 A' 点趋向于正无限远. 当物点 M 沿着 MA 线趋向物点 B 时, 像点就由 M' 点趋向负无限远. 所以, AM 线段的像是由 A' 点到正无限远和由 M' 点到负无限远的两个线段所组成.

最后, 对有关作图法求像的几个值得注意的问题归纳如下:

1) 要看清所给光学系统的基点位置, 明确光学系统的性质. 如果 $f' \neq -f$, 则不能在主点处利用第三条特殊光线作图.

2) 根据物像的共轭关系和光路的可逆性, 可以给定物作图求像; 反之, 也可以根据已知的像的位置和大小, 作图求物.

3) 在作图中, 应注意物、像的虚、实性. 在正向光路的前提下, 物在物方主面左侧为实, 右侧为虚; 像在像方主面右侧为实, 左侧为虚. 实物、实像以实线表示, 虚物、虚像以虚线表示.

4) 物方与像方共轭光线的转折点必在主面上. 其中, 物方平行于光轴的光线, 其转折点在像方主面上; 过物方焦点的光线, 其转折点在物方主面上.

5) 为保证作图结果正确, 应利用作图工具严格按作图规则进行. 当物面离物方焦面很近时,最好不利用过物方焦点的特殊光线作图;当物面离物方节面很近时,最好不利用过物方节点的特殊光线作图.

6) 上述作图规则可应用于两个以上光学系统的连续求像.

用作图法求像是一种直观简便的方法,在分析透镜或光学系统的成像关系时经常用到.下面将推导的解析法求像公式也是以作图法求像为基础的.

二、解析法求像

按照选取不同的坐标原点,可以导出两种解析法求像的物像关系计算公式:第一种是以焦点为原点的牛顿公式;第二种是以主点为原点的高斯公式.

1. 牛顿公式

在牛顿公式中,表示物点和像点位置的坐标为:

x——以物方焦点 F 为原点算到物点 A,由左向右为正,反之为负;

x'——以像方焦点 F' 为原点算到像点 A',由左向右为正,反之为负.

物高和像高用 y、y' 表示,其符号规则同前.

在图 2.14 中,$A'B'$ 为物 AB 的像,有关线段都按照符号规则标注其绝对值,然后利用几何关系,便可导出能普遍地适用于各种情形的求像公式.

由于 $\triangle ABF \backsim \triangle HKF$,按相似三角形对应边成比例的关系,得

$$\frac{-y'}{+y} = \frac{-f}{-x} \quad 或 \quad \frac{y'}{y} = -\frac{f}{x}$$

同理,由于 $\triangle H'I'F' \backsim \triangle A'B'F'$,得

$$\frac{-y'}{+y} = \frac{x'}{f'} \quad 或 \quad \frac{y'}{y} = -\frac{x'}{f'}$$

将以上两式合并,得

$$\beta = \frac{y'}{y} = -\frac{f}{x} = -\frac{x'}{f'} \tag{2.18}$$

将上式交叉相乘,得

$$xx' = ff' \tag{2.19}$$

公式(2.18),(2.19)就是最常用的表示物像关系的牛顿公式.如果光学系统的焦点和主平面位置已经确定,则 f、f' 一定,再给出物点位置和大小(即 x 和 y 值),就可算出像点位置和大小(x' 和 y' 值).

2. 高斯公式

在高斯公式中,表示物点和像点位置的坐标为:

l——以物方主点 H 为原点算到物点 A,从左向右为正,反之为负;

l'——以像方主点 H' 为原点算到像点 A'，从左向右为正，反之为负.

物高和像高 y,y' 的符号规则同前.

由图 2.14 可找到 l,l' 与 x,x' 的关系如下

$$x = l - f, \quad x' = l' - f'$$

代入牛顿公式 (2.19)，得

$$(l - f)(l' - f') = ff'$$

将上式展开化简，得

$$lf' + fl' = ll'$$

以 ll' 除等式两端，得到

$$\frac{f'}{l'} + \frac{f}{l} = 1 \tag{2.20}$$

将 $x' = l' - f'$ 代入前面的牛顿公式 $\beta = -\dfrac{x'}{f'}$ 中，得

$$\beta = -\frac{x'}{f'} = -\frac{l' - f'}{f'}$$

把公式 $lf' + fl' = ll'$ 中的 lf' 项移至等式右边，得

$$fl' = l(l' - f') \quad \text{或} \quad (l' - f') = \frac{fl'}{l}$$

代入上式后得到

$$\beta = -\frac{fl'}{f'l} \tag{2.21}$$

公式 (2.20) 和 (2.21) 就是另一种常用的表示物像关系的高斯公式. 在已知 f，f' 后，由物点位置和大小（即 l 和 y）就可求出像点位置和大小（即 l' 和 y'）.

三、物像空间不变式和物像方焦距比

物像空间不变式也就是通常所说的拉格朗日-赫姆霍兹不变式，简称拉-赫不变式. 它代表实际光学系统在近轴范围内成像的一种普遍特性.

当光线位在近轴区时，按图 2.8 所示，h 很小，于是有如下关系

$$\frac{u}{u'} = \frac{l'}{l}$$

将它代入单个折射球面在近轴范围内的放大率公式 (2.15)，即

$$\beta = \frac{y'}{y} = \frac{nl'}{n'l}$$

便可以得到

$$n u y = n'u'y'$$

这就是单个折射球面物像空间所存在的关系式. 对于由 k 个球面组成的共轴系统来说, 前一面的像就是后一面的物, 前一面的出射光线就是后一面的入射光线, 故有

$$n'_i = n_{i+1}, \qquad y_i' = y_{i+1}, \qquad u_i' = u_{i+1}$$

由此得出

$$n_1 u_1 y_1 = n_1'u_1'y_1' = n_2 u_2 y_2 = \cdots = n_k'u_k'y_k'$$

这就是说, 实际光学系统在近轴范围内成像时, 对任意一个像空间来说, 折射率、孔径角和像高三项的乘积总是一个常数, 这个常量用 J 表示

$$J = n uy = n'u'y' \tag{2.22}$$

该关系式便称为物像空间不变式. J 叫做物像空间不变量, 或拉-赫不变量.

物像空间不变式也是几何光学中的一个基本定律. 它和折射定律一样重要, 只不过折射定律表示的是光线光路和光学系统结构之间的联系. 物像空间不变式描述的是光学系统与能量传递、信息传递能力之间的关系, J 值越大, 光学系统所能传递的能量和信息量便越多.

再把近轴区的物像大小关系式(2.15)和上节讨论的理想系统高斯成像公式(2.21)相比较, 很容易得到

$$\frac{f'}{f} = -\frac{n'}{n} \tag{2.23}$$

这表明, 一个光学系统的像方焦距和物方焦距之比等于像空间和物空间介质的折射率之比, 但符号相反.

若光学系统位在同一种介质中(例如位于空气中), 即有 $n' = n$, 于是得到

$$f' = -f \quad (n' = n \text{ 时}) \tag{2.24}$$

因此, 位在同一种介质中的光学系统, 其物方焦距和像方焦距大小相等, 符号相反.

当光学系统位于同一种介质中时, 上节所提出的由基面、基点求理想像的物像关系式可以简化为

牛顿公式($n' = n$ 时):

$$x x' = -f'^2 \tag{2.25}$$

$$\beta = -\frac{x'}{f'} = \frac{f'}{x} \tag{2.26}$$

高斯公式($n' = n$ 时):

$$\frac{1}{l'} - \frac{1}{l} = \frac{1}{f'} \tag{2.27}$$

$$\beta = \frac{l'}{l} \tag{2.28}$$

四、理想光学系统的诸放大率及其相互关系

物像大小之间的比例关系定义为光学系统的放大率,若从不同的角度来描述这种物像比例关系,可以得到三种不同的放大率.

1.垂轴放大率

前面已讨论过,垂轴放大率代表共轭面像高与物高之比,用符号 β 表示.垂轴放大率的计算公式为(2.18),(2.21)和(2.26),(2.28),即

$$\beta = \frac{y'}{y} = -\frac{f}{x} = -\frac{x'}{f'} = -\frac{fl'}{f'l}$$

当 $n' = n$ 时

$$\beta = \frac{y'}{y} = \frac{f'}{x} = -\frac{x'}{f'} = \frac{l'}{l}$$

由垂轴放大率公式可以看出,光学系统的垂轴放大率只与共轭面的位置有关,而与物高 y 的数值无关.在一对确定的共轭面内,β 为一常数,即共轭面内的任意一对共轭线段都具有同样的垂轴放大率.所以,在一对共轭平面内,平面图形的像几何上相似于原图形.对应不同的共轭面,其垂轴放大率 β 值不相同.

当物体在有限距离时,按垂轴放大率计算公式算出 β 后,便可由物高求得像高.但是,当物体位于无限远时,垂轴放大率公式中的 $l = -\infty$, $x = -\infty$, $x' = 0$,所以,$\beta = 0$,像高 $y' = 0$,这与实际情况不符.因此,在物体无限远的情况,需导出另外的理想像高计算公式.

无限远的物平面所成的像为像方焦平面,物平面上每一点所对应的光束都是一束平行光线,我们用光束与光轴的夹角 ω 表示无限远轴外物点的位置.ω 的符号规定如下:以光轴为起始轴,转向光线,顺时针为正,逆时针为负,如图 2.17 所示.

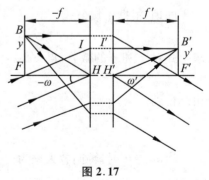

图 2.17

根据焦点的性质,通过物方焦点 F 并与光轴成 ω 夹角的入射光线 FI,其出射光线 $I'B'$ 一定平行于光轴.$I'B'$ 与像方焦平面的交点 B' 显然是无限远轴外物点 B 的像点.由图 2.17 可得

$$y' = IH = -ftg(-\omega) = ftg\omega \tag{2.29}$$

如果 $f' = -f$，则

$$y' = -f' \mathrm{tg}\omega \tag{2.30}$$

这就是无限远物体理想像高的计算公式.

同样道理,再根据光路可逆现象,很容易得到无限远的像所对应的物高计算公式

$$y = f' \mathrm{tg}\omega' \tag{2.31}$$

ω' 表示无限远轴外像点对应的像方平行光束与光轴的夹角,其符号规则同 ω,见图 2.17.

2. 轴向放大率

当物平面沿着光轴移动微小的距离 $\mathrm{d}l$(或 $\mathrm{d}x$)时,像平面相应地移动距离 $\mathrm{d}l'$ (或 $\mathrm{d}x'$),比例 $\dfrac{\mathrm{d}l'}{\mathrm{d}l}$（或 $\dfrac{\mathrm{d}x'}{\mathrm{d}x}$）称为光学系统的轴向放大率,用 α 表示. 它代表了沿着光轴的微小线段所成的像与该线段本身长度之比.

根据高斯公式(2.20),即

$$\frac{f'}{l'} + \frac{f}{l} = 1$$

求上式对 l 和 l' 的微分,得

$$-\frac{f'}{l'^2}\mathrm{d}l' - \frac{f}{l^2}\mathrm{d}l = 0$$

由此,轴向放大率为

$$\alpha = \frac{\mathrm{d}l'}{\mathrm{d}l} = -\frac{fl'^2}{f'l^2} \tag{2.32}$$

同理,根据牛顿公式

$$xx' = ff'$$

求上式对 x 和 x' 的微分,得

$$x\mathrm{d}x' + x'\mathrm{d}x = 0$$

由此得到

$$\alpha = \frac{\mathrm{d}x'}{\mathrm{d}x} = -\frac{x'}{x} \tag{2.33}$$

当 $n' = n$ 时,轴向放大率为

$$\alpha = \frac{l'^2}{l^2} = -\frac{x'}{x}$$

显而易见

$$\alpha = \beta^2 \tag{2.34}$$

　　由上面的轴向放大率公式可见,轴向放大率也只与共轭点的位置有关,而且当 $n' = n$ 时,轴向放大率等于垂轴放大率的平方.这表明,对于有一定轴向长度的物体,例如一个小的立方体,由于其沿轴方向与垂轴方向的不等放大,因此,其像不再是立方体,即发生变形.当然,当物体位于 $\beta = \pm 1$ 处例外.此外,β 值有正有负,而 α 值恒为正.

　　上述有关轴向放大率的公式仅对沿轴的微小线段才适用,对沿轴的有限长线段,其轴向放大率若以 $\bar{\alpha}$ 表示,则

$$\bar{\alpha} = \frac{\Delta x'}{\Delta x} = \frac{x_2' - x_1'}{x_2 - x_1}$$

式中,Δx 为物点沿光轴相对于焦点 F 的距离由 x_1 变为 x_2 的移动量;$\Delta x'$ 为像点相应的移动量.

　　按牛顿公式,应有

$$x_2' = -\beta_2 f', \qquad x_1' = -\beta_1 f'$$
$$x_2 = -\frac{f}{\beta_2}, \qquad x_1 = -\frac{f}{\beta_1}$$

代入 $\bar{\alpha}$ 表示式,得到

$$\bar{\alpha} = \frac{x_2' - x_1'}{x_2 - x_1} = -\frac{f'}{f} \cdot \beta_1 \beta_2 \tag{2.35}$$

　　若光学系统位在同种介质中(例如空气中),则有

$$\bar{\alpha} = \beta_1 \cdot \beta_2 \tag{2.36}$$

　　上式中,β_1 和 β_2 是两对共轭平面处像平面上的垂轴放大率.

　　3.角放大率

　　如图 2.14 所示,过光学系统光轴上一对共轭点 A 和 A',取任意一对共轭光线 AI 和 $A'I'$,它们与光轴的夹角分别为 U 和 U',则定义此二角度正切之比为光学系统共轭点(或垂直光轴的共轭面)的角放大率,以符号 γ 表示,即

$$\gamma = \frac{\mathrm{tg}U'}{\mathrm{tg}U}$$

　　根据图 2.14 上的几何关系

$$\mathrm{tg}U' = \frac{h}{l'}, \qquad \mathrm{tg}U = \frac{h}{l}$$

代入角放大率公式,得到

$$\gamma = \frac{\mathrm{tg}U'}{\mathrm{tg}U} = \frac{l}{l'} \tag{2.37}$$

　　再根据垂轴放大率公式,可给出如下关系

$$\frac{f}{x} = \frac{x'}{f'} = \frac{f}{f'}\frac{l'}{l}$$

于是,角放大率又可表示为

$$\gamma = \frac{x}{f'} = \frac{f}{x'} \tag{2.38}$$

上述公式均表明,角放大率也只与共轭点位置有关,而与一对共轭光线和光轴夹角 U, U' 的大小无关.对给定的一对共轭点,不论角度取什么值,角放大率恒为常数.不同的共轭点处,γ 值不同.

若光学系统位在同种介质中,则有

$$\gamma = \frac{1}{\beta} \tag{2.39}$$

上式表明,角放大率是同一对共轭面内垂轴放大率的倒数.当光学系统以放大的比例成像时($|\beta|>1$),则 $|\gamma|<1$,即像方的共轭光束较物方光束为细;反之,若系统以缩小的比例成像($|\beta|<1$),则 $|\gamma|>1$,即像方共轭光束较物方光束为宽.

4.三种放大率的关系

理想光学系统同一对共轭面上的三种放大率并非彼此独立,而是互相关联的.一般情况下,有

$$\alpha = -\frac{f'}{f}\beta^2, \qquad \gamma = -\frac{f}{f'}\frac{1}{\beta}$$

光学系统位在同种介质中时,有

$$\alpha = \beta^2, \qquad \gamma = \frac{1}{\beta}$$

可见,α,β,γ 间始终满足如下关系

$$\alpha \cdot \gamma = \beta \tag{2.40}$$

第六节   光学系统主面和焦点位置的确定

前面已经说明了任何一个共轴球面系统的成像性质可以根据一对主平面和两个焦点的位置来求得.那么,不同结构的光学系统的主面和焦点在什么地方呢? 这就是本节要解决的问题.

一、单个球面的主面和焦点

1.球面的主面位置

根据主平面的性质,它是垂轴放大率 $\beta = +1$ 的一对共轭面.因此,一对主平面应该满足

$$\beta = \frac{n\,l'}{n'l} = 1 \quad 或 \quad nl' = n'l$$

同时,一对主平面既然是一对共轭面,所以,主点 H、H' 的位置又必须满足物像位置公式

$$\frac{n'}{l'} - \frac{n}{l} = \frac{n'-n}{r}$$

上式两边同乘 ll',得

$$n'l - n\,l' = \frac{n'-n}{r}ll'$$

由前面 $nl' = n'l$ 方程可知,此式左边为零.如果用 $l' = \dfrac{n'}{n}l$ 代入等式右边,即得

$$\frac{n'-n}{r} \cdot \frac{n'}{n}l^2 = 0$$

由此得到 $l = 0$,代入 $nl' = n'l$,又得 $l' = 0$.所以,球面的两个主点 H, H' 与球面顶点重合,过球面顶点的切平面就是该球面的物方主平面和像方主平面.

2.球面焦距公式

已知主点位置,只要能求出焦距,则焦点的位置就可确定,如图 2.18 所示.

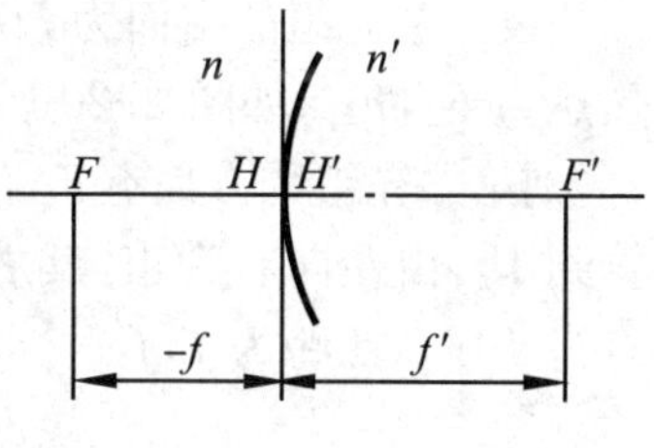

按照定义,像方焦点为无限远物点的共轭点,焦距即从主点到焦点的距离.由于球面的主面位于球面顶点,故球面的焦距即为球面顶点到焦点的距离.

图 2.18

以 $l = \infty$ 时,$l' = f'$ 代入近轴光学物像位置关系式(2.13)

$$\frac{n'}{f'} - \frac{n}{\infty} = \frac{n'-n}{r}$$

由此得到单个折射球面的像方焦距

$$f' = \frac{n'r}{n'-n} \tag{2.41}$$

同样,物方焦点为无限远像点的共轭物点.将 $l' = \infty$,$l = f$ 代入近轴光学物像位置关系式

$$\frac{n'}{\infty} - \frac{n}{f} = \frac{n'-n}{r}$$

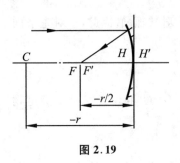

图 2.19

由此得到单个折射球面物方焦距为

$$f = -\frac{n\,r}{n'-n} \tag{2.42}$$

对于球面反射情形,由于反射可以看成是 $n' = -n$ 的折射,代入公式(2.41),(2.42),得到

$$f' = f = \frac{r}{2} \tag{2.43}$$

可见,反射球面的焦点应在球心与球面顶点的中间,如图 2.19 所示.

二、双光组的组合主面和焦点

一个光学系统也可称为一个光组,一个光组可以是最简单的单个折射面,也可以是复杂的多个透镜的组合.不管光组的具体结构如何,任何一个光组都可以用两个主面和两个焦点表示.

一个透镜由两个折射面构成,可以看做是由两个光组组成的复合光组.为了求取透镜的主面和焦点,我们首先导出求取由两个已知光组组成的复合光组的组合主面和组合焦点位置的一般关系式.

设一个光组的主面为 H_1, H_1',焦点为 F_1, F_1';另一个光组的主面为 H_2, H_2',焦点为 F_2, F_2'.如图 2.20 所示,该两光组之间的相对位置用第一光组像方焦点 F_1' 到第二光组物方焦点 F_2 的距离 Δ 表示,Δ 的符号规则如下:以 F_1' 为起点,计算到 F_2,由左向右为正,反之为负.由该两光组组成的组合光组主点为 H, H',焦点为 F, F',焦距为 f, f'.

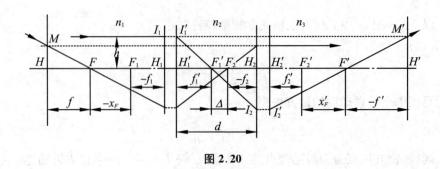

图 2.20

按照焦点的性质,平行于光轴入射的光线,通过第一个光组后,一定通过 F_1'.

然后再通过第二个光组,出射光线和光轴的交点 F' 就是组合系统的像方焦点.显然,F_1' 和 F' 对于第二个光组来说是一对共轭点.应用牛顿公式

$$xx' = f_2 f_2'$$

按符号规则,式中的 x 应是以 F_2 为起点计算到 F_1'.而 Δ 则是以 F_1' 为起点计算到 F_2,所以

$$x = -\Delta$$

x' 为由 F_2' 到 F' 的距离.为了和普通情形相区别,这里用 x'_F 代替 x',它的符号规则为:以 F_2' 为起点,计算到 F',自左向右为正.将以上关系代入牛顿公式,得到

$$x_F' = -\frac{f_2 f_2'}{\Delta} \tag{2.44}$$

利用(2.44)式就可求得 F' 的位置.

同样按照焦点的性质,通过物方焦点 F 的光线经过整个系统后一定平行于光轴出射.既然出射光线平行于光轴,所以它一定通过 F_2.因此,组合系统的物方焦点 F 和第二光组的 F_2 点对第一光组而言是一对共轭点.同样应用牛顿公式

$$xx' = f_1 f_1'$$

按照符号规则,从图 2.20 得知

$$x' = \Delta$$

x 就是由 F_1 到 F 的距离,用 x_F 表示,它的符号规则为:以 F_1 为起点,计算到 F,自左向右为正.将以上关系代入上式,得

$$x_F = \frac{f_1 f_1'}{\Delta} \tag{2.45}$$

利用此式即可求得组合系统的物方焦点 F 的位置.

焦点位置确定后,只要求出焦距,主平面的位置便随之确定.设平行于光轴的入射光线离光轴距离为 h,则不管物方主面在什么位置,它和入射光线交点的高度一定等于 h.根据主平面的性质,出射光线和像方主平面的交点高度也一定等于 h,出射光线相对入射光线的转折点位在像方主面上.因此,只要延长入射的平行光线和出射光线,它们的交点 M' 一定位在像方主平面上.下面就可利用这种关系导出焦距公式.

由图 2.20 可知,$\triangle M'F'H' \backsim \triangle I_2'H_2'F'$,$\triangle I_2 H_2 F_1' \backsim \triangle I_1'H_1'F_1'$.根据对应边成比例的关系,并考虑到 $M'H' = I_1'H_1'$,$I_2 H_2 = I_2'H_2'$,得到

$$\frac{H'F'}{F'H_2'} = \frac{H_1'F_1'}{F_1'H_2}$$

按照图中的标注,有

$$H'F' = -f', \qquad F'H_2' = f_2' + x_F'$$
$$H_1'F_1' = f_1', \qquad F_1'H_2 = \Delta - f_2$$

所以

$$\frac{-f'}{f_2' + x_F'} = \frac{f_1'}{\Delta - f_2}$$

再将 $x_F' = -\dfrac{f_2 f_2'}{\Delta}$ 代入,简化后得到

$$f' = -\frac{f_1' f_2'}{\Delta} \qquad\qquad (2.46)$$

假定组合光组物空间介质的折射率为 n_1,两个光组之间的介质折射率为 n_2,像空间介质的折射率为 n_3,根据焦距间存在的关系

$$f = -f'\frac{n_1}{n_3} = \frac{f_1' f_2'}{\Delta}\frac{n_1}{n_3}$$

$$f_1' = -f_1\frac{n_2}{n_1}, \qquad f_2' = -f_2\frac{n_3}{n_2}$$

代入(2.46)式,得到

$$f = \frac{f_1 f_2}{\Delta} \qquad\qquad (2.47)$$

两光组之间的相对位置有时也可用两个主平面之间的距离 d 表示. d 的符号规则为:以第一个光组的像方主点 H_1' 为起点,计算到第二个光组的物方主点 H_2,自左向右为正,反之为负.

由图 2.20 得到 d 和 Δ 之间的关系式如下:

$$d = f_1' + \Delta - f_2$$

或

$$\Delta = d - f_1' + f_2$$

代入上面的焦距公式(2.46),得

$$\frac{1}{f'} = \frac{-\Delta}{f_1' f_2'} = \frac{1}{f_2'} - \frac{f_2}{f_1' f_2'} - \frac{d}{f_1' f_2'}$$

将 $\dfrac{f_2}{f_2'} = -\dfrac{n_2}{n_3}$ 代入上式,公式两边同乘以 n_3,得到

$$\frac{n_3}{f'} = \frac{n_2}{f_1'} + \frac{n_3}{f_2'} - \frac{n_3 d}{f_1' f_2'} = -\frac{n_1}{f} \qquad\qquad (2.48)$$

当两个光组位于同一种介质(例如空气)中时,$n_1 = n_2 = n_3$,上式消去共同因子后得

$$\frac{1}{f'} = \frac{1}{f_1'} + \frac{1}{f_2'} - \frac{d}{f_1'f_2'} = -\frac{1}{f} \tag{2.49}$$

若用光焦度 Φ 表示,公式(2.49)又可写成

$$\Phi = \Phi_1 + \Phi_2 - d\Phi_1\Phi_2 \tag{2.50}$$

当两光组主平面间的距离 d 为零,即在光组密接的情况下

$$\Phi = \Phi_1 + \Phi_2$$

密接光组的总光焦度等于两个光组光焦度之和.

三、单透镜的主面和焦点

单透镜由两个球面组成. 每一个折射球面都可以看做一个光组. 因此,计算单透镜的主平面和焦点,也就是计算由两个球面构成的组合系统的组合主面和组合焦点,这是上面所讲的双光组组合系统公式的具体应用.

假定单透镜的两个球面半径依次为 r_1 和 r_2,厚度为 d,折射率为 n,如图 2.21 所示. 应用单个折射球面的焦距公式,得

$$f_1' = \frac{n_1'r_1}{n_1'-n_1} = \frac{nr_1}{n-1}, \qquad f_1 = \frac{-n_1r_1}{n_1'-n_1} = \frac{-r_1}{n-1}$$

$$f_2' = \frac{n_2'r_2}{n_2'-n_2} = \frac{r_2}{1-n}, \qquad f_2 = \frac{-n_2r_2}{n_2'-n_2} = \frac{-nr_2}{1-n}$$

由于单个折射球面的两个主面都和球面顶点重合,所以,透镜的厚度 d 也就是两光组主平面之间的距离. 将以上这些参量代入上面的组合系统公式,即可求得透镜的主平面和焦点.

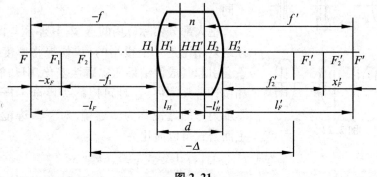

图 2.21

首先计算焦距. 将各已知量代入组合系统的焦距公式(2.48),化简后得到

$$\frac{1}{f'} = (n-1)\left(\frac{1}{r_1} - \frac{1}{r_2}\right) + \frac{(n-1)^2 d}{n r_1 r_2} = -\frac{1}{f} \tag{2.51}$$

下面求主面位置.在单透镜中,用 l_H 和 $l_H{}'$ 两个参数表示两个主平面位置. l_H 和 $l_H{}'$ 称为物方主面距和像方主面距,它们的意义和符号规则如下:

l_H——以透镜的第一个球面顶点为起点,计算到物方主点,由左向右为正,反 之为负;

$l_H{}'$——以透镜的第二个球面顶点为起点,计算到像方主点,由左向右为正,反 之为负.

图 2.21 是按照以上的符号规则进行标注的,由图可知

$$(-x_F) + (-f_1) + l_H = -f, \qquad x_F' + f_2' + (-l_H') = f'$$

或

$$l_H = x_F + f_1 - f, \qquad l_H' = x_F' + f_2' - f'$$

将 l_H, $l_H{}'$ 式中各量按前面的公式代入,并化简,得

$$l_H = \frac{-r_1 d}{n(r_2 - r_1) + (n-1)d} \tag{2.52}$$

$$l_H' = \frac{-r_2 d}{n(r_2 - r_1) + (n-1)d} \tag{2.53}$$

当主面距与焦距值确定后,焦点的位置也就定了.焦点到透镜球面顶点的距离 称为顶焦距, l_F 和 l_F' 分别称为物方顶焦距和像方顶焦距,它们均以球面顶点为原 点,计算到焦点,自左向右为正,反之为负.

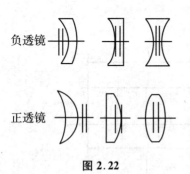

图 2.22

负透镜

正透镜

图 2.22 表示了各种典型形状透镜的主面位 置.显而易见,随透镜形状变化,主面位置有明显 不同.

绝大部分实际应用的透镜,其厚度与两球面半 径之差相比是一个很小的值,如果将厚度略去,并 不会引起其成像结果的实质性变化,但却能对分析 和设计带来方便.这种可以略去厚度不计,即认为 厚度为零的透镜称为薄透镜.对于薄透镜,焦距和 主面公式可以简化为

$$\Phi = \frac{1}{f'} = (n-1)\left(\frac{1}{r_1} - \frac{1}{r_2}\right) = -\frac{1}{f} \tag{2.54}$$

$$l_H = l_H' = 0$$

但当 $d/(r_1 - r_2)$ 不是很小值时,仍须按公式(2.52),(2.53)计算主面.

薄透镜的两主面重合,通常用图 2.23 所示形式分别表示正薄透镜和负薄

透镜.

　　用薄透镜的概念处理问题可使作图和计算大为简化.薄透镜理论在光学系统的初始计算(外形尺寸计算)中和在像差理论及光学设计中具有重要意义.

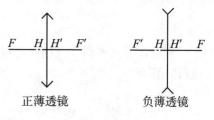

正薄透镜　　　　　负薄透镜

图 2.23

四、多透镜系统的主面和焦点

　　为计算实际多透镜组合系统的主面和焦点位置,当然可以按前述主面和焦点组合的办法,每两个透镜顺序组合来进行.但这样做不胜其烦,故很少采用.在实际中经常采用的办法是近轴光路计算法.

　　如图 2.24 所示,光学系统为由 k 个球面组成的共轴球面系统,O_1 和 O_k 表示系统的第一面和最后一面.

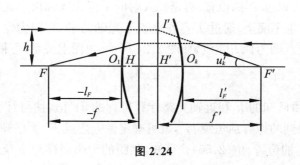

图 2.24

　　根据像方焦点 F' 的性质,平行于光轴入射的光线,通过光学系统后,一定经过 F' 点.为了确定 F' 的位置,只要利用近轴光路计算公式,计算一条平行于光轴入射的近轴光线,它通过光学系统以后和光轴的交点即为像方焦点.

　　对于平行于光轴的光线,$l = \infty$,$u = 0$,近轴光路计算公式 $i = \dfrac{l-r}{r}u$ 中的分子为无限大和零的乘积,无法应用.因此,必须导出新的公式.

　　设平行于光轴的入射光线离开光轴的距离为 h,如图 2.25 所示.h 的符号规则是:h 在光轴上方为正,下方为负.

　　由图可以得到

$$i_1 = \frac{h}{r_1} \tag{2.55}$$

利用该公式求得 i_1 以后,就可继续采用原来的近轴光路公式(2.7)~(2.10)进行计算.

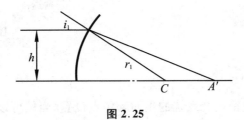

图 2.25

h 的数值可以任意选择,因为 h 和 i_1, i_1', u_1' 成比例, h 的改变不会影响求得的 l_1' 数值.让平行于光轴入射的近轴光线通过光学系统,逐面计算这条光线经过系统的光路,最后求得出射光线的坐标 u_k' 和 l_k',从而找到出射光线和光轴的交点位置,也就是像方焦点 F' 的位置.再延长入射的平行光线和出射光线,它们的交点 I' 一定位于像方主平面上.通过 I' 点作垂直于光轴的平面,即为像方主平面.像方主面和光轴的交点即为像方主点,如图 2.24 所示.由图上关系,可得到

$$f' = \frac{h}{u_k'} \tag{2.56}$$

按照此式,由已知的 h 和近轴光路计算得到的 u_k' 值,便可计算求得 f'.根据近轴光路计算得到的像方顶焦距 $l_{F'}'$,就可确定像方焦点 F'. f' 已知后,按 $l'_H = l'_F - f'$ 便可确定 H' 的位置.由(2.56)式可知,焦距的大小同样与 h 无关,因为 u_k' 与 h 是成比例的, h 改变时,两者之比 $\frac{h}{u_k'}$ 不变.

至于物方焦点、物方主点位置的确定,和像方焦点、像方主点完全相似,根据物方焦点的性质和光路可逆现象,如果从像空间按相反方向计算一条平行于光轴入射的光线,则它在物空间的共轭光线一定通过 F 点.但这时计算光线是从右向左,和一般习惯不符.因而在实际计算中,将光学系统倒过来,按计算像方焦点的方法进行计算,但所得结果必须改变符号,才是原来位置时的物方焦距 f 和物方顶焦距 l_F.

系统焦距表达式还可作如下变换

$$f' = \frac{h}{u_k'} = \frac{h}{u_1'} \cdot \frac{u_2'}{u_2'} \cdot \frac{u_3'}{u_3'} \cdots \frac{u_k'}{u_k'}$$

因为

$$\frac{h}{u_1'} = l_1'$$

又因为

$$h_2 = u_2' \cdot l_2' = u_2 \cdot l_2$$
$$h_3 = u_3' \cdot l_3' = u_3 \cdot l_3$$
$$\cdots$$
$$h_k = u_k' \cdot l_k' = u_k \cdot l_k$$

将上述比例关系代入 f' 表达式,得到

$$f' = \frac{l_1' \cdot l_2' \cdot l_3' \cdots l_k'}{l_2 \cdot l_3 \cdots l_k} \tag{2.57}$$

所以,为求取系统总焦距,也可以令 $l_1 = -\infty$,然后逐面应用近轴光学物像关系式 $\frac{n'}{l'} - \frac{n}{l} = \frac{n'-n}{r}$ 及过渡公式 $l_2 = l_1' - d$,求出各面的物距 $l_2, l_3, \cdots, l_k$ 和像距 l_1', $l_2', l_3', \cdots, l_k'$,代入(2.57)式,即可求得系统总焦距 f',最后一面的像距即为系统像方顶焦距,即 $l_k' = l_{F'}$,焦点 F' 位置便可确定.再按 $l_{H'}' = l_{F'}' - f'$ 计算,主面位置也就定了.

或者,还可以取 $u_1 = 0$ 和任意 h_1 值,逐面应用近轴光学物像关系式的另一种形式 $n'u' - nu = \frac{h}{r}(n'-n)$ 和过渡公式 $u_2 = u_1'$, $h_2 = h_1 - d_1 u_1'$,求得最后面的高度 h_k 和像方孔径角 u_k',利用

$$f' = \frac{h_1}{u_k'}, \quad l_{F'} = \frac{h_k}{u_k'}, \quad l_H' = l_F' - f' \tag{2.58}$$

便可把焦点和主面位置完全确定.

习　　题

1. 一根长 500 mm,$n = 1.5$ 的玻璃棒,两端面为凸球面,半径分别为 50 mm 和 100 mm,高 1 mm 的物体位于左端球面顶点之前 200 mm 处,求物体经玻璃棒成像后的位置和大小.

2. 有一直径为 100 mm 的抛光玻璃球,其折射率为 1.5,人眼可看到在球内有两个气泡,一个位于球心,另一个位于球心与前表面间的一半处,求两气泡在球内的

实际位置.

3. 在曲率半径为 200 mm 的凹面反射镜前 1 m 处,有一高度为 40 mm 的物体,求像的位置和大小,并说明其虚实和正倒,若将此反射镜浸没在水中,像的位置和大小有何变化.

4. 实物位于曲率半径为 100 mm 的凹面镜前什么位置时可得到:1)放大 5 倍的实像;2)放大 5 倍的虚像;3)缩小 5 倍的实像;4)缩小 5 倍的虚像.

5. 一球面反射镜对其前面 200 mm 处的物体成一缩小的虚像,像的大小为物体之半,问该球面反射镜是凸的还是凹的? 半径多大?

6. 用作图法求下面图中物的像或像的物.

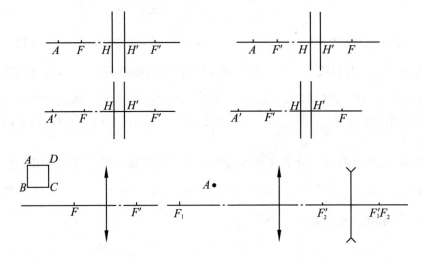

7. 用作图法求主面或焦点的位置.

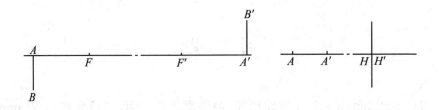

8. 单个薄透镜成像时,若共轭距(物与像之间的距离)为 250 mm,求下列情况透镜应有的焦距:1)实物,$\beta = -4$;2)实物,$\beta = -1/4$;3)虚物,$\beta = -4$;4)实物,$\beta = 4$;5)虚物,$\beta = 4$.

9. 设物面和像面相距 L,其间的一个正薄透镜可有两个位置使物体在同一像面上清晰成像,这两个位置的间距为 d,证明透镜的焦距 $f' = (L^2 - d^2)/4L$.

10. 有一正薄透镜对某一物体成实像时,像高为物高的一半,若将物体向透镜移近 100 mm 时,所得到的实像与物大小相同,求透镜焦距.

11. 一个焦距为 f' 的正透镜将物体成像于屏上,求物和像之间最小距离时的垂轴放大率.

12. 由两个焦距分别为 f'_1 和 f'_2,相距 d 的透镜组成光学系统,当物体位在第一透镜物方焦面上时,求该光学系统的垂轴放大率和放大率随透镜间距 d 的变化.

13. 由两个密接的薄透镜组成一个光学系统,它们的焦距分别为 $f'_1 = 100$ mm,$f'_2 = 50$ mm,设 $\beta = -1/10$,求物像间距离.

14. 由焦距分别为 50 mm 和 -150 mm 的两薄透镜组成的光学系统,对一实物成放大 4 倍的实像,并且第一透镜的放大率 $\beta_1 = -2$,求:1)两透镜间距;2)物像之间的距离;3)保持物面位置不变,移动第一透镜至何处时,仍能在原位置得到物体的清晰像? 与此相应的垂轴放大率为多少?

15. 需要用一个薄透镜将物体在相距 180 mm 处成放大率为 10 倍的实像,求透镜的位置和焦距.若透镜折射率为 1.54,再求:1)$r_1 = \infty$;2)$r_2 = -r_1$ 两种情况下的透镜两表面的曲率半径.

16. 一双凸薄透镜的两表面半径都为 50 mm,透镜材料折射率为 1.5,求该透镜位于空气中和水中的焦距分别为多少?

17. 有一片 500 度近视镜片,折射率为 1.5,第一面光焦度为 $6D$,厚度忽略不计,求该眼镜片两面的曲率半径.

18. 已知一个同心透镜,$r_1 = 50$ mm,$d = 10$ mm,$n = 1.5163$,求它的主平面和焦点位置.

19. 平凸透镜的凸面半径为 100 mm,厚度为 30 mm,折射率为 1.5,如果透镜的平面面向点光源,要想得到平行光,问透镜应离点光源多远?

20. 有一光学系统,已知 $f' = -f = 100$ mm,总厚度(第一面到最后面的距离)为 15 mm,$l'_F = 96$ mm,$l_F = -97$ mm,求此系统对实物成放大 10 倍的实像的物距 l(物离第一面的距离),像距 l'(像离最后一面的距离)和物像共轭距 L.

第三章　平面零件成像

共轴球面系统是构成光学仪器的基础,结构的轴对称性使其具有很多优点.但是,由于所有的球面光学零件必须排列在一条直线上,不能满足折转或改变光轴方向的特殊使用要求.此外,在实际使用中,还常常为了缩小仪器形体而需要折叠光路,为了扩大观测范围而需要连续改变光轴方向,以及某些场合需要分光分色,分划计量,测微补偿等,所有这些要求都必须靠在共轴球面系统中加入平面零件来实现.

平面零件或平面系统的根本特征是其工作面为平面.根据工作原理的不同,平面零件可以分为平面折射零件和平面反射零件.常用的平面折射零件有平行平板、折射棱镜、光楔等;常用的平面反射零件有平面反射镜和各种反射棱镜.

本章主要研究平面零件和系统的成像原理及特性.先讨论平面折射零件,再讨论平面反射零件.

第一节　平　行　平　板

由两个平行平面所构成的玻璃板称为平行平板.由于平面可以视为半径无限大的球面,因而平行平板也可视为焦距无限大(光焦度为零)的透镜,共轴球面系统的成像规律对其同样适用.由于平行平板被广泛用作分划板、标尺、保护玻璃、滤光镜,还由于后面将讨论到的反射棱镜可以展开为平行玻璃平板,因此,对平行平板成像特性的讨论具有重要意义.

图 3.1 所示为一块厚度 d、折射率 n、与光轴垂直放置、位在空气中的平行平板.从 A 点发出的光线以入射角 I_1 投射到第一面 D 点处,以 $I_1{}'$ 角折射.再以 I_2 角入射到第二面 E 点,折射角 $I_2{}'$.根据折射定律

$$\sin I_1 = n \sin I_1{}'$$

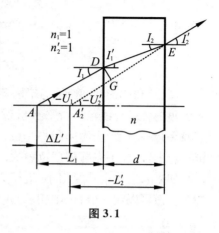

图 3.1

$$n\sin I_2 = \sin I_2{'}$$

因为两折射面平行，$I_2 = I_1{'}$，所以 $I_2{'} = I_1$. 因为 $U_1 = -I_1$，$U_2{'} = -I{'}_2$，故 $U_1 = U_2{'}$. 可见，出射光线与入射光线相互平行，即光线经平行平板折射后方向不变.

根据放大率公式可以得到

$$\gamma = \frac{\text{tg}U{'}_2}{\text{tg}U_1} = 1$$

$$\beta = \frac{1}{\gamma} = 1$$

$$\alpha = \beta^2 = 1$$

可见，置于空气中的平行平板的各种放大率恒等于 1. 物体经平行平板成像，既不放大也不缩小.

光线经平行平板折射后，虽然方向不变，但是要产生位移. 从图 3.1 中看得很清楚，出射光线相对入射光线的位移量包含侧向位移量 DG 和轴向位移量 $AA_2{'}$ 两部分. 侧向和轴向位移通常用符号 $\Delta T{'}$ 和 $\Delta L{'}$ 表示.

由直角三角形 DGE 可得

$$DG = DE \cdot \sin(I_1 - I_1{'})$$

又因为

$$DE = \frac{d}{\cos I_1{'}}$$

所以

$$DG = \frac{d}{\cos I_1{'}}\sin(I_1 - I_1{'})$$

以 $\sin(I_1 - I_1{'}) = \sin I_1\cos I_1{'} - \cos I_1\sin I_1{'}$ 代入，并应用 $\sin I_1 = n\sin I_1{'}$，得侧向位移

$$\Delta T{'} = d\sin I_1\left(1 - \frac{\cos I_1}{n\cos I_1{'}}\right) \tag{3.1}$$

从像点 $A_2{'}$ 到物点 A 的沿光轴距离为轴向位移. 由图 3.1 可得

$$AA_2{'} = \frac{DG}{\sin I_1}$$

以 (3.1) 式代入，得轴向位移

$$\Delta L{'} = d\left(1 - \frac{\cos I_1}{n\cos I_1{'}}\right) \tag{3.2}$$

若以 $n = \dfrac{\sin I_1}{\sin I_1'}$ 代入上式，又可得到轴向位移的另一种表示形式

$$\Delta L' = d\left(1 - \frac{\mathrm{tg}I_1'}{\mathrm{tg}I_1}\right) \tag{3.3}$$

(3.2)和(3.3)式表明，$\Delta L'$ 因不同的 I_1 值而不同，即从 A 点发出的具有不同入射角的各条光线经平行平板折射后，具有不同的轴向位移量.这就说明，同心光束经平行平板后，变为非同心光束，成像是不完善的.随着平行平板厚度愈大，轴向位移愈大，成像不完善程度也愈大.

如果入射光束孔径很小，近于无限细光束（近轴光）成像，则因 I_1 角很小，角度的余弦值可以用 1 取代，则(3.2)式可写为

$$\Delta l' = d\left(1 - \frac{1}{n}\right) \tag{3.4}$$

可见，对于近轴光线而言，平行平板的轴向位移只和平板的厚度 d 及玻璃折射率 n 有关，而与入射角 i_1 无关.因此，物点以近轴光线经平行平板成像是完善的.

同样，光线的侧向位移量 $\Delta T'$ 也是一个随入射角 I_1 而变的量.如果也将光线限制于近轴区时，表达式(3.1)可简化为

$$\Delta t' = d \cdot i_1\left(1 - \frac{1}{n}\right) \tag{3.5}$$

可见，对近轴光线而言，平行平板的侧向位移量 $\Delta t'$ 与入射角 i_1 成线性关系.在某些仪器中，可以应用平行平板的这一性质，让平板在小角度范围内转动而使折射光线线性地平行移动来作为一种测试或补偿的手段.

第二节　折射棱镜和光楔

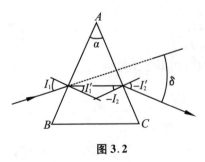

图 3.2

一、折射棱镜

由两个不相平行而是相交的折射平面所组成的透明介质零件称为折射棱镜.如图 3.2 所示，折射棱镜的两个工作面是折射平面，显然它们是非共轴的.两个折射面的交线称为折射棱；两个相邻折射面的夹角 α 称为折射棱角；垂直

于折射棱的平面(如 ABC)称为主截面.

折射棱镜的主要作用之一,是使通过它的光线的行进方向相对于原来的方向发生偏折,偏折的角度称为偏向角,用符号 δ 表示.为了简便,只讨论如图 3.2 所示的光线在主截面 ABC 内的偏折情况.设棱镜折射率 n,入射光线在 AB 和 AC 两个工作面上的入射角和折射角分别为 I_1,$I_1{}'$ 和 I_2,$I_2{}'$,其符号规则同前.偏向角 δ 由入射光线方向按锐角转至出射光线方向,顺时针为正,逆时针为负.下面导出偏向角 δ 的函数表达式.

由折射律

$$\sin I_1 = n\sin I_1{}'$$
$$\sin I_2{}' = n\sin I_2$$

将以上两式相减,并用三角公式化为积的形式,可得

$$\sin\frac{1}{2}(I_1 - I_2{}')\cos\frac{1}{2}(I_1 + I_2{}')$$
$$= n\sin\frac{1}{2}(I_1{}' - I_2)\cos\frac{1}{2}(I_1{}' + I_2)$$

根据图 3.2 中的几何关系,应有

$$\alpha = I_1{}' - I_2$$
$$\delta = (I_1 - I_1{}') + (I_2 - I_2{}')$$

由此可得

$$\alpha + \delta = I_1 - I_2{}'$$

于是

$$\sin\frac{1}{2}(\alpha + \delta) = \frac{n\sin\frac{1}{2}\alpha\cos\frac{1}{2}(I_1{}' + I_2)}{\cos\frac{1}{2}(I_1 + I_2{}')} \tag{3.6}$$

这就是偏向角公式的一种隐函数形式.由此式可见,偏向角 δ 是 n,α 及 I_1 的函数.当一束单色光通过给定的折射棱镜时,即 n,α 已确定的情况下,光线的偏向角 δ 只是在第一面上的入射角 I_1 的函数.图 3.3 画出了将(3.6)式应用于 $n = 1.5$,$\alpha = 60°$ 的一个典型棱镜的结果曲线.由图上曲线看出,δ-I_1 曲线存在极小值 δ_m,称为最小偏向角.在实际应用中,δ_m 具有重要意义.下面来求出产生最小偏向角的条件.

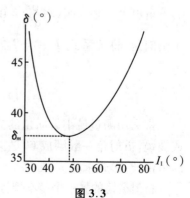

图 3.3

为求极小值 δ_m，把 $\alpha + \delta = I_1 - I_2'$ 对 I_1 微分，并令其等于零

$$\frac{\mathrm{d}\delta}{\mathrm{d}I_1} = 1 - \frac{\mathrm{d}I_2'}{\mathrm{d}I_1} = 0$$

因而

$$\frac{\mathrm{d}I_2'}{\mathrm{d}I_1} = 1$$

在两个折射面上分别对折射定律取微分

$$\cos I_1 \mathrm{d}I_1 = n\cos I_1' \mathrm{d}I_1'$$
$$\cos I_2' \mathrm{d}I_2' = n\cos I_2 \mathrm{d}I_2$$

将上面两式相除，并将对 $\alpha = I_1' - I_2$ 微分后所得 $\mathrm{d}I_1' = \mathrm{d}I_2$ 代入，得

$$\frac{\mathrm{d}I_2'}{\mathrm{d}I_1} = \frac{\cos I_1}{\cos I_1'} \cdot \frac{\cos I_2}{\cos I_2'}$$

前面已给出，符合最小偏向角的条件为

$$\frac{\mathrm{d}I_2'}{\mathrm{d}I_1} = 1$$

所以，符合最小偏向角条件时必须满足

$$\frac{\cos I_1}{\cos I_1'} = \frac{\cos I_2'}{\cos I_2}$$

按照折射定律，又必须满足

$$\frac{\sin I_1}{\sin I_1'} = \frac{\sin I_2'}{\sin I_2} = n$$

要使上面两个条件同时满足，必须是

$$I_1 = -I_2', \qquad I_1' = -I_2$$

这就是说，只有当光线的光路对称于棱镜时，δ 为极值 δ_m.

可以进一步证明，当 $\frac{\mathrm{d}\delta}{\mathrm{d}I_1} = 0$ 时，二阶导数 $\frac{\mathrm{d}^2\delta}{\mathrm{d}I_1^2} > 0$，所以，$\delta_m$ 为极小值，称为最小偏向角. 将关系式 $I_1 = -I_2'$ 和 $I_1' = -I_2$ 代入(3.6)式，可得最小偏向角度表示式

$$\sin \frac{1}{2}(\alpha + \delta_m) = n \cdot \sin \frac{\alpha}{2} \tag{3.7}$$

常利用测量最小偏向角的方法来测量玻璃的折射率. 为此需将被测玻璃加工成棱镜，折射角一般磨成 $60°$ 左右，用测角仪测出其精确值. 当测得最小偏向角后，即可由(3.7)式求取 n 值.

折射棱镜的另一个基本特性是色散性. 由于偏向角 δ 是玻璃折射率 n 的函数，

而折射率 n 又是波长 λ 的函数.因此,偏向角 δ 应是波长 λ 的函数.这样,具有同一入射角 I_1 的一束复色光(例如白光),通过折射棱镜后,不同波长光将具有不同偏向角,因而在空间上被分解为由各种色光组成的连续光谱,这种现象即为棱镜的色散.

不同波长 λ_1,λ_2 的两种光线以相同入射角入射到棱镜第一面时,在棱镜第二面上出射光线的角度差即为棱镜的角色散

$$\Delta\delta = \delta_{\lambda 1} - \delta_{\lambda 2} = \Delta I_2' \tag{3.8}$$

棱镜光谱仪中的色散系统便是根据棱镜的色散性制成的.图 3.4 表示了棱镜光谱仪的工作原理.

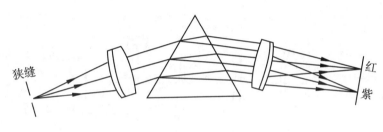

图 3.4

二、光楔

折射棱角 α 是足够小,以致使所产生的色散角察觉不出来时,这种折射棱镜称为光楔或楔形镜,光楔的折射棱角称楔角.

由于楔角 α 很小,光楔可近似地认为是平行平板.当光线以一定大小入射角 I_1 投射到光楔上时(如图 3.5a 所示),有 $I_1' = I_2$,$I_1 = I_2'$,代入偏向角函数表达式(3.6),并将其中的 α 和 δ 以其弧度值代替正弦值,可得

$$\delta = \alpha\left(\frac{n\cos I_1'}{\cos I_1} - 1\right) \tag{3.9}$$

当 I_1 和 I_1' 也很小时,其余弦值可用 1 来代替,可得

$$\delta = \alpha(n-1) \tag{3.10}$$

此式表明,当光线垂直或近于垂直射入光楔时,如图 3.5b 所示,光楔所产生的偏向角仅取决于光楔的楔角和折射率.

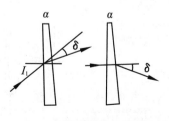

图 3.5

光楔在仪器中常常用作光学测微器或补偿器,利用光楔的移动或转动来测量

或补偿微小的角量或线量. 常用的有下面几种.

1.移动单光楔

利用光楔可使光线在其主截面内偏折一个角度的原理,将光楔置于镜头后方的会聚光路中,并使光楔沿光轴方向移动,则像点将在像面上移动,如图3.6所示. 若光楔的初始位置在距像面 x_0 处,轴上无限远物点对应的像点 $A_0{'}$ 位在距像面中心 l_0 处. 当光楔沿光轴移至距像面 x 处时,像点 A' 在像面上对应的线位移量为

$$\Delta l = l - l_0 = \delta(x - x_0) = (n - 1)\alpha(x - x_0)$$

由于 α 角很小,因而可以利用光楔大的轴向移动量来获得像面上像点的微小移动.

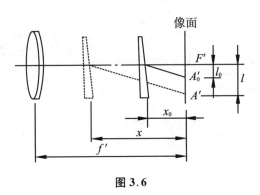

图 3.6

2.旋转单光楔

如图3.7a所示,将光楔置于镜头前方的平行光路中. 轴上无限远物点经光楔和镜头后的像点在 $A_0{'}$ 处,若令光楔绕光轴(x 轴)顺时针转过 φ 角,则像面上的像

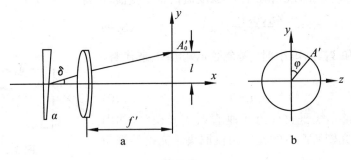

图 3.7

点作圆周运动移至 A' 点,如图 3.7b 所示,像点在 y、z 轴上的位移分量为

$$y = l \cdot \cos\varphi = \delta \cdot f' \cdot \cos\varphi$$
$$z = l \cdot \sin\varphi = \delta \cdot f' \cdot \sin\varphi$$

这样,便可以通过光楔的转动,来实现像面上像点的微量移动.若转角范围 φ 较小时,像点位移与转角保持近于线性规律.

3.旋转双光楔

把两块相同光楔组合在一起相对转动,便可产生不同的偏向角.如图 3.8 所示,两光楔间有一空气间隔,使相邻工作面平行,并可绕其公共法线相对转动.a 图表示两光楔主截面重合,两楔角朝向一方,这时,将产生最大的总偏向角(为两光楔所产生偏向角之和).b 图表示两光楔相对转角为 180°,两主截面仍重合,但楔角方向相反.显然,这时的组合双光楔相当于一块平行平板,偏向角为零.c 图表示光楔相对转角为 360°,又产生和图 a 中方向相反的最大偏向角.

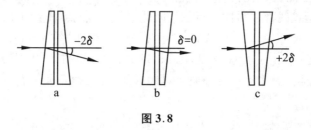

图 3.8

图 3.8 所示三种情况中两光楔的主截面都是重合的.当两光楔相对转动时,两光楔的主截面不再重合,此时,组合双光楔的总偏向角为

$$\delta = 2(n-1)\alpha \cdot \cos\frac{\varphi}{2}$$

式中,$\frac{\varphi}{2}$ 为一个光楔转过的角度,φ 为两光楔的相对转角.这种双光楔可以把光线的小偏向角转换成为两个光楔的相对转角.

第三节　平面反射镜

一、平面镜的成像性质

平面反射镜简称平面镜.图 3.9a 中 P 是一个和图面垂直的平面镜，A 是任意物点，由 A 点发出光线 AO，经平面镜反射后，其反射光线 OB 的延长线和平面镜 P 的垂直线 AD 相交于 A'.根据反射定律，反射角等于入射角.又根据图 3.9 中的几何关系，有

$$AD = A'D$$

以上关系与 O 点的位置无关，由 A 点发出的任意光线经过平面镜 P 反射后，所有的反射光线的延长线都通过同一点 A'.因此，任意一物点 A 经平面镜反射后都能形成一个完善的像点 A'，A' 和 A 的位置对平面镜对称.图 3.9a 中，A 为实物点，A' 为虚像点；反之，如 A 为虚物点，则 A' 为实像点，如图 3.9b 所示.由此得出结论：平面反射镜能使整个空间任意物点理想成像，并且物点和像点对平面镜对称.

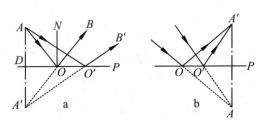

图 3.9

下面进一步讨论平面镜成像时，物和像之间的空间形状对应关系.假如我们在平面镜 P 的物空间取一右手坐标 xyz，根据物点和像点对平面镜对称的关系，很容易确定它的像 $x'y'z'$，如图 3.10 所示.由图可以看到，$x'y'z'$ 是一左手坐标.像和物大小相等，但形状不同，物空间的右手坐标在像空间变成了左手坐标；反之，物空间的左手坐标在像空间则成为右手坐标.另外，由图 3.10 还可以看到，如果我们分别对着 z 和

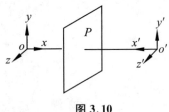

图 3.10

z' 轴看 xy 和 $x'y'$ 坐标面时,当 x 按逆时针方向转到 y,则 x' 按顺时针方向转到 y',即物平面若按逆时针方向转动,像平面就按顺时针方向转动;反之,当物平面按顺时针方向转动时,则像平面就按逆时针方向转动.上述结论对 yz 和 zx 坐标面来说同样适用.物、像空间的这种形状对应关系称为"镜像"关系.由上讨论得到平面镜成像的第二个性质,即空间物体通过平面反射镜成像时,像和物大小相等,但形状不同,物体通过单块平面镜形成的是镜像.

如果第一个平面镜所成的像再通过第二个平面镜成像,则左手坐标又变成了右手坐标,和原来的物体完全相同.因此,如果物体经过奇数个平面镜成像,则成的是"镜像";如果经过偶数个平面镜成像,则像和物完全相同.所以,如果我们要求物和像相似,则必须采用偶数个平面镜.这就是说,在光学系统中加入偶数个平面镜后,不仅不会影响像的清晰度,而且像的大小和形状也不会改变,只是改变了光学系统光轴的方向.

平面镜还有一个重要性质,就是当平面镜绕垂直于入射面的轴转动 α 角时,反射光线将转动 2α,转动方向与平面镜转动方向相同,如图 3.11 所示.

平面镜的这一转动性质,在瞄准、扫描等仪器以及精密计量中有着广泛应用.比如,要求仪器瞄准线在空间转动 α 角,则反射镜只需转动 $\dfrac{\alpha}{2}$ 就够了.

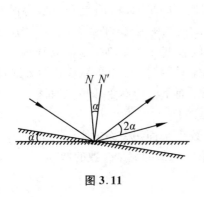

图 3.11

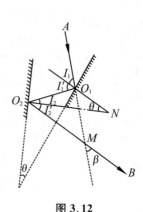

图 3.12

二、两面角镜的成像特性

两个平面反射镜按一定角度组成的系统称为两面角镜,简称角镜.图 3.12 为两块夹角为 θ 的平面镜,位在两面角镜主截面内的入射光线 AO_1 经两块平面镜反射后,沿着 O_2B 的方向出射,延长 AO_1 和 O_2B 相交于一点 M.设入射和出射光线

间夹角为 β ,由 $\triangle O_1O_2M$ 根据外角等于两个内角之和的关系

$$2I_1 = 2I_2 + \beta$$

或

$$\beta = 2(I_1 - I_2)$$

两平面镜的法线相交于 N 点,由 $\triangle O_1O_2N$ 根据外角定理得

$$I_1 = I_2 + \theta$$

或

$$\theta = I_1 - I_2$$

将 $\theta = I_1 - I_2$ 代入 β 式,得到

$$\beta = 2\theta \qquad (3.11)$$

由此得出结论如下:

位于两面角镜主截面内的入射光线经角镜反射后,其出射光线与入射光线的夹角 β 恒为角镜两面角 θ 的两倍.

由于 β 只是 θ 的函数,而与入射角 I 无关,因此可以推论:两面角镜绕垂直主截面的轴转动时,只要入射光线方向不变,则出射光线的方向亦不变.

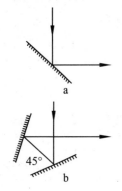

图 3.13

两面角镜的这一重要特性广泛应用于需改变光轴方向的场合. 比如,在很多仪器中,要求光轴方向改变 90°,而且要求该 90°角度始终保持稳定不变. 如果采用单个平面镜来实现,如图 3.13a 所示,即使在仪器出厂时平面镜的位置已安装得很准确,但在使用中由于受到振动或结构变形,平面镜的位置仍可能有小量的变动. 当平面镜位置变化了 α 时,出射光线就将改变 2α. 为克服这种缺点,通常采用图 3.13b 的双面角镜形式,使二面角等于 45°,只要这个二面角维持不变,即使二面角镜位置改变,也不会影响出射光线方向.

二面角镜是属于偶数个平面镜系统,因此,双面角镜所成的像是与物大小相等、形状相似的完全一致的像.

第四节 反 射 棱 镜

为了使两面角镜的二面角不变,最简单可靠的方法是把两个反射面做在同一块玻璃上,这样一种把一个、两个或多个反射面做在同一块玻璃上的光学零件,称

为反射棱镜.显然,一块反射棱镜实际上就是一个平面反射镜系统,它和平面镜系统具有同样的成像性质,并起着改变光轴方向的作用.但是,反射棱镜较平面反射镜更为实用,它不像薄板状反射镜那样,加工、装配时容易变形,而影响成像质量.当光线在棱镜反射面上的入射角大于全反射临界角时,将发生全反射,棱镜的反射面不需要镀反射膜.此外,反射棱镜的安装和固定比起复杂的平面镜系统则要相对容易些.因此,不少场合下,都采用反射棱镜代替平面反射镜.

　　和折射棱镜同样的定义方法,反射棱镜的折射面和反射面均称为棱镜的工作面,工作面的交线称为反射棱镜的棱,和各棱垂直的截面称为主截面,光学系统的光轴位在棱镜中的部分称为反射棱镜的光轴.

一、反射棱镜的类型

　　反射棱镜随反射面数及其相互位置关系的不同,种类繁多,形状各异.常用的反射棱镜通常可以分为简单棱镜、屋脊棱镜和复合棱镜三类.

　　1.简单棱镜

　　简单棱镜的所有工作面均与主截面垂直.它又有一次反射棱镜、二次反射棱镜和三次反射棱镜之分.

　　一次反射棱镜的成像性质和单块平面反射镜相同.图 3.14 中所示的反射棱镜称直角棱镜和等腰棱镜,随等腰棱镜底角大小的不一样,可实现不同方向的光轴偏折.

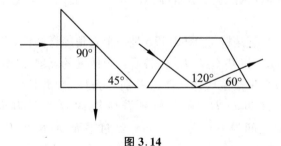

图 3.14

　　二次反射棱镜相当于双面角镜,如图 3.15 所示.在这类反射棱镜中,光线经两反射面依次反射后,反射光线相对于入射光线偏转的角度为两反射面夹角的两倍.图中给出的二次反射棱镜的两反射面夹角分别为 22.5°,45°,90° 和 180°,因此,出射光线相对于入射光线偏转的角度分别为 45°,90°,180° 和 360°.图中各二次反射棱镜分别称为:a——半五角棱镜;b——五角棱镜;c——二次反射直角棱镜;d——

斜方棱镜.

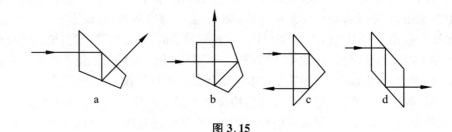

图 3.15

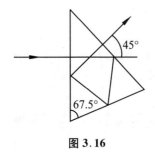

图 3.16

图 3.16 所示为一个三次反射棱镜,称斯密特棱镜.它使光轴折转 45°角.由于棱镜中的光轴折叠,因此,对缩小仪器的体积非常有利.

2. 屋脊棱镜

在平面镜和棱镜系统成像过程中,当光轴转角和系统主截面内像的方向都符合要求时,反射面的总数可能为奇数,只能成镜像.为了获得和物相似的像,可以用两个互相垂直的反射面代替其中的某一个反射面.这种两个互相垂直的反射面叫屋脊面,带有屋脊面的棱镜叫屋脊棱镜.屋脊面的作用就是在不改变光轴方向和主截面内成像方向的条件下,增加一次反射,使系统总的反射次数由奇数变成偶数,从而达到物像相似的要求.下面以直角棱镜为例说明屋脊面的作用.

图 3.17a 是一个直角棱镜,图 3.17b 是一个直角屋脊棱镜,它用两个互相垂直的反射面 $A_2B_2C_2D_2$ 和 $B_2C_2F_2E_2$ 代替了直角棱镜的反射面 $A_1B_1C_1D_1$. 为了说明屋脊棱镜和一般直角棱镜成像性质的差别,我们在图 3.17c,d 中单独绘出了直角棱镜的反射面 $A_1B_1C_1D_1$ 和直角屋脊棱镜的两个反射面 $A_2B_2C_2D_2$ 和 $B_2C_2F_2E_2$. 假设物空间为一右手坐标 xyz,经过平面 $A_1B_1C_1D_1$ 反射后,相应的像的方向为一左手坐标 $x_1'y_1'z_1'$,如图 3.17c 所示.经过屋脊面反射后,像的方向如图 3.17d 所示.我们可以认为光轴 Ox 正好投射在 B_2C_2 棱上,因此,反射后光轴的方向 $O_2'x_2'$ 应和 $O_1'x_1'$ 相同.由 y 点发出平行于光轴的光线同样可以看做是在屋脊棱 B_2C_2 上进行反射,因而反射光线的位置与方向也和在单个反射面 $A_1B_1C_1D_1$ 上反射光线的情况相同,所以 y_2' 和 y_1' 的方向相同.由上分析可见,Oy 和 Ox 两轴通过屋脊棱镜成像的情况与单块平面反射镜的情况是完全相同的.至于

Oz 轴,由 z 点发出和光轴平行的光线,首先投射到 $A_2B_2C_2D_2$ 反射面上,经反射后又投射在 $B_2C_2F_2E_2$ 反射面上,再经过一次反射才平行于光轴出射.这样,$z_2{}'$ 的方向就和一个反射面时对应的 $z_1{}'$ 的方向相反.由此得出结论:用屋脊面代替一个反射面后,光轴的方向和棱镜主截面内像的方向保持不变,在垂直于主截面的方向上像将发生颠倒.

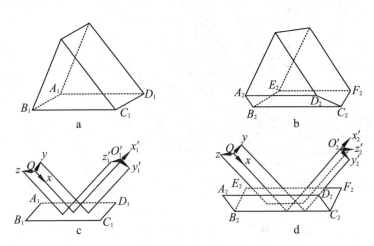

图 3.17

3.复合棱镜

由两个或两个以上反射棱镜组合成的棱镜系统称为复合棱镜.各分棱镜的主截面可以位在同一平面内,也可不在同一平面内.下面画出几种典型的复合棱镜.

图 3.18 所示为一分光棱镜,它可以把一束光通过半透半反膜分成任意光强比的两束光.

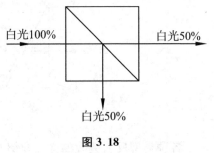

图 3.18

图 3.19 为普罗Ⅰ型转像棱镜系统,它由两块二次反射直角棱镜组成,它们的主截面互相垂直.这种复合棱镜除了折转光轴外,还有转像的作用.

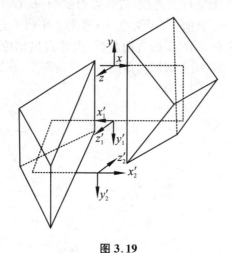

图 3.19

图 3.20 为分色棱镜系统,它可以把一束白光分解成红、绿、蓝三种颜色的光.

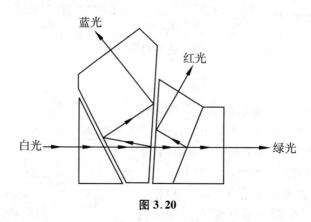

图 3.20

各种类型反射棱镜的详细介绍,可查阅有关光学仪器手册.

二、反射棱镜的展开

仍以直角棱镜为例加以讨论. 直角棱镜的主截面为一等腰直角三角形,如图 3.21 所示.光线在 AB 面上折射以后进入棱镜,然后经 BC 面反射,再经 AC 面折射后射出棱镜,光轴方向折转了 90°.光线在棱镜内部反射面上的反射成像,和普通平面反射镜的反射成像性质完全一样,所不同的只是增加了两次折射.如果把棱镜的两个折射面及所有光线绕反射面 BC 翻转 $180°$,也就是沿反射面 BC 将棱镜主截面展开,展开部分的图形如图中虚线所示.显而易见,$\triangle ABC$ 和 $\triangle A'BC$ 组合构成的是一块平行平板,在 $\triangle A'BC$ 中的光路与在 $\triangle ABC$ 中经反射面 BC 反射后的光路完全一样.或者说,光线经棱镜主截面 $\triangle ABC$ 内的光路与其在展开后的平行平板 $ABCA'$ 中的光路完全相同.由于平面反射镜为理想光学元件,对成像质量没有影响,因此,在光学计算时,可以用光线通过 $ABCA'$ 平行平板的折射来代替棱镜的折射,而不再考虑棱镜的反射,从而使研究

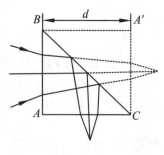

图 3.21

大为简化.这种把棱镜的主截面沿着它的反射面展开,取消棱镜的反射,以一块平行玻璃板的折射代替棱镜折射的方法称为"棱镜的展开".棱镜展开的具体方法是,在棱镜的主截面内,以反射面和主截面的交线为轴,作出主截面的对称像.如果棱镜有多个反射面,则需按反射的顺序,依次作出主截面的对称像.图 3.22 所示为五角棱镜的展开图.如果是屋脊棱镜,因为光轴是在屋脊棱上反射的,所以,屋脊棱镜可以用对屋脊棱翻转的方法来展开.

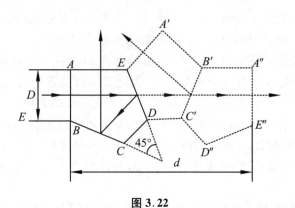

图 3.22

　　从棱镜的展开图可见,棱镜展开后得到的平行平面玻璃板的厚度 d,就是棱镜的光轴长度,也称为反射棱镜的展开长度.

　　对于一个反射棱镜,当入射光束在入射面上的通光口径 D 确定以后,进入该棱镜中的光轴长度,也就是棱镜展开后的平行平板厚度 d 便确定了,d 与 D 之比始终是一个定值,称为棱镜的结构常数,用 K 表示,即

$$K = \frac{d}{D} \qquad\qquad (3.12)$$

每种反射棱镜都有自己的结构常数,不同类型棱镜有不同的结构常数.

例如,图 3.21 所示的普通直角棱镜,其结构常数为 $K = \frac{d}{D} = \frac{D}{D} = 1$;图 3.22 所示五角棱镜,其结构常数为 $K = \frac{d}{D} = \frac{2D + \sqrt{2}D}{D} = 3.414$;图 3.16 所示斯密特棱镜,结构常数为 $K = \frac{d}{D} = \frac{\sqrt{2}D + D}{D} = 2.41$;对直角屋脊棱镜,它的尺寸比同样通光口径下的直角棱镜大,其 K 值为 1.732.在光学计算时,只要已知光线在棱镜入射面上的通光口径和棱镜的结构常数 K,就可求得棱镜的展开长度 d.不同棱镜的 K 值从光学设计手册可查到.

根据以上的讨论可知,用棱镜代替平面镜相当于在系统中多加了一块玻璃平板.前面已经讲过,平面反射不影响系统的成像性质,而平面折射和共轴球面系统中一般的球面折射相同,将改变系统的成像性质.为了使棱镜和共轴球面系统组合以后,仍能保持共轴球面系统的特性,必须对棱镜的结构提出一定的要求:

第一,棱镜展开后玻璃板的两个表面必须平行.如果棱镜展开后玻璃板的两个表面不平行,则相当于在共轴系统中加入了一个不存在对称轴线的光楔,从而破坏了系统的共轴性,使整个系统不再保持共轴球面系统的特性.

第二,如果棱镜位在会聚光束中,则光轴必须和棱镜的入射及出射表面相垂直.当平行玻璃板位于平行光束中的情形,无论玻璃板位置如何,出射光束显然仍为平行光束,并且和入射光束的方向相同,对位于它后面的共轴球面系统的成像性质没有任何影响.所以在平行光束中工作的棱镜只需要满足第一个条件即可.如果玻璃板位在会聚光束中,玻璃板的两个平面相当于半径无限大的球面,为保证共轴球面系统的对称性,必须使平面垂直于光轴,亦即要求光轴与入射及出射表面相垂直.

有一种称为靴形棱镜的反射棱镜,其主截面如图 3.23a 所示.它同样是利用两个夹角成 45° 的反射面使光轴改变 90°.但是光线经 DC 面反射后,又以 30° 的入射角投射在第一个反射面 BC 上.因此,棱镜 ABCD 展开后,两个表面并不平行,而成 30° 的夹角,不符合棱镜的第一个要求,其展开图如图 3.23b 所示.

为了满足棱镜的第一个要求,所以在 BC 面上再加一个 30° 角的棱镜 EFG.它和棱镜 ABCD 组合以后,便构成了一块平行玻璃板,但是两者之间必须留有一层空气隙,以便使光线在 BC 面上能发生全反射.补偿棱镜 EFG 和棱镜 ABCD 必须采用同一种光学材料.由于光线在 DC 面上的入射角小于临界角 I_0,故 DC 面上必须镀反光膜.

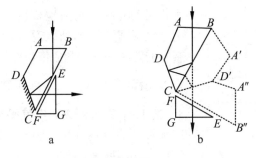

图 3.23

如果反射棱镜本身存在几何形状的误差,那么棱镜展开成的玻璃板也会产生前后两个表面不互相平行的情况.这种不平行性,称之为棱镜的"光学平行差",它代表了反射棱镜的误差的大小.根据棱镜所在仪器的实际使用要求,可以计算出棱镜允许的光学平行差,进而给出棱镜角度的允许误差.

对于屋脊棱镜,两屋脊面之间的夹角应该严格等于 $90°$.如果不等,一束平行光射入棱镜,经过两个屋脊面反射后成为两束相互之间有一定夹角的平行光,因而出现双像,如图3.24所示.这两束平行光之间的夹角,称为屋脊棱镜的双像差,以 S 表示.

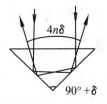

图 3.24

双像差 S 和屋脊角误差 δ 之间的关系从图中可以看出,当入射平行光束位于屋脊棱的垂直面内时,经过两屋脊面反射后,形成夹角为 $4n\delta$ 的两束平行光. n 为棱镜材料的折射率,假设 $n=1.5$,则屋脊角误差 $\delta=\frac{1}{6}S$,可见对屋脊棱镜的屋脊角误差是非常严格的.

三、等效空气层和棱镜尺寸计算

为了方便棱镜尺寸计算,首先引入等效空气层概念.反射棱镜展开后为一块平行平板玻璃,如图3.25所示.平板厚度为 d,折射率为 n,前后两表面分别用 $1,2$ 表示,光线经平板玻璃折射后的像方截距为 l_2'.从光线在第 2 面出射点处作光轴的平行线与入射光线相交,过交点作平面 $\overline{2}$ 平行于平面 1,1 面和 $\overline{2}$ 面又构成一块

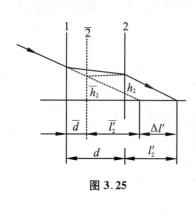

图 3.25

新的平板.比较 1 面,2 面平板和 1 面,$\overline{2}$ 面平板可以看出,同一条入射光线在 2 面和 $\overline{2}$ 面上的出射情况完全相同,即 $h_2 = \overline{h_2}$,$l_2' = \overline{l_2'}$.但是,1 面,$\overline{2}$ 面平板是使光线无折射地直接通过,显然,该平板应为空气板,即 $n = 1$.所以说,1 面,$\overline{2}$ 面构成的空气平板在光路中的作用和成像特性与 1 面,2 面构成的平行玻璃板等效,所差仅为一平移量 $\Delta l' = \dfrac{n-1}{n}d$.因此,把 1 面,$\overline{2}$ 面构成的空气平板称为 1 面,2 面玻璃平板的等效空气层.若以 $\overline{d}$ 表示近轴条件下的等效空气层厚度,则有

$$\overline{d} = d - \Delta l' = d - \frac{n-1}{n}d = \frac{d}{n} \tag{3.13}$$

建立了等效空气层的概念后,给光学像面位置计算和棱镜尺寸计算带来很大方便.当把棱镜展开成平板玻璃后,先用厚度为 $\dfrac{d}{n}$ 的等效空气平板取代厚度为 d 的玻璃平板.这样可以在不考虑折射的情况下计算出等效空气平板出射面的光线投射高度,也就是实际反射棱镜出射面的光线投射高度.尔后,再从 $\overline{2}$ 面以后的光路上加上轴向平移量 $\Delta l'$,即可得到实际光路.下面举例说明棱镜尺寸的计算和像面位置的确定.

有一个薄透镜组,焦距为 100,通光口径为 20,利用它使无限远物体成像,像的直径为 10.在距离透镜组 50 处加入一个五角棱镜,使光轴折转 90°.求棱镜的尺寸和通过棱镜后的像面位置.

由于物体位在无限远,像平面位在像方焦平面上.根据给出的条件,全部成像光束位在一个高为 100,上底和下底分别为 10 和 20 的梯形截面的锥体内,如图 3.26a 所示.

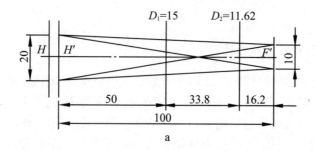

a

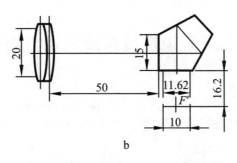

b

图 3.26

棱镜第一面的通光口径为

$$D_1 = \frac{20+10}{2} = 15$$

五角棱镜展开后的平行平板玻璃厚度为

$$d = 3.414 D_1 = 3.414 \times 15 = 51.21$$

假设玻璃折射率 $n = 1.5163$，平板玻璃的等效空气层厚度为

$$\overline{d} = \frac{d}{n} = \frac{51.21}{1.5163} = 33.8$$

因此，光线通过棱镜后形成的像面离开棱镜出射表面的距离为

$$l_2' = 50 - \overline{d} = 50 - 33.8 = 16.2$$

棱镜出射表面的通光口径为

$$D_2 = 10 + (20-10)\frac{16.2}{100} = 11.62$$

图 3.26b 是根据以上计算结果作出的实际光学系统图.

由上面的例子可以看出，把玻璃平板换算成等效空气层来进行棱镜外形尺寸计算相当方便.但是，等效空气层的公式(3.13)是按近轴光学公式推导出来的，当光束在棱镜表面的入射角较大(通常在 $I > 20°$ 时)，就会产生较大误差，这时计算空气平板的厚度就要按照由实际光路导出的准确公式进行

$$\overline{d} = \frac{d}{n} \cdot \frac{\cos I}{\cos I'} \tag{3.14}$$

第五节　平面镜棱镜系统成像方向的判断

平面镜棱镜系统除具有改变光轴方向的作用外,还具有改变像方向的作用.光轴方向的改变可以直接按反射定律确定,像方向的确定方法则由本节专门讨论.

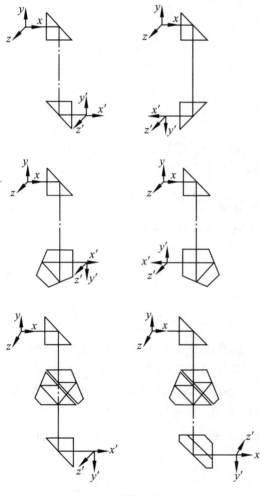

图 3.27

为了表示物和像的方向关系,在物空间取一直角坐标 xyz,其中 x 轴与入射光轴重合,y 轴位于棱镜主截面内,z 轴垂直于主截面. $x'y'z'$ 表示 xyz 坐标通过平面镜棱镜系统后像的方向,但并不表示其位置.

如果棱镜平面镜系统中所有平面镜和棱镜的主截面都重合为一个面,这样的系统称为单一主截面系统.在具有单一主截面的平面镜棱镜系统中,像的方向可按下面的转像规则进行判断.

x' 方向(沿光轴)——与光轴出射方向一致.

y' 方向(在主截面内)——由系统总反射次数(屋脊面算两次反射)而定.奇数次反射时,若物为右手坐标系,则 y' 方向按像 $x'y'z'$ 为左手坐标系来确定;偶数次反射时,y' 方向按像与物为同样的坐标系来确定.

z' 方向(垂直于主截面)——由系统中屋脊面的个数而定.没有或偶数个屋脊面,z' 与 z 同向,有奇数个屋脊,z' 与 z 反向.

图 3.27 中各例为上述转像规

则的具体应用.

对于具有两个互相垂直主截面的平面镜棱镜系统,可以先在一个单一主截面内,按转像规则判断像的方向,然后以此像作为物,在另一个主截面内,再按转像规则判断,得到最后像的方向.前面图 3.19 所示普罗Ⅰ型转像系统中像的方向就是这样确定的.

以上讨论的转像规则只是对平面镜棱镜系统而言.实际的光学系统是由透镜和平面镜棱镜组合而成的.其最终像的方向要根据透镜的成像特性和上述平面镜棱镜转像规则共同确定.

平面镜棱镜系统的转像规则指的是平面镜棱镜静止不动情况下,像和物方向之间的关系.在实际仪器中,为实现某特定使用目的,还要求棱镜或反射镜作转动.棱镜或平面镜的转动也可能会影响到像的转动.图 3.28a、b 分别表示直角棱镜初始状态和绕 x' 轴转 90° 后的物像方向,看得很清楚,像的转动与棱镜的转动数值相等,方向相同.图 3.29 所示的棱镜称为道威棱镜,这种棱镜的入射面和出射面与光轴不垂直,棱镜展开后为一块斜放置的平行平板,所以,道威棱镜在平行光路中使用.当道威棱镜绕 x 轴转过 90° 时,像却转过 180°.由此可见,棱镜转动引起的像方向转动情况随棱镜不同而不同,必须具体对象具体分析.

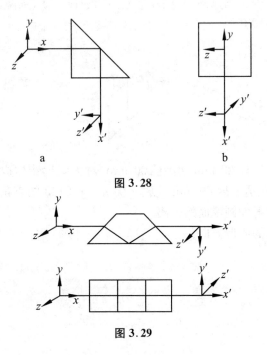

图 3.28

图 3.29

习　题

1. 有一透镜,其像面与之相距 150 mm,若在透镜后垂直光轴放置一块厚度 60 mm,折射率 1.5 的平行平板,问:1)像面位置朝哪个方向移动多大距离? 2)欲使 光轴向上偏移 5 mm,平板应如何运动?

2. 一个等边三角棱镜,若入射光线和出射光线对棱镜对称,出射光线对入射光线的 偏转角为 40 度,求该棱镜的折射率.

3. 有一光楔,其材料为 K9 玻璃($n_F = 1.52196$, $n_C = 1.51390$),白光经其折射后要 发生色散,若要求出射的 F 光和 C 光间的夹角<1 分,求光楔的最大楔角应为 多大?

4. 人身高 180 cm,一平面镜放在他身前 120 cm 处,为了看到他自己的全身像,镜 子尺寸至少应多大?

5. 两个相互倾斜放置的平面镜,一条光线平行于其中一镜面入射,在两镜面间经过 四次反射后正好沿原路返回,利用双平面镜的成像性质,求两镜面之间夹角.

6. 将下图中各棱镜展开:

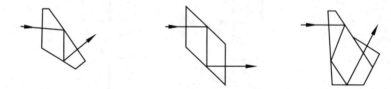

7. 一薄透镜的通光口径 20 mm,焦距 100 mm,对无限远物体成像,平行的入射光 线最大倾角 3°,在透镜后 80 mm 处放一块 $n = 1.5163$ 的直角棱镜,求棱镜的通 光口径和棱镜出射面到像面的距离.

8. 判断各棱镜系统的成像方向:

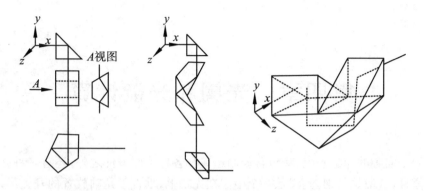

9. 下图所示光学系统对无限远物体成像,要求物像方向如图所示,确定在虚线框中应选用何种棱镜?

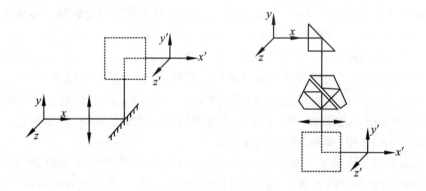

第四章　光阑和光能计算

一个实际的光学系统,除包含球面透镜和各种平面零件之外,还有一种必不可少的零件,这便是光阑,光阑是一个中心在光轴上,垂直于光轴放置的开孔屏.开孔形状大部分为圆形,也可以是矩形等其他形状.光阑沿光轴不同位置放置,它如果和光学零件相重合,固定光学零件的镜框就成了光阑.

按所起作用不同,光阑分孔径光阑、视场光阑和消杂光光阑三种.前两种主要用来限制光学系统中的光束,本章将重点讨论.消杂光光阑用来限制来自非成像物体的杂光(例如光学系统各折射面的反射光、仪器内壁的反射光等).由于进入光学系统的杂光到达像面后,将会使像面产生亮背景,降低了像的衬度,对成像质量十分有害.为此需要利用消杂光光阑尽量把杂光拦掉.在一般光学仪器中,常常采用镜管内壁车螺纹、涂黑色消光漆等措施消杂光;对某些镜筒很长的重要光学系统(如天文望远镜,长焦距平行光管等),需要专门设计消杂光光阑.消杂光光阑只是起限制杂光的作用,而并不限制成像光束.

光阑的存在限定了光学系统中光束截面的大小,从而决定了通过光学系统的光能量和成像空间深度.所以,本章在讨论光阑的基础上,还讨论光能计算及景深、焦深等.

第一节　孔　径　光　阑

一、孔径光阑和入射光瞳、出射光瞳

实际光学系统只能允许一定大小的光束通过,光轴上一物点所发出的进入光学系统的光束立体角也是有限制的.用来限制轴上物点入射光束大小的光阑定义为孔径光阑,亦称有效光阑.

　　孔径光阑通过它前方的光学系统所成的像称为入射光瞳,简称入瞳;孔径光阑经由它后方光学系统所成的像称为出射光瞳,简称出瞳.显然,入射光瞳、孔径光阑、出射光瞳三者是相互共轭的.对整个光学系统来说,出射光瞳也是入射光瞳的像.图 4.1 表示了在由 k 个折射面组成的共轴球面系统中,入射光瞳、出射光瞳和孔径光阑三者的共轭关系.根据共轭原理,由轴上 A 点发出的光束首先被入射光瞳限制,然后充满整个孔径光阑,最后从出射光瞳边缘出射会聚到像点 A'.由轴外一物点发出,并通过孔径光阑中心的光线称主光线.显然,任意一条主光线,必定通过与孔径光阑相共轭的入瞳和出瞳的中心.

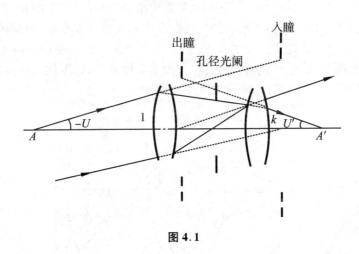

图 4.1

　　由轴上物点即物面中心 A 至入射光瞳边缘所引光线与光轴的夹角称为物方孔径角,用字母 U 表示.同样,由轴上像点即像面中心点 A' 至出射光瞳边缘所引的光线与光轴的夹角称为像方孔径角,用字母 U' 表示.U,U' 的符号规则在第二章中已叙述.

　　在实际光学系统中孔径光阑未知的情况下,寻求孔径光阑的方法步骤可归纳如下:

　　首先将系统中所有光学元件边框和开孔屏的内孔,经其前方的系统成像到整个系统的物空间;然后比较这些像的边缘对轴上物点张角的大小,其中张角最小者,即为入射光瞳;与入瞳共轭的实际光阑即为孔径光阑.

　　用类似的方法,也可将所有边框和开孔屏的内孔,经其后方的系统成像到整个系统的像空间,然后比较这些像的边缘对轴上的像点张角的大小,其中张角最小者,即为出射光瞳;与出瞳共轭的实际光阑即为孔径光阑.

作为一种特殊情况,如果物体或像在无限远,则入射光瞳或出射光瞳就是光阑在物空间或像空间具有最小直径的像;进入系统或出自系统的光束即由此两光瞳的直径确定.

二、孔径光阑设置原则

在实际光学系统中,孔径光阑的位置和大小,即入射光瞳或出射光瞳的位置和大小是十分重要的参量.孔径光阑的大小是由光学系统对成像光能量的要求和对物体细节的分辨能力的要求而决定,这将在以后章节中加以讨论.孔径光阑的位置则直接影响光学系统成像的清晰度和光学系统中各零件的尺寸.因此,在光学系统具体设计时,光学设计人员可把孔径光阑位置作为一个可变参量,根据满足一定成像质量要求来选取最佳孔径光阑位置.图 4.2 所示为孔径光阑位置对光学零件口径的影响.显而易见,孔径光阑(即入瞳)与光学零件重合时,零件口径最小.孔径光阑(即入瞳)越远离光学零件,则该零件尺寸越大.

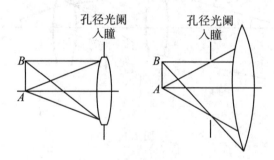

图 4.2

上述是通常情况下孔径光阑的设置原则,在某些仪器中,为了某种特殊需要,孔径光阑必须置于特定的位置.比如:

1. 对与眼睛配合使用的目视仪器,人眼瞳孔起着限制光束的作用.因此,光学

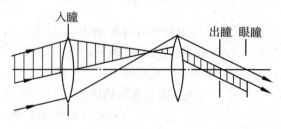

图 4.3

系统的出射光瞳和人眼眼瞳在位置上必须重合,大小也应匹配合适,如果系统出瞳与眼瞳不相重合,那么,从系统出射的光束将部分甚至全部不能被眼睛接收,如图4.3所示.

2. 在测量物体大小的显微镜中,需要把孔径光阑置于光学系统的像方焦平面上,以消除由于物平面位置不准确所引起的测量误差.如图 4.4 所示,物体 AB 通过系统成像于 $A'B'$.如果在像平面 $A'B'$ 上测量出像的大小,则根据共轭面的放大率就能求得物体的大小.测量标尺或分划镜离光学系统的距离是一定的,对应的放大率是一个不变的常数,可以预先测定.但是,如果物平面的位置不准确,如图中 A_1B_1 所示,则相应的像平面 $A'_1B'_1$ 和标尺不重合.假定孔径光阑和透镜框重合,并且 A_1B_1 等于 AB,即如图 4.4a 的情形,则 $A'_1B'_1$ 两点分别在标尺平面上形成两个弥散斑,显然这时所测得的像是两个弥散斑中心间的距离 $2y_1'$,它小于 $2y'$.这样按已知放大率求出来的物高也一定小于实际的物高,从而造成误差.

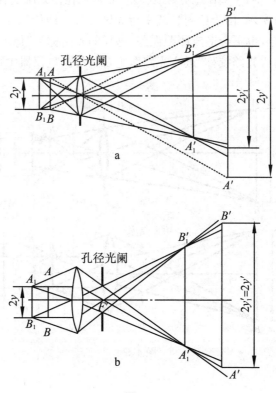

图 4.4

如果把孔径光阑安置在系统的后焦面上,如图 4.4b 所示,这时即使像面 $A'_1B'_1$ 和 $A'B'$ 不重合,但两个弥散斑中心间的距离不变,总是等于 $2y'$,因此不会影响测量结果.这时成像光束的特点是,入射光束的主光线都和光轴平行.孔径光阑位在系统后焦面上,入瞳位在无穷远,因此把这样的光路称为"物方远心光路".

3. 在某些用于测量物体距离的大地测量仪器中,常常需要把孔径光阑置于光学系统的物方焦平面处,以消除由于调焦不准,像平面和标尺分划刻线面不重合而造成的测量误差.如图 4.5a 所示,已知大小为 $2y$ 的物体 AB 通过光学系统成像于 $A'B'$.如果在像平面 $A'B'$ 上测出像 $2y'$,根据高斯光学成像关系可得光学系统物方焦点到物体的距离为

$$x = \frac{y}{y'}f'$$

式中 f',y 已知,测得 y' 后,便可求得被测物体的距离.假定孔径光阑位在光学镜头镜框上,如果调焦不准,$A'B'$ 和标尺不重合,那么在标尺上形成两个弥散斑,两弥散斑中心间的距离 $2y'' \neq 2y'$,则造成测距误差.如果把孔径光阑安置在光学系统的前焦面上,如图 4.5b 所示,由于出射光线平行光轴,因此,即使像面 $A'B'$ 与标尺分划刻线面 $A''B''$ 不重合,也不会造成测距误差.这样的光路称为"像方远心光路".物方远心光路和像方远心光路统称"远心光路",它在各种测量仪器中得到应用.

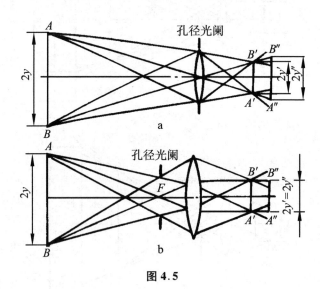

图 4.5

三、场镜

在由几个光组组合而成的连续成像的组合系统中,每个光组都对孔径光阑位置提出一定要求.如在图 4.6 所示的组合系统中,包含前组和后组两个光组,1,2 分别为这两个光组的孔径光阑,物 AB 经前组成像为 $A'B'$,$A'B'$ 经后组成像为 $A''B''$.显然,在该组合系统中,光阑 1 和 2 应该构成物像关系,为此需要在像面 $A'B'$ 处加一块透镜,由于这块透镜的加入,使轴外光束发生偏折,从而让通过孔径光阑 1 的主光线同时也通过孔径光阑 2,满足了光阑 1 和 2 的共轭的成像关系.这种和像面重合,或和像面很靠近的透镜称为"场镜",由于场镜是位在像平面上,前面光组所成的像正好位于它的主面上,通过它以后所成的像和原来的像大小相等,因而不会影响组合系统的成像特性.由于场镜起到使轴外光束偏折的作用,所以场镜能使其后面光组的口径大大减小,如不加场镜,为使前组出来的光束全部进入后组,后组透镜的口径将大到不堪设想的地步.

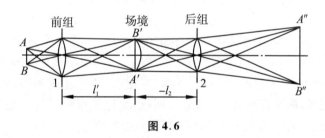

图 4.6

确定场镜焦距的方法,可以根据主光线通过场镜前后所要求的位置,用成像关系公式求得.例如图 4.6 中,假定前组透镜到它的像平面的距离 $l'_1 = 150$ mm,后组透镜离开中间像平面的距离 $l_2 = -100$ mm,要求主光线既通过前组透镜的中心又通过后组透镜的中心,即要求前组孔径光阑 1 经过场镜以后正好成像在后组孔径光阑 2 上.写出物像关系式

$$\frac{1}{l'} - \frac{1}{l} = \frac{1}{f'}$$

对于场镜,其 $l' = -l_2 = 100$ mm,$l = -l'_1 = -150$ mm,把 l' 和 l 值代入上式,得

$$\frac{1}{f'} = \frac{1}{100} - \frac{1}{-150}$$

由此解出场镜的焦距 $f' = 60$ mm.

第二节　视 场 光 阑

一、视场光阑和入射窗、出射窗

光学系统能够清晰成像的范围也是有限的,能清晰成像的范围在光学系统中称为视场,视场的大小也有相对应的光阑来加以限定,这种光阑称视场光阑.

视场光阑经其前面光学系统成的像称入射窗,简称入窗;视场光阑经它后面光学系统成的像称出射窗,简称出窗.显然,入射窗、视场光阑、出射窗三者是互相共轭的,对整个系统来说,出射窗也就是入射窗的像.

实际光学系统中,孔径光阑和视场光阑是同时存在的,如图 4.7 所示.由入瞳中心至入射窗直径边缘所引连线的夹角,或者说,过入射窗边缘两点的主光线间的夹角称为物方视场角,用 2ω 表示;同样,由出瞳中心至出射窗直径边缘所引连线的夹角,也就是过出射窗边缘两点的主光线间的夹角称为像方视场角,用 $2\omega'$ 表示.当物体在无限远时,习惯用前面定义的角度 2ω 或 $2\omega'$ 表示视场.当物体在有限距离时,习惯用入瞳(或出瞳)中心与入窗(或出窗)边缘连线和物面交点之间的线距离来表示视场,称线视场 $2y$(或 $2y'$).所以,无论是用角视场还是用线视场来表示成像范围,其成像范围的大小均由入射窗或出射窗的大小决定.

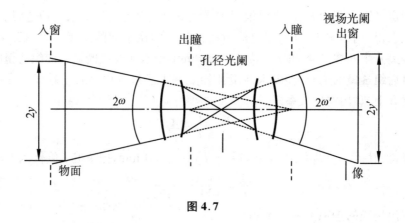

图 4.7

ω 和 ω' 的符号规则为由光轴转向光线,顺时针为正,逆时针为负. y 和 y' 的符号规则第二章中已叙述.

根据上面的讨论可以得到在众多光阑中确定视场光阑的方法如下：

首先,将仪器中的所有光阑(包括透镜边框)经其前方(或后方)系统成像在整个系统的物空间(或像空间)；然后,从系统的入瞳(或出瞳)中心分别向物空间(或像空间)所有的光阑像的边缘作连线,其中张角最小的光阑像为入射窗(或出射窗),与其共轭的实际光阑即为视场光阑.

二、渐晕

由入窗(或出窗)所决定的成像范围仅适用于入瞳(或出瞳)很小的情况.但实际光学系统的入瞳和出瞳均有一定的大小,有时甚至还很大,这时,光学系统的视场并不完全由主光线和入射窗(或出射窗)决定,还与入瞳(或出瞳)有关.下面讨论入瞳有一定大小时,物面上各点发出的光束被入窗与入瞳联合限制的情况.为了便于说明问题,如图 4.8 所示.略去光学系统其他光孔,仅画出物平面,入瞳平面,入射窗平面,来分析物空间的光束限制情况.当入瞳为无限小时,物面上能成像的范围应该是由入射光瞳中心与入射窗边缘连线所决定的 AB_2 区域.但是当入射光瞳有一定大小时,B_2 点以外的一些点,虽然其主光线不能通过入射窗,但光束中还有主光线以上的一小部分光线可以通过入射窗,被系统成像,因而成像范围是扩大了,图中 B_3 点才是能被系统成像的最边缘点,因由 B_3 点发出的充满入射光瞳的光束中只有最上面的一条光线能通过入射窗.

在物面上按其成像光束孔径角的不同可分为三个区域.

第一个区域是以 B_1A 为半径的圆形区,其中每个点均以充满入射光瞳的全部光束成像,此区域的边缘点 B_1 由入射光瞳下边缘 P_2 和入射窗下边缘点 M_2 的连线所确定.在入射光瞳平面上的成像光束截面如图 4.8a 所示.

第二个区域是以 B_1B_2 绕光轴旋转一周所形成的环形区域,在此区域内,每一点已不能用充满入射光瞳的光束成像,在含轴面内看光束,由 B_1 点到 B_2 点,其能通过入射光瞳的光束,由 100% 到 50% 渐变.这区域的边缘点 B_2 由入射光瞳中心 P 和入射窗下边缘 M_2 的连线确定,B_2 点发出的光束在入射光瞳面上的截面如图 4.8b 所示.

第三个区域是以 B_2B_3 绕光轴旋转一周所得的环形区域,在此区域内各点能通过入射光瞳的光进一步变少,在含轴面内看光束,当由 B_2 点到 B_3 点时,光束由 50% 渐变到零.B_3 点是可见视场最边缘点,它由入射光瞳上边缘点 P_1 和入射窗下边缘点 M_2 的连线所决定.B_3 点发出的光束在入射光瞳面上的截面如图 4.8c 所示.

由于光束是光能量的载体,能进入系统成像的光束越多,表示携带的光能量越多.因此,物面上第一个区域所成的像最亮而且均匀.从第二个区域开始,像逐渐变暗,一直到全暗.这样一种由于光轴外物点发出的光束被阻挡而使像面上光能量由中心向边缘逐渐减弱的现象称为渐晕.渐晕的程度用渐晕系数来度量,渐晕系数分线渐晕系数和面渐晕系数两种.线渐晕系数定义为轴外点成像光束与轴上点成像光束在入射光瞳面上线度之比.面渐晕系数则为轴外点成像光束与轴上点成像光束在入射光瞳面上截面面积之比.

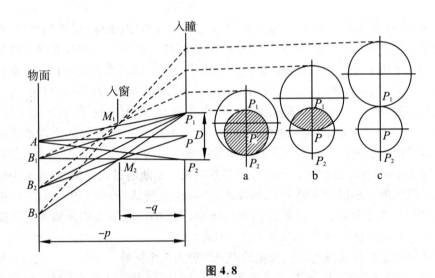

图 4.8

在图 4.8 中,A,B_1,B_2,B_3 点处的线渐晕系数分别为 $1.0, 1.0, 0.5, 0$,而面渐晕系数也由 1 逐渐下降到 0,但它的计算较线渐晕系数要复杂.面渐晕系数直接表示了该轴外像点能量与轴上像点能量之比.

在实际仪器中,总希望整个像面上一样地亮,即没有渐晕.为使渐晕现象不存在,按图 4.8 上的几何关系,必须满足

$$B_1 B_3 = D \cdot \frac{p-q}{q} = 0$$

由此得到:$p = q$,即入射窗和物平面重合,或者像平面和出射窗重合,此时就不存在渐晕现象了.

因此,从消除渐晕出发,光学系统中的视场光阑应设置在使入射窗和实物平面重合,即出射窗和实像平面重合,或者入射窗和实物平面接近,出射窗位在实像平

面附近.这样才能使光学系统成像具有清晰的视场边界.在有的光学系统中,不存在实像平面,视场光阑无法与像面重合,这种系统的视场边缘存在一个由亮到暗的过渡区域,没有清晰的视场边界.

第三节　像平面的光照度

当光学系统中加入孔径光阑和视场光阑之后,通过系统的光束大小和成像范围就被限定了,这一方面将影响到成像的清晰度和像与物的相似性,另一方面将限制了通过光学系统的光能量,从而决定了光学系统像面上所产生的光照度.本节首先引入几个常用的表示光能的物理量,然后讨论光能的传输规律,在此基础上导出像面上的光照度分布计算公式.

一、光能计算中的基本物理量

1. 辐射通量 Φ_e

辐射体不断地向四周辐射能量,辐射能的单位是焦耳,有时也采用尔格(1焦耳 $=10^7$ 尔格).同一辐射体发出的辐射能与时间有关,辐射时间越长,辐射的能量越多.为了表示不同辐射体辐射能量的情况,引入辐射通量的概念.定义单位时间内通过某一面积的全部辐射能量为通过该面积的辐射通量,以 Φ_e 表示.辐射通量是以辐射的形式发射、传播和接收的功率,因此,它的单位也就是功率的单位,为瓦(焦耳/秒),以 W 表示.

任何辐射体向外辐射的能量都是由一定波长范围内的各种波长的辐射组成的,每种波长的辐射通量可能各不相同.设 Φ_λ 为辐射通量随波长变化的函数,一般称为辐射通量的波长分布函数,则在整个辐射波段内总的辐射通量为

$$\Phi_e = \int_0^\infty \Phi_\lambda \mathrm{d}\lambda \tag{4.1}$$

2. 视见函数 V_λ

辐射体发出的辐射通量,最终由接收器接收.但是,接收器对各种波长的辐射接收程度是不一样的.这样一种对不同波长辐射的反应程度称为接收器的光谱灵敏度,或光谱响应度.人眼的光谱灵敏度定义为视见函数.以 V_λ 表示.

实验表明,人眼在白昼明视觉时对波长为 555 nm 的黄绿光最灵敏,所以如果取这个波长的视见函数值 $V_{555}=1$,那么对其他波长必定是 $V_\lambda<1$.人眼在夜晚暗

视觉时的视见函数以 V'_λ 表示,其最大值在 507 nm 处,即 $V'_{507}=1$,其余 V'_λ 均小于 1. 表 4.1 给出了由国际照明委员会(简称 CIE)确认的明视与暗视两种条件下视见函数值的国际标准.

表 4.1

颜色	波长(nm)	V_λ	V'_λ	颜色	波长(nm)	V_λ	V'_λ
	380	0.0000	.0006	黄	580	.870	.1212
	390	.0001	.0022		590	.757	.0656
紫	400	.0004	.0093		600	.631	.0332
	410	.0012	.0348		610	.503	.0159
	420	.0040	.0966	橙	620	.381	.0074
	430	.0116	.1998		630	.265	.0033
蓝	440	.023	.3281		640	.175	.0015
	450	.038	.455		650	.107	.0007
青	460	.060	.567		660	.061	.0003
	470	.091	.676		670	.032	.0001
	480	.139	.793		680	.017	.00007
	490	.208	.904		690	.0082	.00004
绿	500	.323	.982		700	.0041	.00002
	507	–	1.000		710	.0021	.00001
	510	.503	.997	红	720	.0010	.00000
	520	.710	.935		730	.0005	.00000
	530	.862	.811		740	.0002	.00000
黄	540	.954	.650		750	.0001	.00000
	550	.995	.481		760	.00006	.00000
	555	1.000	–				
	560	.995	.3288				
	570	.952	.2076				

3. 光通量 Φ

能引起人眼视觉的那一部分辐射通量称光通量. 所以,在整个波段范围内总的光通量应为

$$\Phi = \int_0^\infty V_\lambda \Phi_\lambda \, \mathrm{d}\lambda \tag{4.2}$$

光通量也是辐射通量,只是它的波长范围仅限制在可见光区域. 所以,光通量的单位也应该是功率单位. 为了区别是辐射通量还是光通量,避免两者混淆,把光

通量的单位改用流明,以符号 lm 表示.流明和瓦之间存在一个换算系数 C,经过理论计算和实验测定,国际照明委员会正式规定:

$$C = 683 \text{ lm/W}$$

其含意是,对于波长为 555 nm 的单色光辐射,1 W 的辐射通量等于 683 lm 的光通量,或者说,1 lm 的光通量等于 $\dfrac{1}{683}$ W 的辐射通量.

将 C 代入(4.2)式得到

$$\Phi = C \int_0^\infty V_\lambda \Phi_\lambda \, \mathrm{d}\lambda \tag{4.3}$$

4. 发光效率 η

光通量与辐射通量之比称为光源的发光效率,以 η 表示

$$\eta = \frac{\Phi}{\Phi_e} = \frac{C \int_0^\infty V_\lambda \Phi_\lambda \, \mathrm{d}\lambda}{\int_0^\infty \Phi_\lambda \, \mathrm{d}\lambda} \tag{4.4}$$

发光效率值代表了光源每瓦辐射通量所能产生的光通量流明数,因此它是表征光源质量的重要指标之一.

因为计算辐射通量很困难,所以对于由电能转换为光能的电光源,直接用光源的耗电功率代替辐射通量,于是有

$$\eta = \frac{\text{光源的光通量}}{\text{该光源的耗电功率}} \tag{4.5}$$

表 4.2 所列是一些常用光源的发光效率.

表 4.2

光源名称	发光效率(lm/W)	光源名称	发光效率(lm/W)
钨丝灯	10~20	炭弧灯	40~60
卤素钨灯	约30	钠光灯	约60
荧光灯	30~60	高压汞灯	60~70
氙灯	40~60	镝灯	约80

5. 发光强度 I

设一个点光源向各个方向辐射光能,如果在某一方向的一个很小立体角 $d\omega$ 内辐射的光通量为 $d\Phi$,则

$$I = \frac{d\Phi}{d\omega} \tag{4.6}$$

称为点光源在该方向上的发光强度. 所以,发光强度是某一方向上单位立体角内所辐射的光通量.

如果点光源在一个较大的立体角 ω 范围内作均匀辐射,在此 ω 范围内的总光通量为 Φ,则此光源的发光强度 I 是一个不随方向而变的常量

$$I = \frac{\Phi}{\omega} \tag{4.7}$$

如果点光源向四周空间作均匀辐射,总光通量为 Φ,则该光源在各方向的发光强度均为

$$I = \frac{\Phi}{4\pi} \tag{4.8}$$

发光强度的单位为坎德拉,以符号 cd 表示. $1\ cd = 1\ lm/sr$(球面度).

6. 光照度 E

当光通量到达一表面时,该表面被照明,被照明的亮暗程度用光照度 E 来度量. 光照度定义为单位面积上所接受的光通量大小. 设受照微面积为 dS,射到该微面积上的光通量为 $d\Phi$,则该微面积的光照度为

$$E = \frac{d\Phi}{dS} \tag{4.9}$$

如果较大面积的表面被均匀照明,则投射到其上的总光通量 Φ 除以总面积 S 便是该表面的光照度

$$E = \frac{\Phi}{S} \tag{4.10}$$

光照度的单位是勒克司,以 lx 表示之.

$$1\ lx = 1\ lm/m^2.$$

在各种工作场合,需要适当的光照度值才利于工作的进行. 各种情况下希望达到或所能达到的光照度值见表 4.3.

表 4.3

场　　　合	光 照 度 (lx)
观看仪器的示值	$30\sim50$
一般阅读及书写	$50\sim75$
精细工作(修表等)	$100\sim200$
摄影场内拍摄电影	1 万
照相制版时的原稿	3 万$\sim$4 万
明朗夏日采光良好的室内	$100\sim500$
太阳直照时的地面照度	10 万
满月在天顶时的地面照度	0.2
无月夜天光在地面产生的照度	3×10^{-4}

7. 光出射度 M

从一辐射表面的单位面积上发出的光通量称为该表面的光出射度 M. 光出射度 M 和光照度 E 是一对相同意义的物理量,只是光出射度指的是发出光通量,而光照度指的是接收的光通量数值. 两者单位相同,都用勒克司.

对于非均匀辐射的发光表面,应以微面积来考虑其光出射度,若 $\mathrm{d}S$ 微面积上发出 $\mathrm{d}\varPhi$ 光通量,则光出射度为

$$M = \frac{\mathrm{d}\varPhi}{\mathrm{d}S} \qquad (4.11)$$

对于较大面积上均匀辐射的发光表面,发光表面上各部分的光出射度相等. 如果均匀发光面的面积为 S,发出的总光通量为 $\varPhi$,则该发光表面的光出射度为

$$M = \frac{\varPhi}{S} \qquad (4.12)$$

除了自身发光的光源外,受光源照明的表面也能反射或散射出入射于其上的光通量,这种发光表面称二次光源. 二次光源的光出射度除与受照以后的光照度有关外,还与表面的性质有关,可表示为

$$M = \rho E \qquad (4.13)$$

式中的 ρ 称为表面的反射系数. 几乎所有的物体 ρ 均小于 1.

大多数物体对光的反射具有选择性,即对于不同波长的色光具有不同的反射系数. 这种物体称为彩色的,因为当白光入射其上时,反射光的光谱组成与白光不同,从而引起颜色的感觉.

在可见光谱中,对于所有波长的 ρ 值相同且接近于 1 的物体称为白体,如氧化

镁、硫酸钡或涂有这种物质的表面,其反射系数大于 0.95.反之,对于所有的波长 ρ 值皆同但接近于零的物体称为黑体,例如炭黑和黑色的毛糙表面,其反射系数仅 0.01.一些物体表面的反射系数如表 4.4 所示.

表 4.4

物体名称	反射系数	物体名称	反射系数
氧 化 镁	0.95～0.97	白　　　纸	0.7～0.8
石　　　灰	0.90～0.95	浅 灰 色 面	0.5
雪	0.93	黑色无光漆	0.05
		黑 色 呢 绒	0.01～0.05

8. 光亮度 L

光源在单位面积单位立体角内发出的光通量定义为光亮度.设在发光面上取微面积 $\mathrm{d}S$,在和 $\mathrm{d}S$ 表面法线成 θ 角的方向上微立体角 $\mathrm{d}\omega$ 内发出的光通量为 $\mathrm{d}\Phi$,则光亮度表示为

$$L = \frac{\mathrm{d}\Phi}{\cos\theta \cdot \mathrm{d}S \cdot \mathrm{d}\omega} \tag{4.14}$$

因为 $\dfrac{\mathrm{d}\Phi}{\mathrm{d}\omega} = I$,它代表发光面在与其法线成 θ 角方向的发光强度,故(4.14)式又可写成

$$L = \frac{I}{\cos\theta \cdot \mathrm{d}S} \tag{4.15}$$

上式表明,微发光面 $\mathrm{d}S$ 在与其法线成 θ 角方向的光亮度等于该方向上发光强度 I 与垂直该方向微面积($\cos\theta \cdot \mathrm{d}S$)之比.

光亮度的单位为尼特(nt)和熙提(sb).1 nt = 1 cd/m^2,1 sb = 1 cd/cm^2.

大多数均匀发光的物体,在各个方向上的光亮度都近似一致.设发光微面积 $\mathrm{d}S$ 在与该面积垂直方向上的发光强度为 I_0,根据光亮度公式(4.15)有

$$L = \frac{I}{\cos\theta \cdot \mathrm{d}S} = \frac{I_0}{\mathrm{d}S}$$

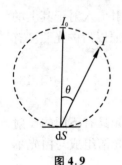

图 4.9

由上式得

$$I = I_0 \cos\theta \tag{4.16}$$

(4.16)式称为发光强度的余弦定律,又称"朗伯定律".该定律可用图 4.9 表示.符合余弦定律的发光体称作余弦辐射体或朗伯辐射体.

表 4.5 为常用发光表面的光亮度值.

表 4.5

表面名称	光亮度(sb)	表面名称	光亮度(sb)
地面上所见太阳表面	15~20 万	日用白炽钨丝灯	300~1000
日光下的白纸	2.5	放映投影灯	2000
晴朗白天的天空	0.5	汽车钨丝前灯	1000~2000
月亮表面	0.25	卤素钨丝灯	3000
月光下白纸	0.03	碳弧灯	1.5~10 万
烛焰	0.5	超高压球形汞灯	4~12 万
钠光灯	10~20	超高压电光源	25 万

二、光亮度的传递规律

根据能量守恒定律,如果不考虑光能传递过程中的拦光、吸收、反射等损失,则光能量应该是一个定值,由此可知表示单位时间能量多少的光通量在传递过程中始终不变.但是,光亮度的传递却比较复杂,它要随介质和传递形式而变化.下面先讨论光束投射到两种介质界面上经过折射后的光亮度变化.

假设入射微光束以入射角 I_1 投射到 n_1,n_2 两种介质界面 P 上,并以折射角 I_2 折射后进入 n_2 介质中,如图 4.10 所示.以投射点为球心,以 r 为半径作一球面,球面和入射,折射微光束相交处形成两微面 dS_1,dS_2.微面 dS_1 所对应的立体角为 $d\omega_1$,由图得到

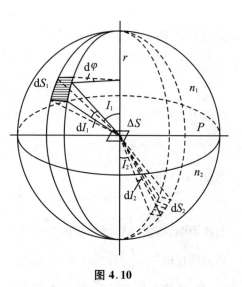

图 4.10

$$d\omega_1 = \frac{dS_1}{r^2} = \frac{r\sin I_1 d\varphi r dI_1}{r^2} = \sin I_1 dI_1 d\varphi$$

假定入射光束的光亮度为 L_1，在分界面上光束投射点附近取一微面 ΔS，设 ΔS 位于折射率为 n_1 的第一种介质内，则通过 ΔS 输出的光通量根据光亮度公式有

$$d\Phi_1 = L_1 \Delta S \cos I_1 d\omega_1 = L_1 \Delta S \cos I_1 \sin I_1 dI_1 d\varphi$$

也可以把 ΔS 看做位于折射率为 n_2 的介质内，并设它的光亮度为 L_2. 假定 $d\omega_1$ 经过折射以后对应的立体角为 $d\omega_2$，同理可以找到与 $d\omega_1$ 相似的计算式

$$d\omega_2 = \sin I_2 dI_2 d\varphi$$

由 ΔS 输出的光通量为

$$d\Phi_2 = L_2 \Delta S \cos I_2 d\omega_2 = L_2 \Delta S \cos I_2 \sin I_2 dI_2 d\varphi$$

无论把 ΔS 看做位在 n_1 介质中还是位在 n_2 介质中，它所输出的光通量应该相等，即 $d\Phi_1 = d\Phi_2$. 将 $d\Phi_1$ 和 $d\Phi_2$ 的公式代入该等式，得

$$L_1 \Delta S \cos I_1 \sin I_1 dI_1 d\varphi = L_2 \Delta S \cos I_2 \sin I_2 dI_2 d\varphi$$

或者

$$\frac{L_2}{L_1} = \frac{\cos I_1 \sin I_1 dI_1}{\cos I_2 \sin I_2 dI_2}$$

根据折射定律有

$$n_1 \sin I_1 = n_2 \sin I_2$$

微分上式，得

$$n_1 \cos I_1 dI_1 = n_2 \cos I_2 dI_2$$

或者

$$\frac{\cos I_1 dI_1}{\cos I_2 dI_2} = \frac{n_2}{n_1}$$

将以上关系代入前面的光亮度关系式，得

$$L_2 = L_1 \frac{n_2^2}{n_1^2} \tag{4.17}$$

或者

$$\frac{L_1}{n_1^2} = \frac{L_2}{n_2^2}$$

上式表明，折射前后微光管内的光亮度是有变化的，但是，光亮度和该介质折射率平方的比值 $\frac{L_1}{n_1^2}$，$\frac{L_2}{n_2^2}$ 却是一个不变量.

当光线在界面反射时，可以看做是 $n_2 = -n_1$ 的折射，代入(4.17)式，得

$$L_2 = L_1$$

当光线处在同一种介质中，即 $n_2 = n_1$ 时，也得到 $L_2 = L_1$.

由上讨论可得出结论：当光线在界面上反射或在同一种均匀透明介质中传播

时,在光线行进方向上光亮度不变.这两种情况可以看做是折射情况的特例,它们同样也都满足关系式(4.17).

光学系统是由很多个介质分界面所构成,当光束通过光学系统时,将发生多次的折射、反射和直线传递,因此,连续多次应用公式(4.17),便可得到光学系统物像空间的亮度关系

$$L' = L\left(\frac{n'}{n}\right)^2 \tag{4.18}$$

式中,L',L 分别指光学系统像方和物方光束亮度,n',n 分别为像空间和物空间介质折射率.

实际光学系统总是要产生光能损失,若以 k 表示光学系统的透过率,则物像空间亮度传递公式为

$$L' = kL\left(\frac{n'}{n}\right)^2 \tag{4.19}$$

可见,像空间光亮度与介质折射率有关,当提高像方介质折射率 n' 时,可提高像方亮度.因为透过率永远小于1,所以,当物像空间介质相同时,像的光亮度永远小于物的光亮度.

三、光照度计算

1. 光源直接照射表面时的光照度(距离平方反比定律)

直接照射是指未经任何光学系统时的照射.当光源为点光源时,表面光照度与表面离点光源的距离平方成反比.

图 4.11 中,点光源 O 的平均发光强度 I,微面 $\mathrm{d}S$ 距离 O 为 r,$\mathrm{d}S$ 对 O 点所张的立体角为 $\mathrm{d}\omega$,$\mathrm{d}S$ 的法线和立体角 $\mathrm{d}\omega$ 轴线夹角为 θ.

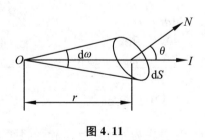

图 4.11

由立体角定义有

$$\mathrm{d}\omega = \frac{\mathrm{d}S\cos\theta}{r^2}$$

由发光强度表达式得

$$\mathrm{d}\Phi = I\mathrm{d}\omega = I\,\frac{\mathrm{d}S\cos\theta}{r^2}$$

于是面积 $\mathrm{d}S$ 上的照度 E 为

$$E = \frac{\mathrm{d}\Phi}{\mathrm{d}S} = \frac{I\cos\theta}{r^2} \tag{4.20}$$

即点光源照射一微面积时,微面积的光照度与点光源的发光强度 I 成正比,与点光源到微面积的距离 r 平方成反比,并与微面积法线和照射光束方向的夹角 θ 的余弦成正比.垂直照射时($\theta = 0$),光照度最大;掠射时($\theta = 90°$),光照度为零.

当光源为面光源时,照射表面光照度仍然与表面离光源的距离平方成反比.

在图 4.12 中,$\mathrm{d}S_1$ 代表光源的微发光面,它在距离为 r 的 $\mathrm{d}S_2$ 面上形成光照度 E.

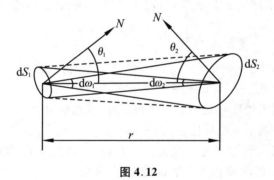

图 4.12

$$\begin{aligned}
E &= \frac{\mathrm{d}\Phi}{\mathrm{d}S_2} = \frac{I\mathrm{d}\omega_1}{\mathrm{d}S_2}\\[2mm]
&= \frac{L\mathrm{d}S_1\cos\theta_1}{\mathrm{d}S_2} \cdot \frac{\mathrm{d}S_2\cos\theta_2}{r^2}\\[2mm]
&= \frac{L\mathrm{d}S_1\cos\theta_1\cos\theta_2}{r^2}
\end{aligned} \tag{4.21}$$

式中,L 为光源的亮度,θ_1,θ_2 分别为发光面 $\mathrm{d}S_1$ 和受照面 $\mathrm{d}S_2$ 的法线与距离 r 方向间的夹角.上式表明,面光源照射一微面积时,照射面的光照度与面光源的光亮度 L 及面积 $\mathrm{d}S_1$ 成正比,与距离 r^2 成反比,并与两表面法线和照射光束方向的夹角 θ_1,θ_2 的余弦成正比,和点光源的照度公式相比较,两者差别在于点光源造成的光照度和发光强度成正比,而面光源造成的光照度和光亮度及光源面积成正比;两者的相同点是都与距离的平方成反比,且都与表面的倾斜度有关.

2. 光学系统像面的光照度

先考虑轴上像点的光照度.图 4.13 表示了一个仅画出入瞳和出瞳的成像光学系统.$\mathrm{d}S$ 和 $\mathrm{d}S'$ 分别代表轴上点附近的物和像的微小面积;物方和像方孔径角分别为 U,U',物面和像面亮度分别为 L 和 L'.物体看做是余弦辐射体,则微面积 $\mathrm{d}S$ 向平面孔径角为 U 的立体角范围内发出的光通量可用下式计算

$$\Phi = L\mathrm{d}S \int_{\varphi=0}^{\varphi=2\pi} \int_{\theta=0}^{\theta=U} \sin\theta\cos\theta\mathrm{d}\theta\mathrm{d}\varphi$$

即

$$\Phi = \pi L \mathrm{d}S \sin^2 U$$

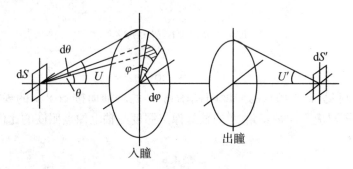

图 4.13

同理,从出瞳入射到像面 $\mathrm{d}S'$ 微面积上的光通量为

$$\Phi' = \pi L' \mathrm{d}S' \sin^2 U'$$

像面光照度

$$E'_0 = \frac{\Phi'}{\mathrm{d}S'} = \pi L' \sin^2 U'$$

根据光亮度传递规律

$$L' = kL \left(\frac{n'}{n}\right)^2$$

于是得到像面光照度为

$$E'_0 = k\pi L \left(\frac{n'}{n}\right)^2 \sin^2 U' \tag{4.22}$$

在物像空间介质折射率相同,即 $n' = n$ 时

$$E'_0 = k\pi L \sin^2 U' \tag{4.23}$$

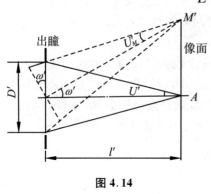

图 4.14

再看轴外像点的光照度情况. 图 4.14 中的轴外像点 M' 的主光线和光轴夹角为 ω'，ω' 角称轴外像点的像方视场角.

在物面亮度均匀一致的情况下，轴外像点 M' 的光照度由前面的照度公式可表示为

$$E'_M = k\pi L \sin^2 U'_M$$

当 U'_M 较小时，有

$$\sin U'_M \approx \mathrm{tg} U'_M = \frac{D' \cos\omega'/2}{l'/\cos\omega'}$$
$$= \frac{D' \cos^2 \omega'}{2l'} \approx \sin U' \cos^2 \omega'$$

因此

$$E'_M = k\pi L \sin^2 U' \cos^4 \omega'$$

即

$$E'_M = E'_0 \cos^4 \omega' \tag{4.24}$$

由此式可见，轴外像点的照度随视场角 ω' 的增加而按 $\cos^4 \omega'$ 的规律降低. 表 4.6 中列出了对应不同视场角 ω' 的轴外像点照度与轴上像点照度的比值.

表 4.6

ω'	$0°$	$10°$	$20°$	$30°$	$40°$	$50°$	$60°$
E'_M/E'_0	1	0.941	0.780	0.563	0.344	0.171	0.063

根据像面照度公式可以得出如下结论：

第一，像面照度值与轴上点孔径角正弦平方成正比，加大孔径光阑，势必有利于像面光照度的提高.

第二，整个像面上光照度是不均匀的，由中心向边缘逐渐减弱，即存在渐晕. 视场光阑尺寸加大，当视场角很大时，这种不均匀程度将变得十分严重，所以，即使让视场光阑与像平面相重合，渐晕依然存在，而且随着视场的加大而加大.

第四节　光学系统中光能损失的计算

像面照度公式中包含的透过率 k 是一个永远小于 1 的数,这是因为实际光学系统会引起光能损失的缘故.本节将分析造成光能损失的原因,给出透过率 k 的计算方法.

一、透射面的反射损失

当光线从一介质透射进入另一介质时,在抛光界面处必然伴随有反射损失.反射光通量与入射光通量之比称为反射系数,以符号 ρ_1 表示.由光的电磁理论可以导出

$$\rho_1 = \frac{1}{2}\left[\frac{\sin^2(I-I')}{\sin^2(I+I')} + \frac{\text{tg}^2(I-I')}{\text{tg}^2(I+I')}\right] \tag{4.25}$$

式中,I,I' 分别为入射角和折射角.

当光线垂直入射或以很小入射角入射时,式(4.25)中的正弦和正切函数可用角度的弧度值代替,再考虑折射定律,则(4.25)式可简化为

$$\rho_1 = \left(\frac{n'-n}{n'+n}\right)^2 \tag{4.26}$$

式中,n,n' 为界面两边物方和像方介质折射率.(4.26)式表明,光线近似于垂直入射到界面上时,反射光能损失和界面两边介质折射率有关.折射率差越大,反射系数 ρ_1 就越大.放在空气中的单块玻璃零件,$n = 1$.当 $n' = 1.5$ 时,表面反射系数 $\rho_1 = 0.04$;当 $n' = 1.65$ 时,$\rho_1 = 0.06$.对一个已知反射系数 ρ_1 的透射面,其透过率为 $(1-\rho_1)$.若光学系统共有 N_1 个透射面,只考虑透射面的反射损失,则透过率为

$$k_1 = (1-\rho_1)^{N_1} \tag{4.27}$$

反射光能够形成像面上的杂散光背景,从而降低像的对比度.

减少反射损失的办法是在光学零件的表面镀增透膜.镀增透膜后,反射损失系数可降到 $0.02 \sim 0.01$.

二、光学材料的吸收损失

当光束通过光学材料时,材料本身会吸收光能,引起光能损失.

材料的光吸收系数 α 用白光通过 1 厘米厚玻璃时的透过率 k 的自然对数的

负值表示. 即

$$\alpha = -\ln k$$

或者

$$k = e^{-\alpha}$$

光学玻璃的光吸收系数分六类,最小为 0.001,最大 0.03,相当于通过 1 厘米厚度玻璃时的透过率为最大 0.999,最小 0.97,其平均值为 0.985.

当光束通过 N_2 厘米厚的光学材料时,若只考虑材料的吸收损失,其透过率为

$$k_2 = e^{-\alpha \cdot N_2} \tag{4.28}$$

三、金属镀层反射面的吸收损失

镀金属层的反射面不能把入射光通量全部反射,而要吸收其中一小部分. 设每一反射面的反射率为 ρ_3,光学系统中共有 N_3 个金属镀层反射面,若不考虑其他原因的光能损失,则通过系统出射的光通量的透过率为

$$k_3 = \rho_3^{N_3} \tag{4.29}$$

反射率随不同的金属镀层而异,银层较高($\rho_3 \approx 0.95$),铝层较低($\rho_3 \approx 0.85$). 反射棱镜的全反射面,抛光质量良好时,可认为反射率等于 1.

综上所述,光学系统中光能损失由三方面原因造成:

1)透射面的反射损失,透过率为 $(1-\rho_1)^{N_1}$;

2)光学材料的吸收损失,透过率为 $e^{-\alpha \cdot N_2}$;

3)反射面的吸收损失,反射率为 $\rho_3^{N_3}$.

光学系统的总透过率 k 由这三部分连乘而得

$$k = k_1 k_2 k_3 = (1-\rho_1)^{N_1} \cdot e^{-\alpha \cdot N_2} \cdot \rho_3^{N_3} \tag{4.30}$$

式中,N_1——空气和材料的透射界面数;

N_2——光学材料中心厚度总和(厘米为单位);

N_3——镀金属层的反射镜面数目;

ρ_1——透射界面的反射损失系数;

α——光学材料的吸收系数;

ρ_3——金属层反射面的反射率.

若光学系统中包含既反射光又透射光的分光零件,则尚需计入分光膜层的损失.

下面以第一章图 1.14 为例说明公式(4.30)的应用.

在图 1.14 所示光学系统中,空气和玻璃的透射界面有 14 面(其中,玻璃折射率为 1.5 的界面有 8 面;玻璃折射率为 1.65 的界面有 6 面);玻璃与玻璃的胶合面

为 2 面;镀铝反射镜面 1 个;棱镜中全内反射面为 3 面;光学玻璃中心总厚度 8 厘米.

按此光学结构,(4.30)式中各参量值如下:

空气和折射率为 1.5 玻璃的透射界面——反射损失系数 $\rho_1 = 0.04$,面数 $N_1 = 8$;

空气和折射率为 1.65 玻璃的透射界面——反射损失系数 $\rho_1 = 0.06$,面数 $N_1 = 6$;

镀铝反射镜面——反射率 $\rho_3 = 0.85$,面数 $N_3 = 1$;

玻璃内部吸收——吸收系数 $\alpha = 0.01$,总厚度 $N_2 = 8$.

胶合面和内反射面的损失忽略不计,于是整个系统的透过率为

$$k = (1 - 0.04)^8 \times (1 - 0.06)^6 \times e^{-(0.01 \times 8)} \times 0.85^1 = 0.39$$

即通过光通量 39%,损失 61%.

在空气和玻璃透射面上镀上增透膜后,每个透射面的反射损失系数减小到 $\rho_1 = 0.01$,于是整个系统的透过率为

$$k = 0.68$$

由以上结果看到,镀增透膜后,光学系统的透过率大大提高.因此,目前几乎所有的光学零件表面都要镀增透膜,以减少表面的反射损失.

第五节　景深和焦深

前面在讨论光学系统的成像性质时,只讨论垂直于光轴的一个物平面的成像情况.但是,实际的景物都有一定的空间深度,也就是说,需要将一定深度范围的物空间成像在一个平面上.

平面物体的成像和物空间所成的平面像两者是有区别的.对于前者,物、像平面之间满足严格的共轭关系,在理想成像的条件下,像面上所有点均为清晰的点像;对于后者,像平面上除了映出与其共轭的物平面的像之外,同时还映出了位于共轭物平面前后的空间点的像.但是,这些非共轭点在像平面上所成的像不再是点像,而是一些相应光束的截面——弥散斑,当这些弥散斑尺寸足够小时,可以将其等效地视为空间物点的共轭像,并认为所成的由弥散斑组成的像是"清晰"的.下面我们将讨论像面上获得清晰像的物空间深度范围,并导出景深的概念.

在图 4.15 中,入瞳和出瞳与主平面 H 和 H' 重合,故入瞳和出瞳口径相等,以

D 表示. 平面 A 和 A' 为一对共轭面, A 称对准平面, A' 为理想像面. 空间点 B_1 和 B_2 位于对准物平面 A 以外, 它们的像点 B'_1 和 B'_2 也必定位在理想像平面 A' 之外. 在理想像面 A' 上得到的是从出瞳出射的光束在该平面上形成的弥散斑, Z'_1 和 Z'_2 为弥散斑直径. Z'_1 和 Z'_2 分别与物空间相应光束在物平面 A 上形成的弥散斑直径 Z_1 和 Z_2 相共轭. 如果弥散斑 Z'_1 和 Z'_2 足够小(小于根据接收器特性所给出的允许值), 那么可以认为该弥散斑 Z'_1 和 Z'_2 就是空间点在平面 A' 上所成的"点"像, 由这样的一些"点"像所组成的像面是清晰的, 并称该像面为空间的平面像.

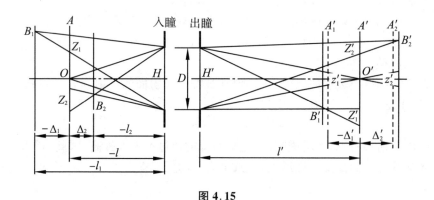

图 4.15

　　能在像平面上获得清晰像的空间深度称为景深. 图 4.15 中的 $(\Delta_2 - \Delta_1)$ 量就是景深. 能成清晰像的最远物平面(即物点 B_1 所在的平面)称远景面; 能成清晰像的最近物平面(即物点 B_2 所在的平面)称近景面. 它们到对准平面的距离以 Δ_1 和 Δ_2 表示, 分别称远景深度和近景深度. 远景面, 近景面, 对准面到光学系统(以主面表示)的距离分别用 l_1, l_2, l 表示, 它们的符号规则是以主面为原点, 计算到远景面, 近景面和对准面. Δ_1 和 Δ_2 的符号规则是以对准面作为原点, 计算到远景面和近景面.

　　因为理想像面上的弥散斑 Z'_1 和 Z'_2 分别与对准平面上的弥散斑 Z_1 和 Z_2 相共轭, 则有

$$Z'_1 = |\beta| Z_1, \qquad Z'_2 = |\beta| Z_2$$

式中, β 是共轭面 A' 和 A 的垂轴放大率.

　　由图中相似三角形可得

$$\frac{Z_1}{D} = \frac{l_1 - l}{l_1}, \qquad \frac{Z_2}{D} = \frac{l - l_2}{l_2}$$

于是有

$$l_1 = \frac{Dl}{D - Z_1}, \qquad l_2 = \frac{Dl}{D + Z_2}$$

设 $Z_1 = Z_2 = Z$，则 $Z'_1 = Z'_2 = Z'$，并以 $Z = \frac{Z'}{|\beta|}$ 代入 l_1, l_2 式，又得

$$l_1 = \frac{Dl|\beta|}{D|\beta| - Z'}, \qquad l_2 = \frac{Dl|\beta|}{D|\beta| + Z'}$$

所以景深为

$$\begin{aligned} \Delta &= \Delta_2 - \Delta_1 = l_2 - l_1 \\ &= -\frac{2Dl|\beta|Z'}{D^2\beta^2 - Z'^2} \end{aligned} \tag{4.31}$$

显而易见,景深与光瞳口径 D,对准距离 l,垂轴放大率 β,允许弥散斑直径 Z' 等诸多因素有关,当 l, β, Z' 固定时,景深 Δ 随光瞳口径 D 的加大而减小.

当物体为一个垂直光轴的平面时,必然有一个理想像平面与它对应,接收像的平面应与理想像平面相重合.但在实际仪器中,接收器的接收面总是不可能准确地和理想像面相重合,或在像面之前,或在像面之后.

如图 4.15 所示,O' 点为 O 点的理想像.在理想像前后各有平面 A'_1 和 A'_2,它们与理想像面相距 Δ'_1 和 Δ'_2,Δ'_1 和 Δ'_2 的符号规则同 Δ_1 和 Δ_2.显然,在 A'_1 和 A'_2 面上接收到的将不是物点 O 的理想像点,而是弥散斑 z'_1 和 z'_2,如果弥散斑尺寸足够小,小到使接收器感到如同一个"点"像一样,便可以认为 A'_1 和 A'_2 面上得到的仍然是物点 O 的清晰的像点,这时,偏离理想像面的 A'_1 面和 A'_2 面之间的距离($\Delta'_2 - \Delta'_1$)就称为焦深.所以,焦深是这样的一个量,它是对于同一物平面,能够获得清晰像的像空间的深度.

设 $z'_1 = z'_2 = z'$,则由图 4.15 上几何关系可以得到

$$\frac{D}{z'} = \frac{l'}{-\Delta'_1} = \frac{l'}{\Delta'_2}$$

所以,焦深为

$$\Delta' = \Delta'_2 - \Delta'_1 = 2z'l'/D \tag{4.32}$$

由上式可见,焦深与允许弥散斑直径 z',理想像距 l' 及光瞳口径 D 有关.在 z' 和 l' 一定的条件下,焦深和景深一样,也是随着 D 的加大而减小.

综上所述,景深和焦深都是能够获得清晰成像的一段空间范围.景深指的是物空间的深度,焦深则指像空间的深度.这两个概念都是由孔径光阑引入而产生的,随着孔径光阑尺寸减小,使光学系统中被限制光束的口径减小,从而景深和焦深相应都加大,反之,孔径光阑加大,则使景深和焦深都变小.

为了表示孔径光阑尺寸的大小,在光学中经常采用一个称之为相对孔径的物理量,相对孔径定义为光学系统入射光瞳口径 D 与焦距 f' 之比,即 $\dfrac{D}{f'}$.在光学系统焦距一定的条件下,相对孔径加大,意味着入射光瞳,即孔径光阑口径加大,同时也意味着孔径角加大,从而使景深、焦深以及像面光照度均发生变化.

习　题

1. 焦距 100 mm 的薄透镜,其镜框直径 40 mm,在透镜前 50 mm 处有一开孔直径为 35 mm 的光阑.求物体在无限远和透镜前 300 mm 处的孔径光阑、入射光瞳和出射光瞳的位置和大小.

2. 一薄透镜焦距 25 mm,通光直径 20 mm,人眼位在透镜后 15 mm 处的平行光路中观察物体,当人眼瞳孔直径 3 mm 时,能观察到的无渐晕和线渐晕系数 0.5 的物体线视场为多大?

3. 有一光学测量镜头,采用的是物方远心光路.已知 $\beta = -16$,$U = -6.75°$,$l = -187.5$ mm,$2y = 5$ mm.求:1)该镜头的焦距和不存在渐晕时的通光口径;2)孔径光阑的位置和大小.

4. 功率为 5 mW 的 He‐Ne 激光器,发光效率为 152 lm/W,发光面积直径 1 mm,出射激光束半发散角为 0.4 mrad.求:1)激光器发出的总光通量;2)发光强度;3)激光器发光面的光亮度;4)激光束在 5 米远处屏幕上产生的光照度.

5. 荧光屏上的图像通过一个镜头放大 20 倍成在屏幕上.已知荧光屏亮度 2×10^4 cd/m²,尺寸 182×243 mm²,要求屏幕中心照度不小于 30 lx.边缘照度不小于 15 lx,计算该镜头的焦距和物方孔径角(设光学系统透过率 $k = 0.7$,并设孔径光阑与主面重合).

第五章　光学系统成像质量评价

对光学系统成像的要求,可以分为两个主要方面.第一方面是光学特性,包括焦距、孔径、视场、放大倍率等;第二方面是成像质量,要求光学系统所成的像足够清晰,并且物像相似,变形小.有关光学特性的问题,前面各章已经介绍,这一章讨论光学系统成像质量评价问题.

成像质量评价贯穿在从设计到产品制造完成的整个过程.在不同阶段有不同的成像质量评价方法.目前,光学设计阶段常采用的像质评价方法有:几何像差、波像差、瑞利判断和点列图、光学传递函数等.加工装调完成后,在产品鉴定阶段,评价实际光学系统成像质量的方法有分辨率检验、星点检验和光学传递函数测量等.

光学系统成像质量评价问题是一个比较复杂的问题,它既涉及几何光学,又要应用物理光学理论.限于篇幅,本章对各种像质评价方法仅作一般性介绍.

第一节　几何像差和点列图

在高斯光学一章中,我们从理想光学系统的观点来讨论光学系统的成像.但是,实际光学系统只有在近轴区才具有理想成像的性质,即只有当孔径和视场近于零的情况下才能成完善像,这样的以细光束对近轴小物体成理想像的光学系统是没有实际意义的.

实际光学系统都具有一定大小的孔径和视场,所以,不能对物体成理想的像,即物体上任一点发出的光束通过光学系统后不能聚焦成一点,而是形成一弥散斑,从而使像变得模糊,并使像相对物发生了变形.这些成像缺陷称为像差.

用高斯公式、牛顿公式或近轴光路计算公式所求得的像面位置和大小,应认为是理想像的位置和大小,而用实际光线光路计算公式求得的像相对于理想像的偏离可作为对像差的量度.

　　光学系统以单色光成像时可产生五种性质不同的像差,它们是球差、彗差、像散、像面弯曲和畸变,统称为单色像差.这些单色像差中,有的仅与孔径有关,只有当成像光束孔径角加大时才产生;有的仅与视场有关,只有当成像范围加大时才产生;有的则与孔径和视场均有关系.

　　绝大多数光学系统都是用白光成像.白光是不同波长单色光的组合,光学材料对不同波长的光具有不同的折射率.因此,不同波长成像的差别又引起像差,称为色像差.色像差又分为位置色差和倍率色差两种.

　　下面对七种基本像差分别作介绍.

一、球差

　　球差是物点位在光轴上时的一种单色像差.由于绝大多数光学系统都具有圆形入射光瞳,轴上点发出的光束对光轴对称,而且经系统折射后的光束仍具有对称性质.所以,为了了解轴上点的成像情况,只需讨论位于过光轴的任一截面内,并在光轴一边的光线的会聚情况即可.

　　在第二章中已提及,自光轴上一点发出孔径角为 U 的光线,经球面折射后,所得像方截距 L' 是 U 角的函数,是随 U 角而改变的.对于平行于光轴的入射光线,L' 随光线的入射高度 h 而变.因此,轴上点发出的同心光束经光学系统各个球面折射后,不再为同心光束.与光轴成不同孔径角 U,或离光轴不同高度 h 的光线交光轴于不同的位置上,相对于由近轴光线决定的理想像点有不同的偏离.如图 5.1 所示,轴上物点 A 发出不同孔径角 U 的光线的像方截距 L' 与近轴光线像方截距 l' 之差值称为球差,即

$$\delta L' = L' - l' \tag{5.1}$$

　　由最大孔径角的边缘光线求得的球差,称为边光球差,以 $\delta L'_m$ 表示之;如果由 0.707 带孔径光线求得的球差,则称为 0.707 带光线球差,简称带球差,以 $\delta L'_{.707}$ 表示.

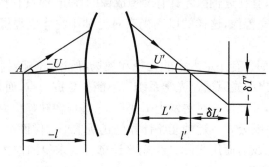

图 5.1

$\delta L' = 0$ 称为光学系统对这条光线校正了球差. 大部分光学系统只能做到对一条光线校正球差, 一般是对边缘光线校正的, 即 $\delta L'_m = 0$, 这样的光学系统称为消球差系统.

由于球差的存在, 使得在高斯像面上得到的不是点像, 而是一个圆形弥散斑, 其半径即图 5.1 中的 $\delta T'$ 为

$$\delta T' = \delta L' \mathrm{tg} U' \tag{5.2}$$

可见, 球差越大, 像方孔径角越大, 高斯像面上的弥散斑也越大, 这将使像变得模糊不清. 所以, 为使光学系统成像清晰必须校正球差, 尤其对于大孔径系统, 对校正球差的要求更为严格.

由公式 (5.2) 所决定的 $\delta T'$ 也称垂轴球差 (因为是垂直光轴方向度量的). 相应地, 前述沿光轴方向度量的 $\delta L'$ 称为轴向球差, 平常我们所说的球差都是指轴向球差.

二、彗差

彗差是物点位在光轴之外时所产生的一种单色像差. 由于共轴光学系统对称于光轴, 当物点位于光轴上时, 光轴就是整个光束的对称轴线, 即所有光线都存在着一条对称轴线——光轴, 即使出射光束存在球差, 仍然对光轴对称.

当物点位在光轴之外时, 如图 5.2 所示, 物点 B 发出的光束不再存在对称轴线, 而只存在一个对称面. 这个对称面是通过物点和光轴的面, 称为子午面. 从物点 B 发出到入瞳中心的光线 BZ 是主光线, 子午面也就是由主光线和光轴决定的平面. 通过主光线和子午面垂直的面称为弧矢面.

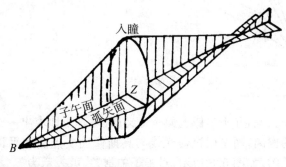

图 5.2

对光轴上物点, 它发出的光线束在子午和弧矢面内的分布情况是一样的, 但对

于光轴外物点发出的光束分布情况在子午和弧矢面内显然不一样.所以,为了了解轴外物点发出斜光束的结构,必须按子午和弧矢两个截面分别讨论.

　　球差是光轴上物点以宽光束经光学系统成像所产生的像差.当物点由轴上移到轴外时,轴外物点发出宽光束经光学系统成像又将会出现另一种像差——彗差.下面以单个折射球面为例来说明彗差的成因和量度.如图5.3所示,B 为物面上一个光轴外的点,对于单个折射球面,B 点也可认为是辅轴上的一个轴上点.从 B 点发出三条通过入瞳上、下边缘和中心的子午光线,分别以 a,b,z 表示.对辅轴而言,a,b,z 三条光线相当于由轴上点发出的三条不同孔径角的光线.由于折射球面存在球差,而且球差随孔径角不同而不同,所以这三条光线经球面折射后将交辅轴上不同的点.于是使本对主光线对称的上、下光线,经球面折射以后,就失去了对主光线的对称性,即折射后的主光线已不再是出射光束的中心轴线,主光线相对上、下光线的交点 B'_t 在垂直光轴方向上有一偏离 K'_t,这个偏离量的大小反映了光束失对称的程度,把这样一种导致失去光束对称性的像差称为彗差.由于 K'_t 是对子午光束度量的,称为子午彗差.K'_t 的符号规则是以主光线作为原点计算到上、下光线的交点,向上为正,向下为负.

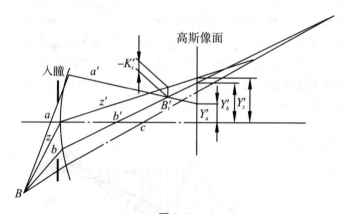

图 5.3

　　为了计算子午彗差,并不是像上面所定义那样,真正地求出一对对称光线的交点相对于主光线的偏离,而是以这对光线与高斯像面交点高度平均值与主光线交点高度之差来表征的.如图5.3所示,对于子午彗差,可表示为

$$K'_t = \frac{1}{2}(Y'_a + Y'_b) - Y'_z \tag{5.3}$$

式中,光线和高斯像面交点高度 Y'_a,Y'_b,Y'_z 可通过实际光线光路计算求得.

再看弧矢面内光束情况,如图5.4所示.弧矢光束的前光线 c 和后光线 d 经折射后为 c' 和 d',它们相交于 B'_s 点.由于 c' 和 d' 对称于子午面,故 B'_s 点应位在子午面内. B'_s 点到主光线的垂直于光轴方向的距离为弧矢彗差,以 K'_s 表示, K'_s 的符号规则同样是以主光线为计算原点,计算到 c' 和 d' 的交点 B'_s,向上为正,向下为负. c' 和 d' 在理想像面上交点的高度是相同的,以 Y'_s 表示,则弧矢彗差的数值表达式为

$$K'_s = Y'_s - Y'_z \tag{5.4}$$

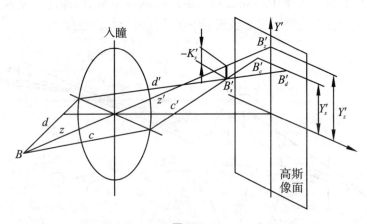

图5.4

彗差是轴外像差中的一种,它随视场而变化,对于同一视场,由于孔径不同,彗差也不同.所以说,彗差是和视场及孔径都有关的一种垂轴像差.

彗差使轴外一物点的像成为一个弥散斑,由于折射后的光束失去了对称性,所以弥散斑不再对主光线对称,主光线偏到了弥散斑的一边.图5.5所示为纯彗差时的弥散斑几何图形,在主光线和像面交点 B'_z 处聚集的能量最多,因此最亮,其他处能量逐渐散开,慢慢变暗,所以,整个弥散斑成了一个以主光线和像面交点为顶点的锥形弥散斑,其形状似拖着尾巴的彗星,故得名彗差.

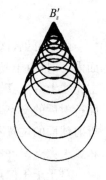

图5.5

由上讨论可知,对于单个球面,彗差是因为球差而引起的,球差为球面所固有,所以对轴外物点,哪怕离光轴很近的点,彗差也总是存在.彗差使轴外像点变成彗星状弥散斑,严重破坏成像清晰度,是一种应引起人们高度重视的像差.

三、像散和像面弯曲

彗差是一种表征轴外物点发出的宽光束失去对称性的像差.若把孔径光阑缩到无限小,只允许沿主光线的无限细光束通过光学系统,则彗差不再存在,但又会出现另一种新的轴外像差.

如图 5.6 所示,轴外点 B 发出的光束通过一个很小的孔径光阑后投射到球面上,物点 B 和孔径光阑中心连线为主光线,也即 B 点发出光束的中心光线.正如前面所讨论过的,由于这条中心光线和球面对称轴线不重合,即使这束斜光束很细小,研究光束的折射光路时也必须按子午和弧矢两个截面进行.

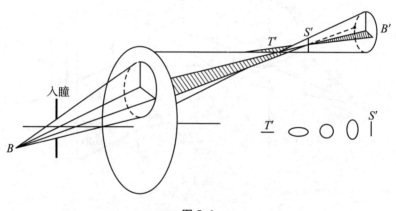

图 5.6

由图可见,该斜光束对子午面而言是对称的,子午光束经球面折射后仍在子午面内,并且由于光束很细,没有球差和彗差,所以子午光束经球面折射后必会聚于主光线上一点 T',T' 称子午像点.由于弧矢细光束对称于子午平面,因此,它经球面折射后的交点 S' 也必定在主光线上,S' 称为弧矢像点.因为子午面和弧矢面相对折射球面的位置不同,子午和弧矢面在球面上的截线曲率不等,所以,子午像点 T' 和弧矢像点 S' 并不重合在一起,这两个像点之间的位置差异称为像散.

对于子午像点与弧矢像点不相重合的原因,还可作如下进一步的解释.如图 5.7 所示,轴上点发出的细光束沿光轴方向射向透镜,其波面顶点先和折射球面顶点接触,然后波面上对称于光轴的点,如 a_0,b_0,c_0,d_0 同时和折射球面接触,通过折射后,波面改变了曲率,但仍对称于光轴,如果光束无限细没有球差存在,则仍不失其同心性.由 B 点发出的细光束,它和轴上点发出的细光束不同,如子午光束对

应的波面截线 ab，先是 b 点和折射球面相接触，即波面上的 b 点先发生折射而改变曲率，其次为顶点 z 发生折射，最后为 a 点发生折射，a 点和 b 点不同时发生折射和改变曲率. 再看弧矢光束所对应的波面截线 cd，其顶点 z 首先和折射球面接触，对弧矢面内对称于主光线的点，如 c 点和 d 点同时与折射球面接触和改变曲率，所以入射球面波通过折射后，子午面和弧矢面内曲率发生了不同的变化，因而使出射光波变成了非球面波，与此非球面波相垂直的分别位在子午和弧矢面内的光束显然不可能再交于一点. 所以，当光束无限细时，虽没有彗差存在，但还会有像散存在.

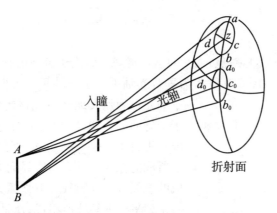

图 5.7

假设 $a_1a_3c_3c_1$ 是一个由像散产生的非球面波面元，如图 5.8 所示. $b_2F_2F_1$ 是波面元中心点 b_2 的法线. 根据微分几何对曲面的讨论可知，在波面元上通过某点必定有两条互相垂直的主截线，其中一条曲率半径最大，另一条最小. 曲率半径最大的波面主截线 $b_1b_2b_3$ 的曲率中心为 F_1 点，曲率半径最小的波面主截线 $a_2b_2c_2$ 的曲率中心在 F_2 点. 靠近主截线 $b_1b_2b_3$ 并处于截线 $a_1a_2a_3$ 和 $c_1c_2c_3$ 之间的其他截线，其曲率中心均处于直线元 $F_1'F_1F_1''$ 上. 靠近主截线 $a_2b_2c_2$ 并处于截线 $a_1b_1c_1$ 和 $a_3b_3c_3$ 之间的其他截线，其曲率中心形成另一条直线 $F_2'F_2F_2''$. 所以该波面元上诸点的法线首先会聚于短直线 $F_2'F_2F_2''$，然后发散，再会聚于第二条短线 $F_1'F_1F_1''$ 上，这两条短线相互垂直，并且都垂直于波面中心点的法线或光束轴 $b_2F_2F_1$. 由上讨论可知，非球面波面所对应的像散光束应会聚在两条短线上，T' 和 S' 应分别称为子午焦线和弧矢焦线，子午焦线垂直于子午面，而弧矢焦线则位于子午面内并与子午焦线相垂直. T' 和 S' 两焦线之间的成像情况是一系列由线元到椭圆到圆再到椭圆再到线元的弥散斑，如图 5.6 中所示.

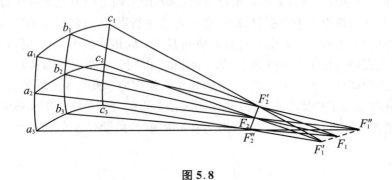

图 5.8

如果光学系统不是对点,而是对线成像,那么,由于像散的存在,其成像质量与直线方向密切相关.图 5.9 所示为垂直光轴平面上三种不同方向的直线分别被子午细光束和弧矢细光束成像的情况.图 a 是垂直于子午面的直线,因为其上每一点都被子午光束成一垂直于子午面的短线,因此该直线被子午光束所成的像为一系列与直线同方向的短线叠合而成的直线,像是清晰的.但被弧矢光束所成的像由一系列平行的短线所组成,像是不清晰的.图 b 是位于子午平面的直线,同理可知,子午像是模糊的,弧矢像是清晰的.图 c 是既不在子午面上,又不垂直于子午面的倾斜直线,它的子午像和弧矢像都是不清晰的.

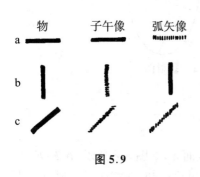

图 5.9

像散是以子午像 T' 和弧矢像 S' 之间的距离来描述的,它们都位于主光线上,通常将其投影到光轴上,以两者之间的沿光轴距离来度量,用符号 x'_{ts} 表示,见图 5.10.

光学系统如存在像散,一个物面将形成两个像面,在各个像面上不同方向的线条清晰度不同.

像散的大小随视场而变,即物面上离光轴不同远近的各点在成像时,像散值各不相同,并且子午像点 T' 和弧矢像点 S' 的位置也随视场而异,因此,与物面上各点对应的子午像点和弧矢像点的轨迹,即子午像面和弧矢像面是两个曲面.因轴上点无像散,所以此曲面相切于高斯像面的中心点,如图 5.10 所示.两弯曲像面偏离于高斯像面的距离称为像面弯曲,简称场曲.子午像面相对高斯像面的偏离量称子午场曲,用 x'_t 表示;弧矢像面的偏离量称弧矢场曲,以 x'_s 表示. 像散值和像面弯曲值都是对一个视场点而言的. 由图 5.10 可得

$$\left. \begin{array}{l} x'_t = l'_t - l' \\ x'_s = l'_s - l' \end{array} \right\} \tag{5.5}$$

$$x'_{ts} = x'_t - x'_s = l'_t - l'_s \tag{5.6}$$

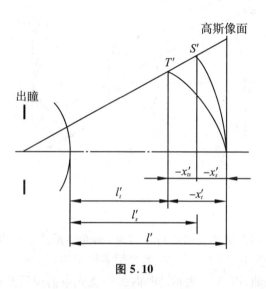

图 5.10

球面光学系统存在像面弯曲也是球面本身的特性所决定的. 如果没有像散,子午像面和弧矢像面重合在一起,但仍然存在像面弯曲. 现以单个折射球面为例说明之. 如图 5.11 所示,折射球面的球心为 c,设一个球面物体 AB 和折射球面同心,并在球心处放一无限小光阑,使物面上各点以无限细光束成像. 轴外点 B 的主光线相当于一条辅轴,轴外点如同轴上点一样来处理,不存在像散,也不存在球差和彗差. 由于物面和折射球面同心,物面上各点的物距相等,成像条件完全相同. 所以,像面也是一个和折射球面同心的球面 $A'B'$. 下面再看相切于 A 点的平面物体 AB_1 的成像. 对于 B_1 点,相当于从 B 点沿光轴向远离折射球面的方向移动一小距离 dl 而得. 由轴向放大率公式可知,B_1 点的像 B'_1 必以相同的方向移动一个相应的距离 dl' 而得. 所以,平面 AB_1 的像 $A'B'_1$ 将比球形物面 AB 的像面 $A'B'$ 更为弯曲. 只有在这个曲面上,才能对平面成清晰像,这个曲面称匹兹万像面,匹兹万像面的场曲用 x'_p 表示.

当光学系统存在严重场曲时,就不能使一个较大的平面物体上各点同时清晰

成像.若把中心调焦清晰了,边缘就变得模糊.反之,边缘清晰后则中心变模糊.所以,对于摄像、投影等大视场镜头,必须很好校正场曲,这样才能使实际像面与底片、光电靶面及屏幕等接收平面吻合.

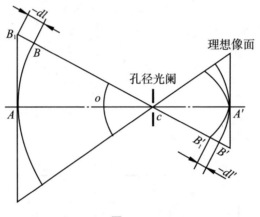

图 5.11

以上对细光束的像散和场曲进行了讨论,而光学系统都是以宽光束成像的.实际参与成像的子午宽光束的上下光线经光学系统折射后的交点到高斯像面的距离称为宽光束子午场曲,以 X'_T 表示.同理,弧矢宽光束的前后光线折射后的交点到高斯像面的距离称宽光束弧矢场曲,以 X'_s 表示之.宽光束场曲与细光束场曲之差通常称为轴外点球差.

四、畸变

从理想光学系统的成像关系讨论中已经知道,一对共轭物像平面上的垂轴放大率是常数,即物像平面上各部分的垂轴放大率都相等.但是,对于实际光学系统,只有当视场较小时才具有这一性质.而当视场较大时,像的垂轴放大率就要随视场而异,也就是物像平面上不同部分具有不同的垂轴放大率,这样就会使像相对于物体失去相似性.这种使像变形的成像缺陷称作畸变.

设某一视场的实际垂轴放大率为 $\overline{\beta}$,它与理想垂轴放大率 β 之差 $(\overline{\beta}-\beta)$ 与理想放大率 β 之比的百分数就作为该视场时的畸变,以 q 表之,即

$$q = \frac{\overline{\beta}-\beta}{\beta}100\%$$

式中,$\overline{\beta}$ 以实际主光线与高斯像面的交点高度 Y'_z 和物高 y 之比表示,则

$$q = \frac{\dfrac{Y'_z}{y} - \dfrac{y'}{y}}{\dfrac{y'}{y}} = \frac{Y'_z - y'}{y'}100\% \tag{5.7}$$

式中,y'是理想像高.当物体在无穷远时,y'可按公式(2.30)求得;当物体在有限远时,可按(2.26)式,(2.28)式算出 β 后再乘物高 y 而得.

上式表示的畸变称为相对畸变.也可以直接用主光线和高斯像面交点高度 Y'_z 与理想像高 y' 之差来表示畸变,即

$$\delta Y'_z = Y'_z - y' \tag{5.8}$$

称 $\delta Y'_z$ 为光学系统的线畸变.

存在畸变的光学系统对物体成像时,由于实际像高与理想像高不等,而且这种不相等数量随不同视场而不同,所以使整个实际像相对理想像发生变形,像与物之间不再保持相似关系.当对正方形网格的物面成像时,如果光学系统具有大的负畸变(实际像高小于理想像高),则像的变形如图 5.12b 所示.这种畸变称为桶形畸变;反之,正畸变的光学系统成的像呈枕形,称枕形畸变,如图 5.12a 所示.图中虚线表示的是理想像.

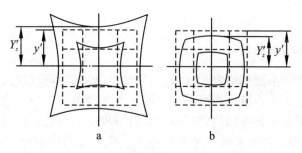

图 5.12

由上面的讨论可见,畸变仅由主光线的光路决定,它只引起像的变形,而对像的清晰度并无影响.因此,对于一般的光学系统,只要接收器感觉不出它所成像的变形,这种畸变像差就无妨碍.比如在目视仪器中,畸变可允许到 4%.但对某些要利用像来测定物体的大小和轮廓的光学系统,如计量仪器中的投影物镜、工具显微镜以及航空测量用的摄影物镜等,畸变就成为主要的缺陷了,它直接影响测量精度,必须予以严格校正.计量仪器中的物镜,畸变要求小于万分之几.

产生畸变的原因是由于主光线通过光学系统时存在着球差的缘故.如图 5.13 所示,光阑中心 z 为光轴上一点,主光线 Bz 可看做是由轴上点 z 发出的光线.由于

球差的存在,由 z 点发出的近轴光线和实际光线通过光学系统后将不再相交于光轴上同一点.在图 5.13 中,近轴光线交光轴于 z',交高斯像面于 B',B' 便是物点 B 的理想像点.而实际光线和光轴交于 z'',和高斯像面交于 B'_z,B'_z 为物点 B 的实际像点,距离 $z'z''$ 即为主光线 Bz 在孔径角等于视场角 ω 时的球差值,正因为球差 $\delta L'_z$ 的存在,实际像点 B'_z 与理想像点 B' 不可能位在同一点,它们之间的差别构成了畸变.由上讨论可知,畸变和其他几种单色像差一样,均由折射球面本身的特性所引起.

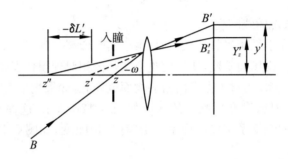

图 5.13

五、位置色差和倍率色差

绝大部分光学系统都用白光成像.白光是各种不同波长(或颜色)单色光的组合.所以,白光经光学系统成像可看成是同时对各种单色光的成像.光学材料对不同波长的色光折射率是不同的,波长越短,折射率越大.当白光入射到介质分界面上时,由于材料对不同波长单色光有不同折射率,根据折射定律,白光折射后,各色光就会因折射角的不同而散开,称光的色散.显然,如果白光入射到光学系统上,各种色光便会因色散而在系统内有着不同的传播途径,结果导致各种色光有不同的成像位置和不同的成像倍率.这种成像的色差异称为色差.色差有两种,一种是描述两种色光对轴上的点成像位置差异的色差,称位置色差.如图 5.14 所示,轴上点 A 发出一束孔径角为 U 的白光,经光学系统后,其中波长为 λ_1 的光聚焦于 A'_1 点,波长 λ_2 的光则聚焦于 A'_2,A'_1 和 A'_2 分别是 A 点由 λ_1 和 λ_2 光经光学系统所成的像点,令它们离光学系统最后一面的距离为 L'_{λ_1} 和 L'_{λ_2},则其差值便是位置色差,也称轴向色差,用符号 $\Delta L'_{\lambda_1\lambda_2}$ 表示,即

$$\Delta L'_{\lambda_1\lambda_2} = L'_{\lambda_1} - L'_{\lambda_2} \tag{5.9}$$

不同于球差,位置色差在近轴区也存在.因为即使当入射白光孔径角很小(不

等于零)时,经过折射后各色光也要发生色散.所以,对光轴上一点,即使以近轴光成像,不同波长的光线不能相交于像方光轴上同一点,近轴区的位置色差可表示为

$$\Delta l'_{\lambda_1\lambda_2} = l'_{\lambda_1} - l'_{\lambda_2} \tag{5.10}$$

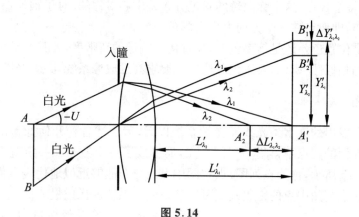

图 5.14

由于不同色光经光学系统后具有各自不同的球差,所以,不同孔径带的白光将有不同的位置色差.类似球差的性质,光学系统也只能对一个孔径带光线校正色差.一般都是对 0.707 带的光线校正位置色差.所谓校正色差,就是使色差为零.

另一种色差是指两种色光对轴外物点成像位置差异的色差.轴外像点位置的差异也就是像高不相等,像高之所以不相等是由于光学系统放大倍率不同而引起,所以这种色差称倍率色差,又称垂轴色差.

倍率色差是以两种色光的主光线在高斯像面上的交点高度之差来度量的,以符号 $\Delta Y'_{\lambda_1\lambda_2}$ 表示,即

$$\Delta Y'_{\lambda_1\lambda_2} = Y'_{\lambda_1} - Y'_{\lambda_2} \tag{5.11}$$

式中,Y'_{λ_1} 和 Y'_{λ_2} 是波长为 λ_1 和 λ_2 的两种色光的主光线在消单色像差的色光的高斯像面上的交点高度,见图 5.14.

与位置色差相同,在近轴区也存在倍率色差.近轴光的倍率色差可按下式计算

$$\Delta y'_{\lambda_1\lambda_2} = y'_{\lambda_1} - y'_{\lambda_2} \tag{5.12}$$

式中,y'_{λ_1},y'_{λ_2} 是波长为 λ_1,λ_2 的近轴像高.

光学系统在不同视场时有不同的倍率色差值,通常也是对 0.707 视场校正倍率色差.

计算色差的两种色光的选取决定于接收器的性质,通常取接近接收器工作波段边缘的波长.例如,对于目视光学系统,人眼是接收器,所以一般选取蓝光(**F** 表

示)和红光(C 表示)来计算色差,人眼比较敏感的黄光(D 表示)则用来计算单色像差.

存在色差的光学系统将使像点不再是一个白色的光点,而成为一个彩色的弥散斑.对于轴上像点,这个弥散斑的彩色分布是中心对称的.对于轴外像点,彩色沿单方向分布,即像点在一个方向上呈现彩色.

无论是位置色差还是倍率色差,都直接影响像的清晰度,尤其会破坏像相对物在色彩上的相似性.所以,对于色彩还原性要求高的成像系统,必须严格校正色差.

六、点列图

由一点发出的许多条光线经光学系统以后,因上述各种几何像差的存在使各条光线与像面的交点不再集中于同一点,而形成了一个散布在一定范围的弥散图形,如图 5.15 所示,称为点列图.点列图中点的分布能够近似地代表点像的能量分布.因此,用点列图中点的密集程度可以衡量光学系统成像质量的优劣.

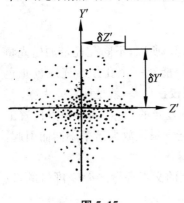

图 5.15

利用点列图来评价成像质量,必须计算大量光线的光路,得出每条光线和像面交点的坐标,即图 5.15 中的 $\delta Y'$,$\delta Z'$ 值.$\delta Y'$ 和 $\delta Z'$ 值可以看做是各种单色像差的综合量.如果是光轴上的像点,以光轴和像面交点作为坐标原点,如果是光轴外的像点,以主光线和像面交点作为坐标原点.所计算的各条光线在光瞳面上应有合理的分布,通常是把光学系统入射光瞳的一半(因光束总对称于子午平面)分成大量等面积的网格元,从物点发出,通过每一网格元中心的光线,可代表过入瞳面上该网格元的光能量.所以点列图中点的密度就代表了点像的光能量分布.追迹的光线越多,点列图上的点越多,就越能精确地反映点像的光能量分布,一般总要计算上百条甚至数百条光线.

光瞳面上的网格划分,可以是等面积的扇形网格,也可以是正方形网格.对于轴外点,由于光束有渐晕,应根据轴外渐晕光瞳的实际形状来划分网格.图 5.16a 为扇形网格划分;b 图为在渐晕光瞳中划分正方形网格.

在设计阶段用点列图来评价光学系统是一种方便易行的方法.根据点列图可得知点像的

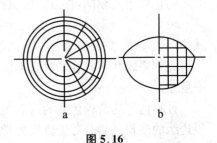

a   b

图 5.16

形状,最大弥散尺寸及能量分布情况.

几何像差是用于设计阶段评价光学系统成像质量的最简单的方法.当光学系统结构参数确定后,就可以用光路计算的方法,求出它的各种几何像差值.两个不同结构的系统,通过比较它们像差的大小,就可以确定它们的优劣.因此,几何像差是最早用于评价光学系统设计质量的指标.目前,仍然是用得最多的方法.自从电子计算机出现后,像差计算已全部由计算机完成,利用电子计算机的高速度、大容量,计算的像差数目越来越多,并能快速绘制像差曲线和点列图,为更仔细深入地分析光学系统成像质量提供了极大方便.

第二节　波像差和瑞利判断

波像差是另一种用于设计阶段评价光学系统成像质量的指标.如果光学系统成像符合理想,即各种几何像差都等于零,那么由同一物点发出的全部光线均聚交于理想像点.根据光线和波面的对应关系,光线是波面的法线,波面为与所有光线垂直的曲面,则在理想成像的情况下,对应的波面应该是一个以理想像点为中心的球面——理想波面.如果光学系统成像不符合理想,存在几何像差,则对应的波面就不再是一个以理想像点为中心的球面,而是一个任意曲面.实际波面与理想波面之间的偏离称为波像差.由于波面是某时刻光程相同点的轨迹,所以不同波面间的偏差也就是光程差,通常以波长为单位.因为波面和光线存在着相互垂直的关系,因此,几何像差与波像差之间必然存在着一定的对应关系.下面以光轴上物点为例,建立起球差与波像差之间的关系.

对于轴对称光学系统,轴上点发出的球面波经过光学系统后,由于球差使实际波面相对理想球波面变形,但仍然是轴对称的波面.

如图 5.17 所示,Ox 是波面的对称轴(即光轴),O 是系统出射光瞳的中心,也是波面的顶点位置.由于轴对称,球差只需用波面的法线与对称轴的交点位置来表征,并只需对波面与子午平面的截线的一半考察其波面即可.实际波面 $\overline{ON}$ 上任一点 $\overline{M}$ 的法线交光轴 A' 点,任取一参考点,例如高斯像点 A'_0,以它为中心作一在 O 点相切于实际波面的球面 OM,它就是理想波面.显然,距离 $A'A'_0$ 就是实际光学系统的球差.光线 $\overline{MA'}$ 与理想波面的交点为 M,距离 $\overline{MM}$ 乘此空间介质折射率 n' 即为波像差,以 W 表示之.规定实际波面在理想波面之后时的波像差为负,反之为正.按此规定,如图所示为负波像差的情况.令理想波面曲率半径,即 M 点与参考

点 A'_0 的连线为 R;MA'_0 与 MA' 之间夹角为 δ,则当球差不太大时,有

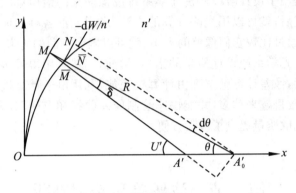

图 5.17

$$\delta = \frac{-\delta L' \sin U'}{R}$$

以 A'_0 为中心过 $\overline{M}$ 点作一球面 $\overline{MN}$,显然,球面 $\overline{MN}$ 和 $O\overline{M}$ 之间光程相等,则 $\overline{M}$ 附近一点 $\overline{N}$ 的波像差相对于 $\overline{M}$ 点的波像差的改变量 $\mathrm{d}W$ 可以相对于参考球面 $\overline{MN}$ 来确定,又因两波面 $O\overline{M}$ 和 $\overline{MN}$ 在 $\overline{M}$ 点处的夹角显见为 δ,故有

$$\delta = -\frac{\mathrm{d}W/n'}{R\,\mathrm{d}\theta} \approx -\frac{1}{n'}\frac{\mathrm{d}W}{R\,\mathrm{d}U'}$$

由以上两式可得

$$\mathrm{d}W = n'\delta L' \sin U' \mathrm{d}U'$$

当光学系统孔径不大时,$\sin U' \approx U'$,则

$$\mathrm{d}W = n'\delta L' U' \mathrm{d}U' = \frac{n'}{2}\delta L' \mathrm{d}U'^2 \tag{5.13}$$

$$W = \int \mathrm{d}W = \frac{n'}{2}\int_0^{U'_m} \delta L' \mathrm{d}U'^2$$

这就是波像差与球差之间的关系式.可见,如以 U'^2 为纵坐标来画出球差曲线,曲线所围面积的一半即为波像差.这样,就很容易从球差曲线以图形积分方法求得轴上点不同孔径时的波像差.

图 5.18 为由球差曲线求波像差的例子.图 a 是以 U'^2 为纵坐标的球差曲线,假设它为一条直线;图 b 是用图形积分法求得的波像差曲线;图 c 是纵坐标移动 $\frac{1}{2}\delta L'$ 后的波像差曲线,此时的纵坐标在图 a 中以虚线示之.显然,c 图的波像差比 b 图的波像差小得多.纵坐标的移动表现为实际像面位置的改变.所以,

为减小波像差.实际像面应偏离高斯像面,实际像面相对高斯像面的偏离称为离焦.通过离焦使波像差最大值为极小的实际像面称为最佳像面.

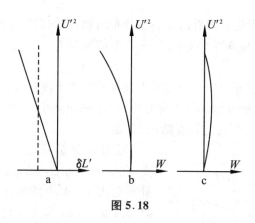

图 5.18

当实际波面与理想波面之间的最大偏差量不超过四分之一波长时,此实际波面可看做是无缺陷的.或者说,当光学系统的最大波像差小于 $\dfrac{\lambda}{4}$ 时,该光学系统的成像质量与理想系统没有显著差别,这是一个长期以来用于评价光学成像质量的一个经验标准,称为瑞利判断.

在瑞利判断中,有特征意义的是波像差的最大值,只要波像差的最大值不大于 $\dfrac{\lambda}{4}$,便认为系统是理想的.因为由几何像差曲线很方便可得到波像差曲线,依靠几何直观就能方便地判断质量,因此,瑞利判据便于实际应用.

根据瑞利判断,由波像差 $\leqslant \dfrac{\lambda}{4}$ 的要求,可以得出相应几何像差的允许值.

第三节　分辨率和星点检验

由同一物点发出的光线,通过理想光学系统后,应全部聚交于一点.光线是传输能量的几何线,这些几何线的交点应该是一个既没有体积也没有面积的几何点.但是,在像面上实际得到的却是一个具有一定面积的光斑.为什么会出现上述现象呢?这是因为:把光看做光线只是几何光学的一个基本假设,实际上,光并不是几何线,而是电磁波.虽然大部分光学现象可以利用光线的假设进行说明,但是在某些特殊情况下,比如光束聚焦点附近的光能分布问题,就不能用几何光学来准确地说明.

为了解释光束聚焦点附近的光能量分布问题,必须根据菲涅尔圆孔衍射原理.在图 5.19a 中,通光孔 MN 中心线上一点 A' 的振幅为

$$a = a_1/2 \pm a_k/2$$

a_1 和 a_k 为 MN 处波面上中心与边缘半波带发出的子波在 A' 点的振幅,a_k 的值随衍射角 θ(波面法线和衍射方向之间夹角)的增加而减小.式中加减号随 k 是奇数还是偶数而定.显然,A' 处的强度随 a_k 而变.

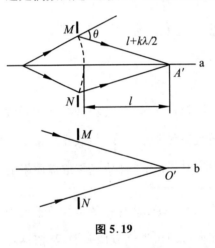

图 5.19

按几何光学观点,每条光线传输一定能量,在某一方向上,光线总数不变,传输的总能量不变,所以 A' 点的强度不应随光束限制情况而改变.当 a_k 值越小时,表明 A' 处强度越接近常量,此时,几何光学的误差就越小.

当会聚光束通过光孔时,如图 5.19b 所示.对于会聚球面波中心附近一点 O',由于衍射角很小,a_k 值不可能小.所以,由物点发出的光线,通过光学系统后变成会聚光束,在聚焦点附近,几何光学的误差很大,而讨论成像质量问题,正是在光束的聚焦点前后考虑像平面上光能的分布问题.因此,几何光学不能满足要求,而必须采用把光看做电磁波的物理光学方法进行研究.上述现象的产生,正是因为电磁波通过光学系统中限制光束口径的孔径光阑时发生衍射而造成的.所以像面上得到的光斑为衍射光斑,其在一截面内的能量分布如图 5.20 所示,中央亮斑集中了全部能量的 80% 以上,第一亮环最大光强度不到中央亮斑最大光强度的 2%.

通常把衍射光斑的中央亮斑作为物点通过理想光学系统的衍射像.中央亮斑的直径由下式表示

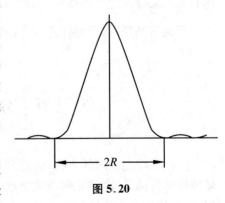

图 5.20

$$2R = \frac{1.22\lambda}{n' \sin U'_{max}} \tag{5.14}$$

式中,λ 为光的波长;n' 为像空间介质折射率;U'_{max} 为光束的最大像方孔径角.

由于衍射像有一定的大小,如果两个像点之间距离太短,就无法分辨出这是两个像点.我们把两个衍射像间所能分辨的最小间隔称为理想光学系统的衍射分辨率.

假定 A,B 两发光点间的距离足够大,它们的理想像点 A',B' 间的距离较中央亮斑的直径为大,如图 5.21a 所示.这时,在像面上出现两个分离的亮斑,显然能够分清这是两个像点.当两物点逐渐靠近时,像面上的亮斑随之靠近,当 A',B' 间的距离小于中央亮斑的直径时,两亮斑将部分重叠,如图 5.21b 所示,像面上总的能量分布如图中的虚线.在能量的两个极大值之间,存在一个极小值.如果极大值和极小值之间的差足够大,则仍然能够分清这是两个像点.随着两物点继续接近,极大值与极小值之间的差值减小,最后极小值消失,合成一个亮斑,如图 5.21c 所示.此时已无法分清这是两个像点.实验证明,两个像点间能够分辨的最短距离约等于中央亮斑的半径 R,如图 5.21b 所示.从公式(5.14)得到

$$R = \frac{0.61\lambda}{n' \sin U'_{max}} \tag{5.15}$$

上式即为理想光学系统的衍射分辨率公式.

光强度分布曲线上极大值和极小值之差与极大值和极小值之和的比称为对比度,用 K 表示

$$K = \frac{I_{max} - I_{min}}{I_{max} + I_{min}} \tag{5.16}$$

式中,I 为光强度.在上述 $I_{max} - I_{min} = 0.26$ 的条件下,相应对比度为 0.15.事实上,当对比度为 0.02 时,人眼就可以分辨出两个像点,这时相应的两像点间的距离约为 $0.85R$.

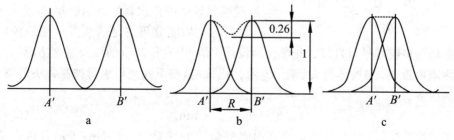

图 5.21

　　上面给出的是理想光学系统的分辨率,实际光学系统由于存在像差和加工、装调误差,像点弥散斑将比理想像点的衍射斑图形扩大,形状复杂化,像点的能量分散,分辨率显然会下降.因此,我们把实际光学系统的分辨率和理想光学系统的衍射分辨率之差,作为评价实际光学系统成像质量的指标.分辨率检验,只有在实际光学系统制成以后才能进行.所以,它是一种用于生产过程中检验具体系统实际成像质量的方法.

　　测量分辨率所用的仪器装置如图5.22所示.测量装置由平行光管1,镜头夹持器2和读数显微镜3三部分组成.三者都安装在同一导轨上,以保证它们的光轴重合.

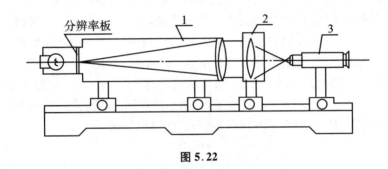

图 5.22

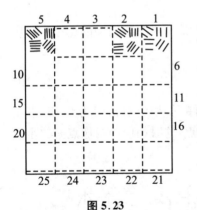

图 5.23

平行光管的作用是产生一个位在无限远的像,作为被测系统的物.在平行光管物镜的焦平面上安装分辨率板,用得最多的分辨率板形式如图5.23所示,它由25个栅格组构成,在每一个栅格组中包含四个栅格,它们的黑白线条的宽度都是相同的,但方向不同,各栅格组线条的宽度不一样,依次按等比级数减小.分辨率板通过平行光管物镜和被测系统成像在被测镜头的像方焦平面上.通过读数显微镜依次观察各组栅格,找到一组在四个方向上均能分辨清楚的线条最细的栅格,根据该栅格组序号,可以从《光学仪器设计手册》中查得对应的线条宽度 b,平行光管物镜焦距 f'_1 和被测镜头焦距 f'_2 都是已知的,按下式便可求得被测镜头能够分辨的线宽

$$b' = bf'_2/f'_1 \text{(mm)} \tag{5.17}$$

对于成像系统,习惯上采用每毫米内能够分辨的线对数(lp/mm)表示分辨率,这

样,分辨率又可表示为

$$N = \frac{1}{2b'} = f'_1/2bf'_2 \text{(lp/mm)} \qquad (5.18)$$

分辨率法可以用一个数值定量表示光学系统质量的好坏,测定分辨率也较简单方便,因此在实际工作中得到普遍应用.但是,分辨率的测定值随着测试条件不同,接收器不同而有所不同,所以分辨率是一个不很确定的量.而且分辨率并不是随像差增加而简单地下降,在实际系统中,像差主要导致能量分散,直接影响线条的清晰度,而对分辨率的影响则并不显著.因为分辨率和成像清晰度之间并无必然的联系,有时会出分辨率高而成像反而不清晰的情况.因此,尽管分辨率至今仍被广泛用来评价像质,但它还并不是一种十分完美的评价方法.

另一种检验实际系统质量的方法称星点法.它是将被检光学零件或光学系统对点光源成像.根据所得到的像点形状和大小来测定系统质量好坏,并由此找出像质不好的原因.具体检验系统与分辨率测定系统相同,只是把分辨率板换成星孔板.光源将星孔板照亮,照亮了的星孔便是一个点光源,经平行光管物镜和被检镜头后,在被检镜头焦面上形成星点像,星点像经显微镜放大后进行观察.根据实际像点与理想像点的差异来评定零件或系统的质量.

星点检验只是一种定性的相互比较的检验方法,无法作定量的检验.但由于它所使用的设备简单,现象直观,而且灵敏度较高,有经验的检验人员根据星点像便能很快判明星点像中所包含的成像误差,很快找出造成质量不好的原因.因此,在工厂实际生产中经常使用星点检验.

星点法和前述的点列图都是利用对像点形状、大小和能量分布来评定系统的成像质量.不同处在于点列图用于设计阶段,它不考虑衍射,利用计算光线光路得到.而星点法则是用在实际系统制造好以后的像质检验阶段,所得到的星点像既包含设计误差,又包含制造、装调等误差;既包含几何像差,又包含衍射效应,故星点像所含内容比点列图丰富得多.

第四节　光学传递函数

上面介绍了几种评价光学系统成像质量的方法.几何像差、波像差和点列图主要用于设计阶段评价系统的设计质量;分辨率和星点法则主要用于生产过程中检验产品的实际成像质量.由于像差与分辨率之间没有简单的数量关系,即在设计阶段难以根据光学系统的像差计算出分辨率的确切值.所以,在光学系统设计完成后,必须试制出实际的产品,通过分辨率检验和星点检验才能确定实际光学系统质量.如果不满足要求,需要重新修改设计校正像差,再进行试制,直到获得满意像质为止.这样做既浪费时间又浪费人力物力,而且由于受测试条件的限制,测得的分辨率是一个不确定的量.鉴于这种情况,很久以来,人们希望能找到一种对设计和生产使用都适用的客观统一的像质评价标准.随着数学上的傅里叶分析方法逐步应用于光学中,又由于电子计算机的发展,一种有效、客观而全面的像质评价方法终于问世,这就是光学传递函数.

一、物理意义

前面所讨论的各种光学系统像质评价方法都是基于把物面图形看做是无限多个发光点的集合,研究每个点经过光学系统后变成弥散斑的形状、大小和能量分布情况.与此完全不同,光学传递函数理论的基本出发点是将物面图形分解为各种频率的谱,也就是将物的亮度分布函数展开为傅里叶级数(物函数为周期函数)或傅里叶积分(物函数为非周期函数),研究光学系统对各种空间频率的亮度呈余弦分布目标的传递能力.

设光学系统符合线性和空间不变性.所谓线性系统是指能够满足"叠加原理"的系统,即对系统输入 N 个激励函数,则系统输出 N 个响应函数.如果 N 个激励函数相叠加后输入到系统中去,由系统输出的必定是与之相应的 N 个响应函数的叠加.线性系统的优点在于对任一个复杂的输入函数的响应,能用输入函数分解成的许多"基元"激励函数的响应表示出来.所以,线性光学系统对一个复杂物函数的响应,可以用由物函数分解成许多余弦函数的响应表示出来.所谓空间不变性,是指物面上不同的物点在像面上有相同形状的光能分布.虽然实际光学系统不可能在整个像面上成像质量完全一致,但在每个像点周围一定区域内,可认为近似符合空间不变性.这个一定的区域称"等晕区".实际光学系统在等晕区内是一个空间不变的线性系统,它的成像特性完全可由光学传递函数反映出来.

为了说明光学传递函数的物理意义,以最简单的一维余弦分布目标为例进行讨论,并设光学系统的垂轴放大率等于 -1.如图 5.24a 所示,物面亮度分布函数为

$$g(x) = a_0 + a\cos2\pi Nx \tag{5.19}$$

式中,a_0 是平均亮度,为常量;a 是亮度变化的振幅;N 是亮度变化的空间频率.

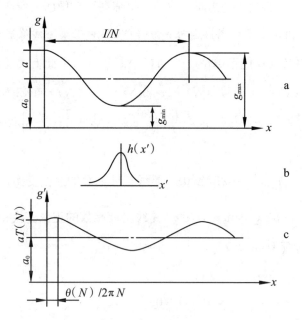

图 5.24

该物面的对比度为

$$K = (g_{\max} - g_{\min})/(g_{\max} + g_{\min}) = a/a_0 \tag{5.20}$$

对比度通常又称为调制度,从(5.20)式可见,对比度直接和振幅有关.

我们可以把这种物分布函数看成是由无数条非相干的亮线并排排列而成. 每一条亮线被光学系统成像,由于光学系统存在衍射和像差,每条亮线成的像被扩展成一个能量分布,称线扩展函数,用 $h(x')$ 表示,如图 5.24b 所示. 余弦分布物面经过光学系统所成的像 $g'(x)$ 应该是物面上每条亮线的线扩展函数在像面上的叠加,即

$$g'(x) = \int_{-\infty}^{\infty} h(x')g(x - x')\mathrm{d}x' \tag{5.21}$$

这一表达式在数学上称为像函数是扩展函数与物函数的卷积,记作

$$g'(x) = h(x') * g(x) \tag{5.22}$$

将物分布函数(5.19)式代入(5.21)式,得

$$g'(x) = a_0 \int_{-\infty}^{\infty} h(x')\mathrm{d}x' + a \int_{-\infty}^{\infty} h(x') \cdot \cos 2\pi N(x - x')\mathrm{d}x'$$

式中，$\int_{-\infty}^{\infty} h(x')\mathrm{d}x'$ 的意义是物面上一条无限细亮线在像面上所产生的总能量，它取决于物面亮度和光学系统透过率等光度性能，与光学系统成像质量无关，故可将它规化为1，即将其取作能量单位 $\left[\int_{-\infty}^{\infty} h(x')\mathrm{d}x' = 1\right]$，由此上式变为

$$g'(x) = a_0 + aT_c(N)\cdot\cos2\pi Nx + aT_s(N)\cdot\sin2\pi Nx$$
$$= a_0 + aT(N)\left[\frac{T_c(N)}{T(N)}\cos2\pi Nx + \frac{T_s(N)}{T(N)}\sin2\pi Nx\right] \quad (5.23)$$

式中

$T_c(N) = \int_{-\infty}^{\infty} h(x')\cos2\pi Nx'\mathrm{d}x'$，是线扩展函数的余弦变换；

$T_s(N) = \int_{-\infty}^{\infty} h(x')\sin2\pi Nx'\mathrm{d}x'$，是线扩展函数的正弦变换；

$T(N) = \sqrt{T_c^2(N) + T_s^2(N)}$

再令

$$\theta(N) = \mathrm{tg}^{-1}\frac{T_s(N)}{T_c(N)} \quad (5.24)$$

则(5.23)式成为

$$g'(x) = a_0 + aT(N)\cos2\pi N\left(x - \frac{\theta(N)}{2\pi N}\right) \quad (5.25)$$

由此可以得出如下重要结论：亮度为余弦分布的物体，经光学系统所成的像仍为同一频率的余弦分布，平均亮度 a_0 不变，但亮度分布振幅变为 $aT(N)$，同时相位移动了 $\Delta x = \theta(N)/2\pi N$. $T(N)$ 称为对比传递因子或调制传递因子，它表征光学系统传递物对比的能力，由于光学系统的衍射与残余像差而导致 $T(N)<1$. $\theta(N)$ 称为相位传递因子，由于光学系统的非对称残余像差使 $\theta(N)\neq0$. 物分布函数 $g(x)$ 与像分布函数 $g'(x)$ 间关系如图 5.24a,c 所示.

调制传递因子 $T(N)$ 和相位传递因子 $\theta(N)$ 随空间频率而变化，它们随空间频率而变的函数关系称为光学系统的调制传递函数(MTF)和相位传递函数(PTF)，MTF 和 PTF 共同构成了光学传递函数(OTF)，即

调制传递函数 $MTF(N) = T(N)$ \quad (5.26)

相位传递函数 $PTF(N) = \theta(N)$ \quad (5.27)

光学传递函数 $OTF(N) = MTF(N)\cdot\mathrm{e}^{iPTF(N)}$ \quad (5.28)

对(5.22)式两边取傅里叶变换，根据傅里叶变换卷积定理：两个函数卷积的傅里叶变换等于两个函数傅里叶变换的乘积，故得

$$G'(N) = H(N) \cdot G(N)$$
$$H(N) = G'(N)/G(N) \tag{5.29}$$

式中，$H(N)$ 是扩展函数的傅里叶变换；$G(N)$ 是物体的频谱；$G'(N)$ 是像的频谱. $G'(N)$ 与 $G(N)$ 之比 $H(N)$ 就是光学系统对物体频谱的频率响应，也即光学系统的传递函数，所以

$$OTF(N) = H(N)$$
$$= \int_{\infty}^{-\infty} h(x') \cdot e^{-i2\pi Nx'} dx' \tag{5.30}$$

由此可知，光学系统的传递函数就是其线扩展函数 $h(x')$ 或点扩展函数 $h(x', y')$ 的傅里叶变换. 这个结论很重要，它是计算光学传递函数的数学基础. 利用几何或物理方法求得线或点扩展函数后，经过傅里叶变换，即可计算出光学传递函数.

二、用光学传递函数评价系统像质

通过计算可以得到一系列光学传递函数值，从而可绘制出调制传递函数曲线和相位传递函数曲线. 因为相位传递因子只是使像点相对理想位置有位移，而并不影响像的清晰度，所以实际上主要是利用调制传递函数来评价系统像质. 图 5.25 中曲线 1 表示一个成像镜头的 MTF 曲线，由曲线看出，当空间频率 $N = 0$ 时，$MTF = 1$，随着 N 的增大，MTF 值下降，当空间频率 N 增大到某一值时，MTF 值降为零，与此对应的频率称为光学系统的截止频率，凡高于截止频率的余弦分布物面一律无法通过系统，所以说，光学系统是一个低通线性滤波器.

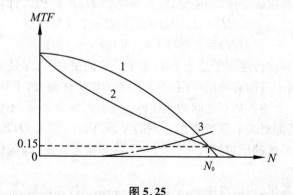

图 5.25

按上一节所述分辨率定义，两像点合成光强分布曲线的对比度 $K' = (1 - 0.74)/(1 + 0.74) = 0.15$ 时，该两点能分辨. 若目标为高对比，即目标光强分布对

比度 $K=1$，则调制传递因子 $MTF=K'/K=0.15$，显然，在 MTF 曲线上，由 $MTF=0.15$ 所对应的空间频率 N_0 便是光学系统的极限分辨率.

传递函数能反映不同空间频率的传递能力. 图 5.25 中曲线 2 为另一个镜头的 MTF 曲线，1 和 2 两条曲线的极限分辨率值是相同的，但在低频时，曲线 1 比曲线 2 的 MTF 值高，所以，镜头 1 的像质优于镜头 2. 由此可见，光学传递函数评价像质更加全面深入，它不仅给出一个分辨值，还给出各不同频率时的对比度传递值.

实际光学系统的像总要用一定的接收器接收，例如目视仪器的接收器是人眼；照相机的接收器是感光胶片；电视摄影机的接收器是光电转换器件等. 仪器的分辨率是指通过光学系统成像以后，这些特定的接收器所能分辨的最高空间频率. 因此，分辨率的高低不仅与光学系统有关，而且也和这些接收器的特性有关. 接收器的特性常用阈值曲线表示，图 5.25 中曲线 3 为某种接收器的阈值曲线，它代表接收器在不同对比度下所能分辨的极限空间频率. 阈值曲线和 MTF 曲线的交点对应的空间频率就是光学系统加接收器构成的组合系统的分辨率，也就是仪器的分辨率.

光学传递函数的概念不仅适用于某一具体光学成像系统，也适用于复合光学系统，如多次成像系统，甚至适用于一个包括目标、光学系统、接收器件等组合成的总体系统. 对于一个由线性环节串联而成的复合系统，总的光学传递函数是等于各个环节的光学传递函数的连乘积

$$OTF(N)=OTF_1(N) \cdot OTF_2(N) \cdots OTF_n(N)$$

这是因为由线性环节组成的复合系统仍然是线性系统，它的扩展函数是各个环节的扩展函数依次卷积的结果. 相应地，复合系统的 MTF 和 PTF 计算公式分别为

$$T(N)=T_1(N) \cdot T_2(N) \cdots T_n(N)$$
$$\theta(N)=\theta_1(N)+\theta_2(N) \cdots +\theta_n(N)$$

由于各个环节的对比传递因子总小于 1，多个环节的组合，总是使总的传递函数值降低，各环节之间不可能有补偿作用. 但各环节的相位移动，由于有正有负，相加时有可能相互补偿. 上述各环节之间的光学传递函数的组合关系，不仅能对整个系统作出质量评价，还能对光学系统提出合理的要求. 而且，引入 OTF 后，使各种不同类型的信息传递系统的质量好坏可用同一个物理量来评价，即提供了一个共同的质量评价标准.

利用电子计算机，可以准确算出光学系统的光学传递函数. 而且实际系统的光学传递函数也能方便地利用仪器测量. 因此，光学传递函数就把光学系统的设计质量和实际使用性能统一起来了. 它能很好地反映系统的成像质量，也不受被观察物的类型限制，因而近代光学成像系统的评价广泛采用光学传递函数的方法.

习　　题

1. 列表说明五种单色像差和两种色差的意义、符号、计算公式,并用图形表示这七种像差.

2. 说明光学系统传递函数的物理意义.和分辨率方法相比较,光学传递函数有什么优点?

3. 一个亮度呈正弦分布的目标,最大和最小亮度分别为 1 和 0.25,要求该目标通过光学系统成的像的调制度为 0.3,求此光学系统的 MTF 值.

第六章　目视光学系统

这一章我们讨论放大镜、显微镜和望远镜这样一类和人眼配合使用的光学系统.这类系统是直接扩大人眼的视觉能力的,称为目视光学系统.本章应用前面所学过的共轴球面系统中的物像关系,分析这些目视光学系统的成像原理,使我们弄清为什么使用了目视光学系统之后就能够看得更远更细,这些系统应该怎样构成,对目视光学系统应该有什么样的要求.

第一节　人眼的光学特性

目视光学仪器是与人眼配合扩大人眼视觉能力的仪器.人眼实际上可以看成是整个系统的一个组成部分,所以在研究目视光学仪器之前,我们首先要对人眼有一个必要的了解.

一、人眼的构造

人眼相当于一个光学仪器,它的大部构造如图 6.1 所示.

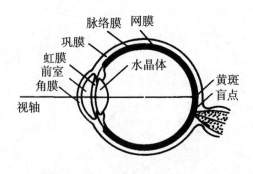

图 6.1

1. 角膜:它是由角质构成的透明球面薄膜,很薄,厚度仅为 0.55 mm,折射率为 1.3771,外界光线进入人眼首先要通过它.

2. 前室:角膜后面的一部分空间,充满了折射率为 1.3374 的透明的水状液.

3. 虹膜:位于前室后面,中间有一圆孔,称为瞳孔,它限制了进入眼睛的光束口径,并可随景物的亮暗随时进行大小的调节.

4. 水晶体:它是由多层薄膜组成的双凸透镜,中间硬,外层软,且各层折射率不同,中心为 1.42,最外层为 1.373.自然状态下其前表面半径为 10.2 mm,后表面半径为 6 mm.水晶体周围肌肉的紧张和松弛可改变前表面的曲率半径,从而使水晶体焦距发生变化.

5. 后室:水晶体后面的空间为后室,里面充满了蛋白状的玻璃液,其折射率为 1.336.

6. 网膜:后室的内壁为一层由视神经细胞和神经纤维构成的膜,称为网膜或视网膜,它是眼睛中的感光部分.

7. 脉络膜:网膜外面包围着的一层黑色膜,它吸收透过网膜的光线,使后室成为一个暗室.

8. 黄斑:网膜上视觉最灵敏的区域.

9. 盲点:神经纤维的出口,没有感光细胞,不能产生视觉.用图 6.2 做一简单的实验,便可知道盲点的存在.用手捂住右眼,左眼注视右边的圆圈,调整眼睛与纸面的距离,在某一位置上就只见圆圈,十字消失了.说明此位置上十字的像正好落在盲点上.

图 6.2

10. 巩膜:一层不透明的白色外皮,它将整个眼珠包起来.

上面简要地介绍了眼睛的构造.从光学角度看,眼睛中最主要的是三样东西:水晶体、网膜和瞳孔.眼睛和照相机很相似,如果对应起来看:

$$
\begin{array}{ccc}
人\ 眼 & — & 照相机 \\
水晶体 & — & 镜\ 头 \\
网\ 膜 & — & 底\ 片 \\
瞳\ 孔 & — & 光\ 阑
\end{array}
$$

人眼相当于一架照相机,但它不是普通的照相机,它可以自动对目标调焦,可以根据景物的亮暗自动调节进入眼睛的光能量,因此人眼是最高档的超级照相机.

照相机中,正立的人在底片上成倒像,人眼也是成倒像,但我们感觉还是正立的,这是神经系统内部作用的结果.

眼睛的视场很大,可达 150°,但只有黄斑附近才能清晰识别,其他部分比较模糊,要看其他景物,眼珠可以自动地转动,把黄斑和眼睛光学系统像方节点的连线(称为视轴)对向该景物.

二、人眼的调节

眼睛有两类调节功能:视度调节和瞳孔调节.

1. 视度调节

我们观察某一物体时,物体通过眼睛(主要是水晶体)在网膜上形成一个清晰的像,视神经细胞受到光线的刺激引起了视觉,我们就看清了这一物体.此时,物、像和眼睛光学系统之间应当满足前面讲过的共轭点方程式.远近不同的其他物体,物距不同,则不成像在网膜上,我们就看不清.如要看清其他的物体,人眼就要自动地调节眼睛的焦距,使像落在网膜上,眼睛自动改变焦距的这个过程称为眼睛的调节.

正常人眼在完全放松的自然状态下,无限远目标成像在网膜上,即眼睛的像方焦点在网膜上.在观察近距离物体时,人眼水晶体周围肌肉收缩,使水晶体前表面半径变小,眼睛光学系统的焦距变短,后焦点前移,从而使该物体的像成在网膜上.

为了表示人眼调节的程度,引入了视度的概念.与网膜共轭的物面到眼睛距离的倒数称为视度,用 SD 表示.

$$SD = \frac{1}{l}$$

距离 l 以米为单位,且有正有负.

例如观察眼睛前方 2 米处的目标时,$l = -2$,$SD = \frac{1}{-2} = -0.5$,即眼睛的视度为 -0.5.如观察无限远目标,$l = -\infty$,$SD = 0$.显然,视度绝对值越大,说明调节量越大.

正常人眼从无限远到 250 mm 之内,可以毫不费力地调节.一般人阅读或操作时常把被观察目标放在眼前 250 mm 处.此距离称为明视距离,对应的视度为 $SD = \frac{1}{-0.25} = -4$.在明视距离之内人眼还能调节,但不是无限的.人眼通过调节所能看清物体的最短距离称为近点距离.

能看清的最远距离叫远点距离,两者对应的视度之差就是人眼的最大调节范围.人眼的调节能力受年龄限制.表 6.1 列出了不同年龄段正常人眼的调节能力.

表 6.1

年龄	最大调节范围(视度)	近点距离(mm)
10	− 14	− 70
15	− 12	− 83
20	− 10	− 100
25	− 7.8	− 130
30	− 7.0	− 140
35	− 5.5	− 180
40	− 4.5	− 220
45	− 3.5	− 290
50	− 2.5	− 400

从表中可见,20 岁左右年轻人最大调节范围约为 − 10 视度,远点位于无限远,近点距离 100 mm,而 50 岁左右的中老年人,最大调节范围仅为 − 2.5 视度,近点距离为 400 mm,远在明视距离之外,所以中老年人看书报要放远一些才能看清.

2. 瞳孔调节

眼睛的虹膜可以自动改变瞳孔的大小,以控制眼睛的进光量.一般人眼在白天光线较强时,瞳孔缩到 2 mm 左右,夜晚光线较暗时可放大到 8 mm 左右.设计目视光学仪器时要考虑和人眼瞳孔的配合.

三、人眼的分辨率

眼睛的分辨率是眼睛的重要光学特性,也是设计目视光学仪器的重要依据之一.通常称眼睛刚能分辨的两物点在网膜上成的两像点之间的距离叫眼睛的分辨率.它的大小与网膜上神经细胞的大小有关.图 6.3 是网膜上神经细胞排列的示意图.从图可见,要使两像点能被分辨,它们之间的距离至少要大于两个神经细胞的直径.在黄斑上视神经细胞直径约为 0.001～0.003 mm,所以一般取 0.006 mm 为

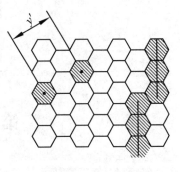

图 6.3

人眼的分辨率.这是在人眼网膜上度量的可以分辨的最短距离,最常使用的是此距离在人眼物空间对应的张角 ω_{min}.

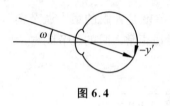

图 6.4

参看图 6.4,把眼睛简化为一光学系统,根据理想像高的计算公式

$$y' = f\mathrm{tg}\omega$$

若 y' 取成人眼的分辨率 0.006 mm,所对应的两物点对眼睛的张角就是 ω_{min},即

$$\omega_{min} = \frac{y'_{min}}{f}$$

人眼在自然状态下,物方焦距 $f = -16.68$ mm,将 $y'_{min} = -0.006$ mm 一并代入,并将弧度换成角秒,得到

$$\omega_{min} = \frac{-0.006}{-16.68} \cdot 206000'' \fallingdotseq 60''$$

我们把刚能分辨的两物点对眼睛的张角 ω_{min} 叫做眼睛的视角分辨率,用它来表征人眼的分辨能力.

上面讨论的是对两物点的分辨率,如果被观察的是两条平行直线,如图 6.3 和图 6.5a 所示,分辨率可以提高到 10″.直线与点不同,一直线刺激一列视神经细胞,另一直线刺激另一列视神经细胞,人眼能敏锐地觉察出两者之间的位移,同理,图 6.5b,c 中的分划板是一直线与叉线对准,或一直线与两条平行线对准,对准精度都可以达到 10″,所以在一些测量仪器中都采用这种类型的对准方式,以提高测量精度.

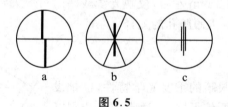

a   b   c

图 6.5

第二节 放 大 镜

一、工作原理

物体对人眼的张角称为视角.人眼要能看清物体,必须是物体对人眼的视角大

于人眼分辨率.如果物体对人眼视角小于分辨率,则可在物体与人眼之间加入一块透镜,物体位在透镜前焦点之内,它通过透镜形成放大的正立虚像,见图 6.6.若像对人眼的视角大于了人眼分辨率,那么物体就看清楚了.这块透镜就称为放大镜,它起到了把视角放大的作用.

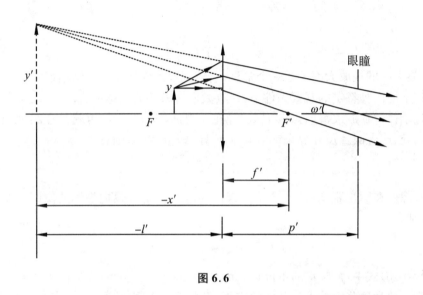

图 6.6

二、视放大率

视角放大率简称视放大率.它定义为物体经放大镜成的像对人眼视角 ω' 的正切与人眼直接看物体时物体对人眼视角 ω 的正切之比,用符号 Γ 表示:

$$\Gamma = \frac{\text{tg}\omega'}{\text{tg}\omega}$$

图 6.6 表示放大镜的物像关系,y 是物高;y' 是像高;放大镜焦距 f';像离放大镜和像离放大镜后焦点 F' 的距离分别为 l' 和 x';眼瞳离放大镜距离为 p'.由图 6.6 可得

$$\text{tg}\omega' = \frac{y'}{p' - l'}$$

人眼不通过放大镜,直接观察物体时,一般把物体放在明视距离上,所以

$$\text{tg}\omega = \frac{y}{250}$$

于是

$$\Gamma = \frac{\mathrm{tg}\omega'}{\mathrm{tg}\omega} = \frac{y' \cdot 250}{(p' - l') \cdot y}$$

因为

$$\frac{y'}{y} = \beta = \frac{-x'}{f'} = \frac{f' - l'}{f'}$$

所以

$$\Gamma = \frac{f' - l'}{p' - l'} \cdot \frac{250}{f'} \tag{6.1}$$

可见,放大率的视放大率不是一个常量,它随观察条件 p',l' 的不同而不同.

在下面两种特定的观察条件下,视放大率为另外的表达形式.

1.物体位在放大镜前焦点 F 处,像在无限远,即 $l' = \infty$,也就是让眼睛调焦在无穷远处;或者眼瞳位在放大镜后焦点 F' 处,即 $p' = f'$,则有

$$\Gamma = \frac{250}{f'} \tag{6.2}$$

2.像位在明视距离,即 $p' - l' = 250$ mm,也就是人眼把物体的像调焦在明视距离,则有

$$\Gamma = \frac{f' - l'}{f'} = \frac{250}{f'} + 1 - \frac{p'}{f'} \tag{6.3}$$

(6.2),(6.3)式中,f' 与 p' 的单位是 mm.

为了熟悉这些视放大率公式的应用.下面举一实例.

试设计一个用于生产线上检验工件用的放大镜.要求放大镜的视放大率 $\Gamma = 2$ 倍,口径 $D = \varnothing 125$ mm.

首先按第 1 种观察条件考虑,让物位在 F 处或者眼瞳位在 F' 处.则由公式 $\Gamma = \frac{250}{f'}$ 算得 $f' = 125$ mm.若采用平凸型透镜,取 $n = 1.5$,按公式 $\frac{1}{f'} = (n - 1)\left(\frac{1}{r_1} - \frac{1}{r_2}\right)$ 算得 $r_1 = 62.5$ mm,满足 $D = 125$ mm,则透镜厚度 $d = 62.5$ mm,这块放大镜成半球状,非常笨重,显然该设计很不实用.

再按第 2 种观察条件考虑

$$\Gamma = \frac{250}{f'} + 1 - \frac{p'}{f'} = 2$$

即

$$\frac{250 - p'}{f'} = 1, \qquad f' = 250 - p'$$

要使放大镜变薄,必须 $f' > 125$ mm,即要求 $p' < 125$ mm,但从使用角度希望 $p' >$

60 mm,因此,p' 的取值范围应在 60～125 mm 之间.

　　假设取 $p' \approx 80$ mm,求得 $f' = 170$ mm,进而计算得到 $r_1 = 85$ mm,$d = 27$ mm,透镜厚度大大变薄,该设计比较合理.

　　从这个例子可以看出,设计放大镜时,在满足设计要求的前提下,可以采用不同的放大率公式进行计算,其结果是不一样的,从中选出结构合理的结果.要注意的是,不同结果对应的观察条件是不一样的.

三、光束限制和线视场

　　线视场指人眼通过放大镜所能观察到的范围.放大镜和眼睛组合构成目视光学系统.眼瞳是孔径光阑,又是出瞳.放大镜框是视场光阑,又是出、入窗.图 6.7 表示出像空间光束限制情况.

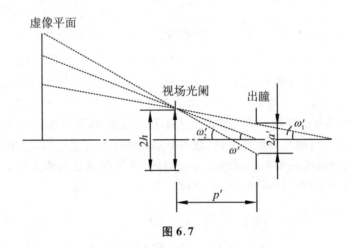

图 6.7

　　由图可知,当渐晕系数 k 分别为 $1,0.5,0$ 时,像方视场角分别为

$$\left.\begin{array}{l} \mathrm{tg}\omega_1' = (h - a')/p' \\ \mathrm{tg}\omega' = h/p' \\ \mathrm{tg}\omega_2' = (h + a')/p' \end{array}\right\} \tag{6.4}$$

　　因放大镜用于观察近距离小物体,故放大镜的视场通常用物方线视场 $2y$ 表示,如图 6.8 所示.当物面放在放大镜前焦面上时,像面在无限远,则渐晕系数 $k = 0.5$ 时的线视场由图 6.8 可得

$$2y = 2f'\mathrm{tg}\omega'$$

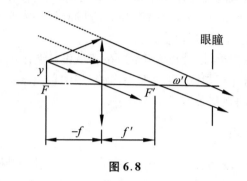

图 6.8

将公式(6.2)中的 f' 和公式(6.4)中的 $\mathrm{tg}\omega'$ 代入,得到渐晕系数 0.5 时的线视场为

$$2y = \frac{500h}{\Gamma p'} \tag{6.5}$$

由上式可见,放大镜的倍率越大,线视场越小. 比如,修钟表用的放大镜,希望 Γ 大,所以 $2y$ 很小;另外修钟表放大镜是夹在眼皮上工作,所以要求放大镜口径 $2h$ 小,由此也带来 $2y$ 很小的结果. 再比如看文献资料的放大镜,希望 $2y$ 大,所以,Γ 小而 $2h$ 要大. 因此,在确定放大镜的放大率和线视场时,要考虑实际工作条件.

放大镜一般只用一单片透镜,倍数高一点的采用几片透镜组合. 由于在一定的通光口径下,透镜的曲率半径不能太小,也就是透镜的焦距不能太短,所以放大镜的视放大率就受到限制,一般不超过 20 倍.

第三节　显微镜系统

一、工作原理

放大镜不能满足人们对细小物体观察分析的要求. 怎样才能进一步提高视放大率呢? 可以把物体先用一组透镜放大成像到放大镜前焦面上,再通过放大镜观察. 这样经两级放大,视放大率便可大大提高. 根据这样的思路,就形成了显微镜,如图 6.9 所示. 把物体进行尺寸放大的一组透镜叫做显微物镜;靠近眼睛,用来扩大视角的放大镜叫做显微目镜. 物体 y 首先经物镜成放大像 y' 于目镜物方焦点 $F_{目}$

处,再经目镜成像在无限远供人眼观察.

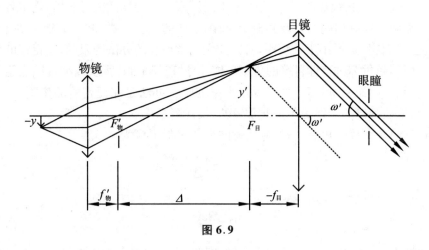

图 6.9

二、视放大率

人眼直接观察物体时的视角为

$$\text{tg}\omega = \frac{y}{250}$$

通过显微镜观察时的视角为

$$\text{tg}\omega' = \frac{y'}{f'_{目}}$$

则

$$\varGamma = \frac{\text{tg}\omega'}{\text{tg}\omega} = \frac{y' \cdot 250}{f'_{目} \cdot y}$$

根据牛顿放大率公式,有

$$\beta_{物} = \frac{y'}{y} = -\frac{\varDelta}{f'_{物}}$$

式中,$\varDelta$ 为物镜像方焦点 $F'_{物}$ 到物镜像点,也即目镜物方焦点 $F_{目}$ 之间距离,称光学筒长.

所以

$$\varGamma = -\frac{\varDelta}{f'_{物}} \cdot \frac{250}{f'_{目}} = \beta_{物} \cdot \varGamma_{目} \tag{6.6}$$

由(6.6)式可见,显微镜的视放大率等于物镜垂轴放大率和目镜视放大率乘积.

为了提高视放大率,按公式(6.6),可以采用:①加大光学筒长 Δ;②减小目镜焦距 $f'_目$;③减小物镜焦距 $f'_物$.为了使不同厂家生产的显微镜可兼用,规定各厂家生产的显微物镜有相同的物像共轭距,我国生产的生物显微物镜,共轭距等于 195 mm.光学筒长肯定要小于共轭距,所以加大光学筒长的办法受限制;又目镜的放大倍率一般不超过 20 倍,即目镜的焦距不能小于 12.5 mm,所以减小目镜焦距的办法也受限制.因而,为提高显微镜视放大率的唯一办法是缩短物镜的焦距.正因为如此,高倍显微镜的物镜焦距是非常短的,仅几毫米.

根据组合系统的焦点公式,显微镜的组合焦距 f' 应为

$$f' = -\frac{f'_物 \cdot f'_目}{\Delta}$$

代入(6.6)式,可得

$$\Gamma = \frac{250}{f'}$$

此式与放大镜的视放大率公式完全一样,因此,也可以把显微镜看成是一个组合的放大镜.

显微物镜的 $\beta_物$ 和目镜的 $\Gamma_目$ 都刻在镜管上,将两者相乘便可知道显微镜的视放大率.显微镜通常都配有多个不同倍率的物镜和目镜,合理搭配可得到不同的总视放大率.

三、分辨率

显微镜能分辨开的两物点之间的最小距离 σ 称为分辨率.

根据理想光学系统衍射分辨率公式(5.15),一物点经理想光学系统形成的衍射斑中央艾利斑半径为

$$R = \frac{0.61\lambda}{n'\sin U'}$$

根据瑞利判据,对于两发光点,在显微镜物镜像面上形成的两个像斑刚好能分辨开的最短距离 σ' 等于艾利斑半径,即

$$\sigma' = \frac{0.61\lambda}{n'\sin U'}$$

由理想光学系统的物像空间不变式(2.22)

$$nuy = n'u'y'$$

将 y,y' 分别以 σ,σ' 代入;u,u' 分别以 $\sin U,\sin U'$ 代入,得显微镜物面上能分辨开的最短距离,即显微镜的分辨率为

$$\sigma = \frac{0.61\lambda}{n\sin U} = \frac{0.61\lambda}{NA} \tag{6.7}$$

式中, λ 为工作波长; n 为物空间折射率; U 为显微物镜的物方孔径角; NA 称为数值孔径. $NA = n\sin U$

对于不能自发光的物点, 根据照明情况不同, 分辨率是不同的. 阿贝在这方面做了很多研究工作.

在垂直照明时, 分辨率为

$$\sigma = \frac{\lambda}{NA} \tag{6.8}$$

在倾斜照明时, 分辨率为

$$\sigma = \frac{0.5\lambda}{NA} \tag{6.9}$$

根据上述的分辨率表达式, 得到提高显微镜分辨率的途径如下:

1. 增大数值孔径 NA. 即加大孔径角 U 或加大物方折射率 n. 如果将物空间以某种折射率较高的液体来代替空气, 这样的物镜称浸液物镜. 目前, 浸液显微镜的最大数值孔径可达 1.5 左右.

2. 缩短工作波长. 同样 NA 条件下, 波长缩短一半, 则分辨率可提高 1 倍. 正因为如此, 在可见光显微镜之后, 发展了紫外显微镜, X 光显微镜, 电子显微镜等, 使分辨率有了极大提高. 但需要指出的是, 发展起来的新显微镜不可能再以人眼作为接收器, 而且其成像的元件与原理等方面也发生根本变化.

四、有效放大率

视放大率 Γ 和分辨率 σ 这两个量是互相制约的, 不可能同时变得很大, 它们必须和眼睛的特性相匹配, 即

$$\sigma \cdot \Gamma = \sigma_{眼} \tag{6.10}$$

式中, $\sigma_{眼}$ 为人眼的分辨率, 它的原始型式是角量, 在此公式中应转换成线量. 为使人眼在工作时不会太疲劳, 取分辨角为 $2' \sim 4'$, 故

$$2 \times 0.00029 \times 250 \leqslant \sigma_{眼} \leqslant 4 \times 0.00029 \times 250$$

再以 $\sigma = \frac{0.5\lambda}{NA}$ 和 $\lambda = 0.000555$ mm 代入公式(6.10)便可得到

$$523NA \leqslant \Gamma \leqslant 1046NA$$

近似为

$$500NA \leqslant \Gamma \leqslant 1000NA \tag{6.11}$$

在此范围中的视放大率称有效放大率, 也有叫适用放大率.

显微镜能够有多大的放大率,取决于物镜的分辨率或数值孔径.当使用比有效放大率下限更小的放大率时,不能看清物镜已经分辨出的细节;而盲目取用高倍目镜以得到比有效放大率更大的放大率时,也不可能再提高显微镜的分辨率,所以是无效的.

利用有效放大率概念,可以为显微镜物镜与目镜的选择作合理指导.比如,有一台显微镜,物镜的 $\beta_物 = -40$ 倍, $NA = 0.65$,问配用 20 倍目镜是否合适.

根据有效放大率公式,显微镜的放大率应在下面范围内,即 $325 \leqslant \Gamma \leqslant 650$.由此得到目镜的倍率应为: $8.1 \leqslant \Gamma_目 \leqslant 16.2$.

所以,选用 10 倍或 15 倍目镜是合适的. 20 倍的目镜会导致无效放大.

五、光束限制和线视场

普通的显微镜,常以物镜框作为孔径光阑,入瞳与此重合,入瞳经目镜成的像即为出瞳,它应与人眼眼瞳相重合.

测量显微镜中,常将孔径光阑设置在物镜的焦面处,构成远心光路,以减小测量误差.

显微镜的视场光阑须放在物镜形成的实像面上,入窗与物面重合,出窗在无限远处.

当孔径光阑和视场光阑位置确定后,进入显微镜的光束情况就完全限定了.图6.10 所表示的是以物镜框作为孔径光阑的显微系统轴上与轴外光线的光路图.

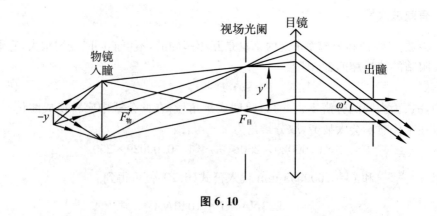

图 6.10

像的高度为 y' 时,显微镜的线视场,即物体大小为

$$y = \frac{y'}{\beta_物}$$

物镜的像面与目镜前焦面重合,y' 与目镜视场角 ω' 间有如下关系

$$y' = f'_目 \cdot \mathrm{tg}\omega'$$
$$= \frac{250}{\Gamma_目} \cdot \mathrm{tg}\omega'$$

因此,显微镜的线视场又可表示为

$$2y = \left| \frac{500\mathrm{tg}\omega'}{\beta_物 \cdot \Gamma_目} \right| = \left| \frac{500\mathrm{tg}\omega'}{\Gamma} \right| (\mathrm{mm}) \tag{6.12}$$

由此可见,当 ω' 给定后,显微镜的视放大率越大,则物空间的线视场就越小. 所以,高倍显微镜能观察到的物面范围是非常小的.

第四节　望远镜系统

一、工作原理

望远镜是观察远处物体的目视仪器. 它和显微系统一样,由物镜和目镜组成,但光学筒长 $\Delta = 0$,即物镜的像方焦点与目镜物方焦点相重合. 所以,入射光束是平行光,出射光束也是平行光,属于无焦系统.

望远镜中的目镜有正光焦度和负光焦度两种情况,如图 6.11 所示. 物镜和目镜都是正透镜的望远镜称开普勒望远镜;物镜是正透镜而目镜是负透镜的望远镜称为伽利略望远镜.

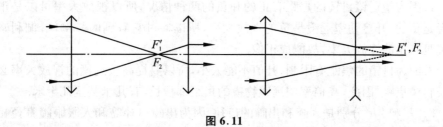

图 6.11

无限远处的目标通过物镜成像在目镜前焦面处.虽然这个像较物体本身是缩

小了,但像经目镜成像后对人眼的视角大大超过了人眼直接观察物体时的视角,也可理解为望远镜把无限远处的目标向人眼移近,所以,望远镜也起到了扩大视角的作用,把原来在很远处看不清楚的物体看清楚了.

二、视放大率

图 6.12 为开普勒望远系统的光路图.无限远物体对望远镜的视角为 2ω,ω 角是主光线的倾角,也是望远镜的物方视场角.由于物体在无限远处,同一目标对人眼的张角与对望远镜的张角完全可认为相同,所以,ω 角应该是人眼直接看物体时物体对人眼的张角,像方视场角 ω' 应该是物体经望远镜成的像对人眼的张角.根据图 6.12,望远镜的视放大率为

$$\Gamma = \frac{\text{tg}\omega'}{\text{tg}\omega} = -\frac{f'_物}{f'_目} = \frac{h}{h'} \tag{6.13}$$

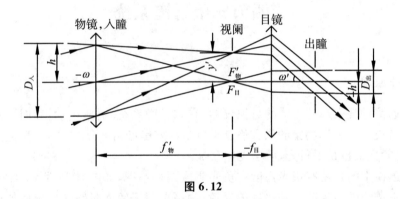

图 6.12

由此视放大率公式,可以看出望远镜系统的如下特点:

1.因为望远镜目镜的焦距有正的和负的两种情况,所以视放大率可以是正的或者是负的.开普勒望远镜是负的视放大率,所以通过它看到的是倒像;伽利略望远镜具有正的视放大率,故能成正像.

2.因为目镜的焦距有限制,其值不能太小,所以要提高望远镜的视放大率必须加长物镜焦距.因此,高倍率望远镜物镜的焦距都很长,有几米甚至几十米.

3.$2h$ 和 $2h'$ 分别是入瞳和出瞳的口径.因为出瞳口径需和人眼眼瞳直径相匹配,有一定的值.因此,为得到高倍率,入瞳口径也即物镜口径也必须加大.

由特点 2,3 可以看出,高倍率望远镜的物镜具有长的焦距和大的口径.长焦距会带来长的镜筒筒长,而大口径的折射物镜无论在材料的熔制,还是在透镜的加工

和安装上都很困难.因此,目前当口径大于 1 m 时都采用反射式的望远物镜,它完全没有色差,可以用在很宽的波段,而且筒长较短.

4.从(6.13)式还看到,物镜和目镜焦距之比等同于像方视场角和物方视场角正切之比,即

$$-\frac{f'_{物}}{f'_{目}} = \frac{\mathrm{tg}\omega'}{\mathrm{tg}\omega}$$

在理想光学系统中,角度的正切可用角度本身代替,两角度之比定义为角放大率 γ.根据物像方折射率相同条件下,角放大率 γ 与垂轴放大率 β、轴向放大率 α 之间的相互关系式(2.40),可得到望远系统的视放大率 Γ 与垂轴放大率 β、角放大率 γ 及轴向放大率 α 之间的关系

$$\left.\begin{array}{l} \Gamma = \gamma \\[2mm] \Gamma = \dfrac{1}{\beta} \\[3mm] \Gamma = \dfrac{1}{\sqrt{\alpha}} \end{array}\right\} \tag{6.14}$$

以 $\Gamma = -\dfrac{f'_{物}}{f'_{目}}$ 代入,得到望远镜的 γ, β, α 与 $f'_{目}, f'_{物}$ 之间的关系式

$$\left.\begin{array}{l} \gamma = -\dfrac{f'_{物}}{f'_{目}} \\[3mm] \beta = -\dfrac{f'_{目}}{f'_{物}} \\[3mm] \alpha = \left(\dfrac{f'_{目}}{f'_{物}}\right)^2 \end{array}\right\} \tag{6.15}$$

由(6.14)式和(6.15)式看出,望远系统的视放大率、角放大率、垂轴放大率、轴向放大率都只和物镜与目镜的焦距有关,和其他任何参量无关.比如,同一个物体,当物距变化时,物体经望远镜所成像的位置也变化,但像的大小始终不变.这也是望远系统区别于其他光学系统的重要特点.

三、分辨率

望远镜的分辨率以刚能分辨的两发光点对望远镜的张角 φ 表示.因能分辨的两像斑间距与衍射艾利斑半径 R 相等,所以

$$\varphi = \frac{R}{f'_{物}} = \frac{0.61\lambda}{n'\sin U' \cdot f'_{物}}$$

以 $\sin U' = \dfrac{D}{2f'_{物}}$,$n' = 1$ 代入上式得

$$\varphi = \frac{1.22\lambda}{D_入}$$

取波长 $\lambda = 0.000555$ mm, 则

$$\varphi = \frac{140}{D_入}(\text{角秒}) \tag{6.16}$$

式中 $D_入$ 的单位是 mm.

由(6.16)式可知, 为提高望远镜的分辨率, 必须加大入瞳口径, 即加大物镜通光口径. 这与提高视放大率必须加大物镜口径的结论是一致的. 所以说, 在望远镜中, 为了得到高的分辨率和高的视放大率, 其物镜口径必须做得很大, 为米量级.

四、有效放大率

望远镜的视放大率 Γ 与分辨率 φ 必须与人眼的分辨率相匹配, 即

$$\varphi \cdot \Gamma = \varphi_眼$$

式中, $\varphi_眼$ 为人眼的分辨率, 以 $\varphi_眼 = 60''$, $\varphi = \frac{140''}{D_入}$ 代入, 得

$$\Gamma = \frac{D_入}{2.3} \tag{6.17}$$

此放大率称为望远系统的有效放大率, 它是满足人眼分辨要求的最小视角放大率.

实际工作时, 为了不使眼睛过分疲劳, 通常取望远镜的工作放大率为有效放大率的 2~3 倍, 所以工作放大率近似等同于入瞳的口径, 即

$$\Gamma_{工作} = D_入 \tag{6.18}$$

但是, 如果望远镜工作在野外, 而且是手持式的, 那么为减小大气湍流和手抖动引起的像抖动, 常常降低望远镜的放大率来保证看到的像能清楚. 比如, 手持式的双筒军用望远镜, 物镜口径 30 mm 时, 其放大倍率只有 8 倍或 6 倍.

五、光束限制与视场

开普勒望远镜的物镜框是孔径之阑, 也是入瞳; 出瞳在目镜外面, 与人眼重合. 物镜的后焦面上可放置分划板, 以供测量之用, 分划板框即是视场光阑. 由图6.12 可以求出开普勒望远镜的视场角 ω 满足

$$\text{tg}\omega = -\frac{y'}{f'_物} \tag{6.19}$$

开普勒望远镜的视场 2ω, 一般不超过 15°. 人眼通过开普勒望远镜观察时, 必须使眼瞳位于系统出瞳处, 才能观察到全视场.

伽利略望远镜一般以人眼的瞳孔作为孔径光阑, 同时又是望远系统的出瞳. 物

镜框为视场光阑,同时又是望远系统的入射窗.由于望远系统的视场光阑不与物面(或像面)重合,因此,伽利略望远系统对大视场存在渐晕现象,如图 6.13 所示.

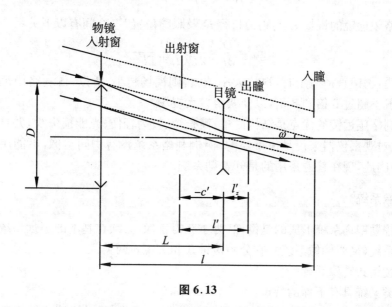

图 6.13

由图 6.13 可知,当视场为 50% 渐晕(渐晕系数 $k = 0.5$)时,其视场角为

$$\mathrm{tg}\omega = \frac{D}{2l}$$

式中,l 为入射窗到入射光瞳的距离.

出射窗到出射光瞳的距离为 l'. l' 与 l 之间满足

$$\frac{l'}{l} = \alpha, \quad \text{即} \quad l = \frac{l'}{\alpha}$$

α 是轴向放大率,由(6.14)式可得到

$$\frac{1}{\alpha} = \Gamma^2$$

所以

$$l = \Gamma^2 l'$$

由图 6.13 可得

$$l = \Gamma^2(-c' + l'_z) \tag{6.20}$$

式中,l'_z 是目镜到出瞳距离;c' 为目镜到出窗距离.根据高斯成像公式,有

$$c' = \frac{-Lf'_{目}}{-L + f'_{目}} = \frac{-Lf'_{目}}{-f'_{物}} = -\frac{L}{\Gamma}$$

式中, $L = f'_物 + f'_目$ 为望远镜镜筒长度, 将 c' 值代入(6.20)式中, 得

$$l = \Gamma^2\left(\frac{L}{\Gamma} + l'_z\right) = \Gamma(L + \Gamma l'_z)$$

则伽利略望远镜的视场 ω 与物镜口径 D 及眼瞳位置 l'_z 之间有以下关系

$$\mathrm{tg}\omega = \frac{D}{2l} = \frac{D}{2\Gamma(L + \Gamma l'_z)} \qquad (6.21)$$

上式表明:物镜直径一定时,视放大率越大,则视场越小.所以,伽利略望远镜的放大率一般不超过 6 倍到 8 倍,以便获得较大视场.

伽利略望远镜的优点是结构简单、筒长短、较为轻便、光能损失少,并且成的是正像,这对观察仪器来说是很重要的.但伽利略系统没有中间实像,不能用来瞄准和定位.因此,现在普遍采用的是开普勒系统.

六、转像系统

开普勒望远系统形成的是倒像.为了获得正像,必须在基本的望远系统中再加入转像系统(又叫倒像系统),它分为棱镜式和透镜式两类.

1.棱镜式转像系统

这类系统具有下面的特点:

第一,由于平面反射镜成像时,满足物像大小相等,所以棱镜式转像系统不会改变整个望远系统的放大率;

第二,除了起倒像作用外,还能同时改变光轴方向;

第三,由于系统的光轴经过反射后被折叠,因而可使系统的长度大大地缩短.

关于棱镜式转像系统的结构型式、转像规则,在第三章中已作过介绍,这里不再重复.

2.透镜式转像系统

透镜式转像系统就是把无限远物体在望远镜物镜焦平面上所成的像 y'_1,利用一个透镜组使它在目镜物方焦平面上成一个和 y'_1 颠倒的像 y'_2,然后再经目镜成像于无限远,如图 6.14 所示.

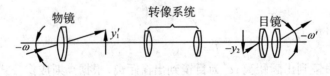

图 6.14

　　就整个系统来说,把无限远的物体成像在无限远,仍然符合望远系统的要求.但是,入射平行光束和光轴的夹角 ω 和相应的出射平行光束和光轴的夹角 ω' 符号相同.因此,视放大率为正值,系统成一直立的正像.在物镜的像方焦平面和目镜的物方焦平面之间加入的垂轴放大率为负值的透镜组,就称为透镜式转像系统.

　　透镜式转像系统的特点是:

　　第一,它要增加系统的长度.加入了透镜式转像系统后,系统的总长度等于原来的长度加上转像系统物像之间的距离;

　　第二,透镜式转像系统能够改变系统的视放大率.由图得到

$$\text{tg}(-\omega) = \frac{y'_1}{f'_物} \quad 或 \quad \text{tg}\omega = -\frac{y'_1}{f'_物}$$

$$\text{tg}(-\omega') = -\frac{y'_2}{f'_目} \quad 或 \quad \text{tg}\omega' = \frac{y'_2}{f'_目}$$

将以上两式相除,即为系统总的视放大率

$$\Gamma = \frac{\text{tg}\omega'}{\text{tg}\omega} = -\frac{f'_物}{f_目} \cdot \frac{y'_2}{y'_1}$$

式中, $-\dfrac{f'_物}{f'_目}$ 为简单望远镜的视放大率,用 Γ_0 表示; $\dfrac{y'_2}{y'_1}$ 为转像系统的垂轴放大率,用 β 表示,代入上式,得

$$\Gamma = \Gamma_0 \beta \tag{6.22}$$

　　由上式可知,具有透镜式转像系统的望远镜系统的视放大率,等于简单望远镜的视放大率和转像系统垂轴放大率的乘积.

　　转像系统的垂轴放大率一般都在 $-\dfrac{1}{2} \sim -3$ 之间, $\beta = -1$ 是最常用的.此时,整个望远系统的视放大率大小不变,只改变符号.如果 β 不等于 -1 ,则由于转像系统的加入,将使系统的视放大率发生改变.

　　在望远镜中采用的转像系统一般由两个透镜组构成,并且使转像系统第一个透镜组的物方焦平面和物镜的像方焦平面重合,如图 6.14 所示.无限远物体通过物镜和转像系统第一个透镜组后成像在无限远.转像系统的第二个透镜组的像方焦平面和目镜的物方焦平面重合.假定转像系统的两个透镜组的焦距分别为 f'_1 , f'_2 ,不难证明,其垂轴放大率为

$$\beta = -\frac{f'_2}{f'_1}$$

代入公式(6.22),得

$$\Gamma = \Gamma_0 \beta = -\Gamma_0 \frac{f'_2}{f'_1} = \frac{f'_物}{f'_目} \cdot \frac{f'_2}{f'_1} \tag{6.23}$$

假定采用 $\beta = -1$ 的转像系统,则 $f'_1 = f'_2$, $y'_1 = -y'_2$;同时,由于两透镜组之间为平行光,$h_1 = h_2$.因此,两透镜组的焦距、视场和相对孔径都相等,可以采用两个完全相同的透镜组来构成,这样给设计和加工都带来方便.由于两透镜组之间为平行光,改变两透镜组之间的距离不会对系统的光学特性发生影响,这对装配和校正整个系统十分有利.

对轴向光束来说,转像系统的两个透镜组的口径相等,通常把转像系统的口径取作和轴向光束的口径相同.当两透镜组之间有一定距离时,斜光束的宽度将随着视场角的增加而减小,即存在斜光束渐晕.当斜光束的对称轴线——主光线和光轴的交点在两透镜中间时,斜光束的宽度最大.因此,在绝大多数转像系统中,都是遵守这一要求的.

为减小物镜口径,常把孔径光阑放在物镜框上,即主光线通过物镜中心.对转像系统来说,希望主光线通过两透镜组之间的中点,如图 6.15 所示.为此,必须在中间像面(物镜的像方焦平面)上加入场镜,图 6.15 即为加入场镜以后的系统光路图.

图 6.15

七、可变放大率系统

望远镜的放大率和视场是相互矛盾的,增加放大率就得减小视场.当使用望远镜来搜索目标时,希望有尽可能大的视场;在找到目标后,为了把目标看得更清楚,就要求有尽可能大的放大率.可变放大率望远镜就是为解决这一矛盾而产生的.当搜索目标时使用低放大率,以便得到较大视场;在仔细观察目标时,则使用高放大率和小视场.

可变放大率系统可分为以下两类:

1.间断变倍系统

所谓间断变倍,就是系统可以改变某几种放大率.实现间断变倍的方法有:

1)更换物镜和目镜

更换不同焦距的物镜,可以达到改变系统视放大率目的,但要注意不同物镜的焦平面位置应保持不变.更换不同焦距的目镜,同样也能改变系统视放大率,但当更换不同目镜时,系统出瞳的位置和直径都将发生改变.

2)改变转像系统倍率

当转像系统由两透镜组构成时,改变一个透镜组焦距,即更换不同焦距的一个透镜组,可实现整个系统视放大率改变,但在更换透镜组时,必须保持转像系统的物像共轭距不变.若是单透镜转像组,则可移动它到另一个物像交换位置,以实现两种倍率.

3)附加伽利略望远镜

在望远镜前面加入一个视放大率为 Γ_1 的伽利略望远镜,就可以使整个望远系统的视放大率增大 Γ_1 倍.若把伽利略望远镜倒置,那么整个系统的视放大率就变成原来的 $\frac{1}{\Gamma_1}$ 倍.如果原望远镜采用的是双透镜组转像系统,那么伽利略望远镜也可加在两转像透镜组之间的平行光路中.

2.连续变倍系统

间断变倍望远镜在变倍过程中必须中断观察,很容易丢失目标.为了克服这一缺点,出现了连续变倍望远镜.最常用的连续变倍方法是移动转像系统中的两个透镜组,但在移动两块透镜时必须保持转像系统的物像共轭距不变.

第五节　目视仪器的视度调节

在本章第一节我们讨论了人眼的构造和光学特性,我们知道,正常人眼在自然状态下,像方焦点正好与视网膜重合.像方焦点在视网膜前,为近视眼,像方焦点在视网膜之后,为远视眼.眼睛能看清的最远距离称为远点.正常人眼的远点在无眼远,近视眼的远点在有限远.也就是说,近视眼在自然放松的状态下,远点与其视网膜共轭.近视眼通过调节只能看清远点之内的物体.通常用近视眼远点距离对应的视度表示近视的程度,例如,远点距离为 0.5 米时,近视为 -2 视度,和医学上近视 200 度相对应.

为了校正近视,可以在眼睛前面加一个发散透镜如图 6.16a 所示,无限远物体通过发散透镜后正好成像在近视眼的远点处,再通过眼睛成像在视网膜上.

为了校正远视,可以在眼睛前面加一个会聚透镜如图 6.16b 所示,无限远物体通过会聚透镜后成像在网膜后方的远点处,再通过眼睛成像在视网膜上.

为了使目视光学仪器适应不同视力的人的需要,可以改变目镜的前后位置使通过仪器所成的像不再是无限远,而是成在前方后方的一定距离上,以便于近视或远视眼使用.这就是目视光学仪器的视度调节.

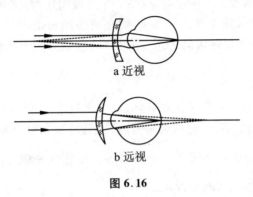

a 近视

b 远视

图 6.16

正常人眼适应无限远物体,所以要求目视光学仪器出射平行光,对望远镜而言,物镜像方焦点和目镜物方焦点重合.如果目镜向靠近物镜的方向移动,物镜的像点落在目镜物方焦点之内,经目镜后成一视度为负的虚像,或者说出射的是发散光,此虚像通过近视眼,就可以成在近视眼的网膜上,因此,对近视眼,目镜应向靠近物镜的方向移动,视度为负.反之,如果目镜向远离物镜的方向移动,物镜像点落在目镜物方焦点之外,通过目镜出射会聚光,形成视度为正的像,再通过远视眼成像在远视眼的网膜上,所以,对远视眼,目镜应向远离物镜的方向移动,视度为正.如图 6.17 所示.

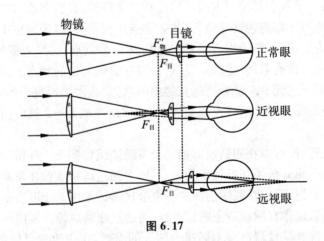

图 6.17

　　图 6.17 所示的目镜是正光焦度目镜,假定系统为伽利略系统,采用负目镜,与近视眼和远视眼所对应的目镜移动方向的判断是否依然正确,这一问题留给读者思考.

　　下面导出视度和目镜调节量(轴向移动量)之间的关系.如果要求仪器的视度调节值为 SD,通过仪器的像距应为 $x' = 1000/SD$.根据牛顿公式有

$$x = \frac{-f'^2_{目}}{x'} = \frac{-SDf'^2_{目}}{1000} \text{ mm} \tag{6.24}$$

式中,SD 为视度值;$f'_{目}$ 为目镜焦距;x 为目镜的移动量.

　　例如要求调节 -5 个视度,目镜焦距 $f'_{目} = 20$ mm,求目镜的移动量.

$$x = \frac{-(-5)20^2}{1000} = 2(\text{mm})$$

x 为正值,说明物镜像方焦点(对目镜而言是物点)在目镜物方焦点的右侧,所以目镜应向左移动 2 个毫米.

　　对于经典的望远镜和显微镜,它们的接收器都是人眼,所以把这些仪器称为目视仪器.对于现代发展起来的空间望远镜(如哈勃望远镜)、天文望远镜(如国内正研制的巡天望远镜)、CCD 视频显微镜、紫外显微镜、软 X 显微镜等,它们不可能再以眼睛作为接收器,而是采用各种光电探测器或其他形式的传感元件作为接收器件,所以它们不能再以目视仪器来称呼.它们之中有的在原理、材料、设计、加工等方面都已超出几何光学范畴.目视仪器的发展,表明随着科学技术的进步,许多单纯的光机仪器已经在向光、机、电、计算机综合应用的方向发展.

习　　题

1. 某人配戴 250 度的近视眼镜,问他的眼睛的远点距离是多少? 眼镜的焦距为多少?

2. 有一焦距为 50 mm,口径为 50 mm 的放大镜,眼睛到它的距离为 150 mm,物在 F 处,求放大镜的视放大率及视场.

3. 如欲分辨 0.0005 mm 微小物体,采用倾斜照明方式,照明光波长为 550 nm,求显微镜的放大率至少应为多少? 数值孔径取多少?

4. 一台生物显微镜,物镜放大率 $\beta = -40$,共轭距为 195 mm,目镜焦距 16.67 mm,求物镜焦距(按薄透镜考虑),光学筒长和显微镜的总倍率.

5. 两个星之间距离为 1 亿公里（10^8 公里），它们距地球是 10 光年（1 光年 = 9.5 × 10^{12} 公里），试问看清两星需多大口径的望远镜？ 为充分发挥此望远镜的衍射分辨率，应采用多大倍率的望远镜？

6. 有一架开普勒望远镜，视放大率为 6 倍，物方全视场角为 8°，出瞳直径为 5 mm，物镜和目镜之间距离为 140 mm，假定孔径光阑与物镜框重合，系统无渐晕，求：1)物镜和目镜的焦距；2)物镜和目镜的口径；3)分划板直径；4)出瞳距离；5)画出光路图；6)要求目镜调节 ±5 视度时，目镜的调节范围.

7. 双目望远镜的入射光瞳和出射光瞳直径分别为 30 mm 和 5 mm，目镜焦距 18 mm，孔径光阑选在物镜框上，如果要求出瞳离开目镜 15 mm，需要加入场镜. 求加入的场镜的位置和焦距.

8. 某变倍望远镜的转像系统如图所示. 为了改变望远镜的倍率，将透镜 1 向透镜 2 方向移动 50 mm，然后相应地移动透镜 2，使系统的像面位置保持不变，求透镜 2 的移动方向和移动距离，此转像系统在透镜移动前后的倍率各为多少？

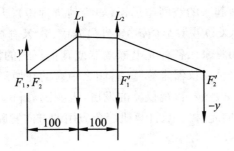

第七章　摄影和投影光学系统

摄影和投影光学系统广泛应用于从科研到生产到生活的各种仪器中.摄影光学系统是指那些把空间或平面物体缩小成像于感光乳胶层或光电转换靶面上的光学系统.投影系统则是指将影像或物体本身放大成像于屏幕上的光学系统.科学研究中的记录摄影仪和高速摄影仪,军事上的侦察摄影仪和航空测量照相机,制造大规模集成电路用的光刻机,印刷业中的照相制版仪,文化艺术领域的电影摄影机、电视摄像机以及普通生活中用的照相机等,都包含摄影光学系统.而电影放映机、幻灯机、书写及计量投影仪、天像仪等光学系统都属于投影系统一类.

第一节　摄影和投影系统的光学参数

一、摄影系统的光学参数

表示摄影系统特性的光学参数有三个.下面介绍这三个参数如何影响摄影特性以及这三个参数之间的关系.

1.焦距 f'

在摄影系统中,焦距相当于一个比例尺,它决定了拍摄像的大小.用不同焦距物镜,对前方同一距离处的物体进行拍摄时,焦距长则摄得的像大.这可从公式 $y' = -f' \mathrm{tg}\omega$(物在无穷远时)或 $y' = \beta y = \dfrac{f'}{x}y$(物在有限远时)看出,当视场角 ω 或物距 x 一定时,像的大小 y' 直接与焦距 f' 成正比.

2.相对孔径 D/f'

入射光瞳口径 D 与焦距 f' 之比定义为相对孔径.它是决定摄影系统分辨率和像面光照度的重要参数,同时还与景深、焦深有关.

1)与分辨率的关系

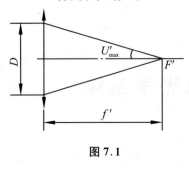

图 7.1

摄影系统的分辨率是以像面上每毫米中能够分辨开的黑白相间的线对数 N 表征的.摄影系统的作用是把景物成像在接收器的接收面上,由于景物距离与物镜焦距相比较,大部分情况下都达到数十倍,因此,可认为像面近似位在物镜的像方焦面上.在实际系统中,当物距等于焦距的二十倍以上时,便可认为物距为无穷大,其像面与焦面重合.由图 7.1 可以得出

$$\sin U'_{\max} \approx D/2f' \tag{7.1}$$

将此关系式代入理想衍射分辨率公式(5.15),则有

$$R = 1.22\lambda f'/n'D \tag{7.2}$$

这就是像平面上刚被分辨开的两个像点间的最短距离,即能分辨的一对线的最小宽度.前面已指出,摄影物镜的分辨率用每毫米能分辨的线对数 N 表示,显然,它应该等于 R 的倒数,因此

$$N = 1/R = n'D/1.22\lambda f' \tag{7.3}$$

如果用 $\lambda = 0.000555$ mm 代入,并设系统位在空气中,则得摄影光学系统分辨率为

$$N = 1477\left(\frac{D}{f'}\right) \ (\text{lp/mm}) \tag{7.4}$$

由上式可知,摄影系统的相对孔径越大,分辨率就越高.

2)与像面光照度的关系

同样以 $\sin U' = D/2f'$ 代入像面光照度公式(4.23)得

$$E'_0 = \frac{1}{4}k\pi L\left(\frac{D}{f'}\right)^2 \tag{7.5}$$

这就是摄影系统的像面光照度公式.由公式可见,像面光照度与相对孔径平方成比例.摄影系统中相对孔径的大小是由专门设置的孔径光阑来决定的.为了使同一物镜能适应各种光照条件以使像面获得适当的光照度,孔径光阑都采用其通光孔大小可连续变化的可变光阑.这样,可以从大到小获得多种相对孔径供摄像时选用,并在镜头外壳上标出各挡相对孔径的位置刻线和数值.为了简便,外壳上标出的数字都是相对孔径的倒数,称为 F 数或光圈数.由于像的光照度与相对孔径平方成比例,因此,镜头中所标出的各挡 F 数是以 $\sqrt{2}$ 为公比的等比级数.根据国家标准,F 数按表 7.1 数值给出.

表 7.1

相对孔径 $\dfrac{D}{f'}$	$\dfrac{1}{1}$	$\dfrac{1}{1.4}$	$\dfrac{1}{2}$	$\dfrac{1}{2.8}$	$\dfrac{1}{4}$	$\dfrac{1}{5.6}$	$\dfrac{1}{8}$	$\dfrac{1}{11}$	$\dfrac{1}{16}$	$\dfrac{1}{22}$	$\dfrac{1}{32}$
F 数	1	1.4	2	2.8	4	5.6	8	11	16	22	32

由于不同类型的物镜其具体结构不同,透过率也不一样,由(7.5)式可知,即使它们的相对孔径相同,像平面上的光照度仍然不等.为了避开透过率对光照度的影响,在实际摄影系统中还采用一种 T 制光圈. T 制光圈的意义如下:假定某一物镜的透过率为 k,相对孔径为 D/f', T 制光圈的相对孔径为 $\left(\dfrac{D}{f'}\right)_T$,三者之间存在以下关系

$$\left(\frac{D}{f'}\right)_T^2 = k\left(\frac{D}{f'}\right)^2 \tag{7.6}$$

或者

$$\frac{D}{f'} = \frac{1}{\sqrt{k}}\left(\frac{D}{f'}\right)_T \tag{7.7}$$

为了区别起见,把一般相对孔径 $\dfrac{D}{f'}$ 称为 F 制光圈.

例如,某一摄影镜头的透过率为 0.85, T 制光圈为 $\left(\dfrac{D}{f'}\right)_T = \dfrac{1}{2}$,由公式(7.7)求得对应的 F 制光圈为

$$\frac{D}{f'} = \frac{1}{\sqrt{k}}\left(\frac{D}{f'}\right)_T = \frac{1}{\sqrt{0.85}} \cdot \frac{1}{2} = \frac{1}{1.84}$$

将公式(7.6)代入(7.5)式,得到用 T 制光圈表示的像面光照度公式

$$E'_0 = \frac{\pi}{4}L\left(\frac{D}{f'}\right)_T^2 \tag{7.8}$$

由上式看到,只要 T 制光圈相同,目标的光亮度相同,尽管物镜的焦距和结构不同,它们的透过率也不同,但像平面上光照度都是相等的.

像面上光照度 E 与曝光时间 t 的乘积为像面上单位面积接受的曝光量 H.

$$H = E \cdot t \tag{7.9}$$

可见,曝光量是由物镜的 F 数和曝光时间所共同决定. F 数按表 7.1 排列的值提高一挡,像平面照度就要减小一半,欲获得同样的曝光量,曝光时间就需增加一倍.

计算举例:在晴朗的白天进行外景摄影,要求天空在底片上的曝光量 $H = 0.4$ lx·s,假定取曝光时间 $t = \dfrac{1}{100}$ s,物镜的透过率 $k = 0.85$,问应选多大的光

圈数.

将 $H = 0.4\ \text{lx} \cdot \text{s}, t = \dfrac{1}{100}\ \text{s}$ 代入(7.9)式,得到要求的像面照度为

$$E = \frac{H}{t} = \frac{0.4}{1/100} = 40\ \text{lx}$$

从表 4.5 查得晴朗白天天空的光亮度为 5000 cd/m². 将 $E = 40\ \text{lx}, L = 5000\ \text{cd/m}^2$, $k = 0.85$ 代入(7.5)式,得

$$\left(\frac{D}{f'}\right)^2 = \frac{4E}{\pi k L} = \frac{4 \times 40}{\pi \times 0.85 \times 5000} = 0.012$$

$$\frac{D}{f'} = 0.11 = \frac{1}{9.1}$$

根据在镜框上的光圈数的刻度值,可以选用光圈数 8 或 11,也可以取两者之间.

3)与景深、焦深的关系

将景深公式(4.31)的分子分母同时除以 f'^2,得景深的另一种表示形式为

$$\Delta = -\frac{2\left(\dfrac{D}{f'}\right) \cdot |\beta| \cdot l \cdot Z'/f'}{\left(\dfrac{D}{f'}\right)^2 \cdot \beta^2 - Z'^2/f'^2} \tag{7.10}$$

由公式(7.10)可见,景深与相对孔径直接有关.在物镜焦距 f',摄像距离 l(或垂轴放大率 β)一定时,相对孔径 $\dfrac{D}{f'}$ 越大则景深 Δ 越小.景深除与相对孔径有关外,还与焦距、摄像距离等有关.若在同一距离上采用同一光圈值摄影时,焦距短的镜头具有大的景深;反之,长焦距镜头的景深就小.在使用同一镜头并且光圈相同时,景深又随摄影距离加大而增加.

在焦深公式(4.32)中,当摄影目标位于无穷远时,$l' = f'$.所以,焦深又可表示为

$$\Delta' = \frac{2z'f'}{D} \tag{7.11}$$

显然,焦深亦与相对孔径有关,相对孔径越大则焦深越小.

综上所述,相对孔径的加大,对提高分辨率和像面光照度都有利,但却使景深和焦深都减小.因此,在实际摄像时,当照度和分辨率满足使用要求的情况下,光圈尽量开小.

3.视场角 2ω

视场角决定了被摄景物的范围.允许的成像范围是由放在像面附近的视场光阑来限定的.视场光阑的开孔形状随接收器的接收面形状不同而不同.在电影摄影

机和普通照相机中,作为视场光阑的片门框一般为矩形或方形.不同的摄影仪器,片门框都有各自固定的大小.例如,120 照相机的片门框尺寸为 60×60 mm^2(12 张底片时)或 60×45 mm^2(16 张底片时);135 相机的片门框为 36×24 mm^2.又如 35 mm 电影摄影机画幅尺寸为 22×16 mm^2;而 16 mm 影片的画幅为 10.4×7.5 mm^2.因此,同一摄影仪器配用不同焦距的物镜时,其视场角是不同的.与画幅尺寸对应的视场角 2ω 由公式 $y' = -f' \mathrm{tg} \omega$ 算得,式中的 y' 应该是画幅对角线之半(矩形,方形画幅时)或画幅的半径(圆形画幅时).

　　上述决定摄影性能的三个光学参数之间有着相互制约的关系.这主要反映在像差的校正上.不难理解,当物镜的相对孔径和视场角一定时,像差与焦距成正比,但像差的容限并不因焦距的增大而可放宽.因此,长焦距物镜势必只能有较小的相对孔径或视场.另一方面,对于大相对孔径的镜头,要控制好宽光束像差并非易事,再要达到大视场时的轴外像差校正就更不容易了.所以,要设计一个既是大孔径又是大视场的优良结果极其困难,甚至是难于实现的.实际中,常根据具体用途满足其主要性能指标,即大孔径只能有较小视场,而大视场只能选定较小孔径,当焦距很长时则孔径和视场都要相应减小.

二、投影系统的光学参数

　　投影系统的作用是将物体放大成像在屏幕上,它的主要光学参数有:

1. 放大倍率 β

　　放大率指的是像大小与物大小之比,属于垂轴放大率.由理想成像关系可得

$$\beta = \frac{l'}{l}$$

式中,l' 与 l 分别指投影镜头离屏幕和离物面的距离.当投影物镜放大倍率比较大(一般为 $|\beta| \geqslant 20$ 倍)时,$|l| \approx f'$,所以投影镜头的放大率又可表示为

$$\beta \approx -\frac{l'}{f'} \tag{7.12}$$

由此可得到

$$l' \approx -\beta f'$$

$$f' \approx -\frac{l'}{\beta}$$

当投影物镜焦距一定时,放大率增加,像距 l' 加大,物像之间共轭距加大,整个投影仪结构尺寸加大;当投影物镜物方孔径角一定时,放大率增加,像方孔径角 U' 会减小,像面光照度就减小.因此,放大倍率是投影系统的重要参数之一,它不仅影响到

仪器投影性能好坏,还影响仪器的尺寸大小.

若投影系统的放大倍率 β 已知,物像共轭距 C 亦已知,则投影系统的焦距为

$$f' = -\frac{\beta C}{(\beta - 1)^2}$$

由此式可见,当 β 一定时,C 的增大将伴随 f' 的加大.如果 C 不变,则 $|\beta|$ 越大,f' 就越小.也就是说,在一定的物像共轭下,焦距越短,投影倍率就越大,在屏幕上成的像也越大,这和摄影镜头成像大小与焦距成正比例的结论正好相反.

2. 相对孔径 $\dfrac{D}{f'}$

图 7.2 所示为投影物镜光路图.按理想成像理论,投影物镜的垂轴放大率又可表示为

$$\beta = \sin U / \sin U'$$

即

$$\sin U' = \sin U / \beta$$

因为当 $|\beta|$ 很大时

$$|l| \approx f', \quad \sin U \approx -\frac{D}{2f'}$$

所以

$$\sin U' \approx -\frac{D}{2f'} \cdot \frac{1}{\beta}$$

将此关系式代入像面光照度公式,得到

$$E'_0 = \frac{1}{4} k \pi L \left(\frac{D}{f'}\right)^2 \cdot \frac{1}{\beta^2} \qquad (7.13)$$

$\dfrac{D}{f'}$ 便是投影物镜的相对孔径.由(7.13)式可知,投影屏上的光照度除与相对孔径平方成正比外,还与垂轴放大率平方成反比.当垂轴放大率增大时,为保证屏幕上具有一定光照度,必须加大相对孔径.所以对于高倍率的投影物镜,相对孔径都比较大,只有这样,才能利用加大孔径而增加的光照度值来补偿因放大率而减小的光照度值.尤其是反射式投影系统,投影物镜只能用物体上漫反射的光线成像,其能量之弱仅仅为相同条件下透射照明的几十分之一,故而投影物镜的相对孔径更大.

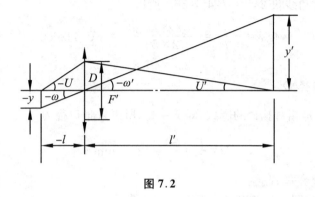

图 7.2

3. 视场 2y

投影物镜的视场由物体(或屏幕)的大小所决定,一般采用线视场来表示.当投影倍率较大时,也可用视场角的概念来描述投影物镜的视场.

线视场的表达式为

$$2y = \frac{2y'}{|\beta|} \tag{7.14}$$

$$2y' = 2y \cdot |\beta|$$

角视场的表达式为

$$\mathrm{tg}\omega = -\frac{y}{l}$$

$$\mathrm{tg}\omega' = -\frac{y'}{l'} = -\frac{\beta y}{\beta l} = \mathrm{tg}\omega$$

因为投影物镜和摄影物镜的工作状态正好相反,摄影物镜是形成缩小的倒立实像,投影物镜则是形成放大的倒立实像,而且摄影镜头的相对孔径和视场也能覆盖投影镜头的光学参数要求,所以,通常也可以把摄影镜头倒置来作为投影镜头使用.

三、光学参数计算举例

下面举例说明摄影物镜和投影物镜光学参数的计算方法.

1. 有一台照相机,镜头焦距 $f' = 50$ mm,画幅尺寸 24×36 mm^2,取 F 为 4,试求:

(1)镜头视场角 2ω

像面尺寸为 24×36 mm^2 的长方形,在计算照相镜头视场时,应按其对角线之

半作为像高. 对角线长 $2y' = \sqrt{24^2 \times 36^2}$，所以

$$\mathrm{tg}\omega = -\frac{y'}{f'} = \frac{-\sqrt{24^2 \times 36^2}}{2 \times 50} = -0.432666$$

所以 $\qquad\qquad\qquad 2\omega = 46.8°$

(2)入瞳口径 D

因为 F 数是相对孔径的倒数，即 $F = \frac{f'}{D}$，所以入瞳口径为

$$D = \frac{f'}{F} = \frac{50}{4} = 12.5(\mathrm{mm})$$

(3)照相分辨率 $N_\text{总}$

照相镜头的照相分辨率可由下面公式计算

$$\frac{1}{N_\text{总}} = \frac{1}{N_\text{物}} + \frac{1}{N_\text{底}}$$

式中，$N_\text{总}$ 代表照相物镜的照相分辨率；$N_\text{物}$ 是物镜的光学分辨率；$N_\text{底}$ 是底片的分辨率.

$$N_\text{物} = 1477 \cdot \frac{D}{f'} = 369(\mathrm{lp/mm})$$

假设 $\qquad\qquad\qquad N_\text{底} = 80\ \mathrm{lp/mm}$

则 $\qquad\qquad\qquad \frac{1}{N_\text{总}} = \frac{1}{369} + \frac{1}{80} = 0.01521$

所以最后得到的实际照相分辨率为

$$N_\text{总} = 65\ \mathrm{lp/mm}$$

2.某投影仪，物镜离屏幕 10 m,物面尺寸 $\varnothing$20 mm,屏幕尺寸：宽 3 m,高 2 m. 物面亮度 500×10^4 cd/m²,光学系统透过率 $k = 0.5$,要求屏幕光照度 100 lx.试求

(1)投影物镜放大率 β

物面是圆的，屏幕是长方形，必须让物面的像全部落在屏幕内，所以

$$\beta = -\frac{2000}{20} = -100(倍)$$

(2)投影物镜焦距 f'

因为放大率很大，所以焦距可看做与物距相等，故

$$f' = -l = -\frac{l'}{\beta} = \frac{10000}{100} = 100(\mathrm{mm})$$

(3)投影物镜的相对孔径 $\frac{D}{f'}$

根据照度计算公式(7.13)有

$$E'_0 = \frac{1}{4}k\pi L \cdot \left(\frac{D}{f'}\right)^2 \cdot \frac{1}{\beta^2}$$

将 $E'_0 = 100$ lx, $k = 0.5$, $L = 500 \times 10^4$ cd/m², $\beta = -100$ 代入，即得

$$\frac{D}{f'} = \frac{1}{1.4}$$

(4)投影物镜视场角 2ω

$$\text{tg}\omega = -\frac{y}{l} = -\frac{10}{100} = -0.1$$

所以

$$2\omega = 11.4°$$

第二节　超远摄型系统

摄影物镜按焦距分为标准焦距、长焦距和短焦距三个基本类型.所谓标准焦距是指与最大成像尺寸近似相等的焦距值.比如,常用的傻瓜相机,它的底片画幅尺寸为 24 mm×36 mm,对角线长 43.26 mm 便是最大的成像尺寸,因此,该相机所配标准镜头的焦距应该是 38 mm 或 50 mm.

摄影物镜的焦距正不断地向标准焦距两端延伸,不少新应用光学领域中的仪器需要超长焦距和超短焦距的成像物镜.为此,本节和下一节将对这两种特殊的摄影系统的特点及有关参数作介绍.

一、超远摄型系统的特点

用来对很远距离目标成像的光学系统称超远摄系统.因为其物距很大,所以为了能使远距离小目标在像面上形成足够大小的像,光学系统的焦距 f' 就必须很长,最短不小于 0.5 m.因此,超远摄系统实际是一种超长焦距的光学系统.这种系统正被越来越多地采用.比如,在航天遥感仪器中,低轨卫星离地面的距离约有150～300 km,中轨卫星离地面的距离大约有 1000 km,为了获得高分辨率的清晰图像,光学系统的焦距都在 5 m 以上;在 35 mm 电影摄影机中,为获得大尺寸的目标像,也需要用焦距 2 m 的镜头;就连普通的照相机,为了能拍摄到远距离目标的照片,也配备了焦距 0.6 m 的长焦距镜头.

超长焦距物镜的明显缺点有二,一是镜筒长度(物镜到像方焦点距离)很长,致

使镜头体积庞大;二是二级光谱像差大,致使成像质量较差.为了克服这些缺点,长焦距镜头的结构具有以下的形式:

1.正负两光组分离

常规标准镜头都是单光组型式,镜头筒长等同于焦距长度.当焦距很长时,势必带来很长的筒长.采用正负两光组分离的型式,使正组在前,负组在后,便能让像方主面前移,从而实现筒长 L 小于焦距 f',如图 7.3 所示.

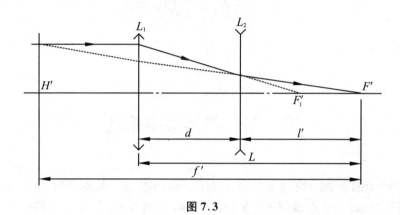

图 7.3

筒长与焦距之比 $\dfrac{L}{f'}$ 称为远摄比,一般远摄比可达 $\dfrac{2}{3}$.

对焦距为 f' 的远摄系统,若要求它满足一定的远摄比 $\dfrac{L}{f'}$ 和工作距 l',则按高斯光学成像公式和图 7.3 所示几何关系,很容易列出下面方程组

$$\left.\begin{array}{r}
\dfrac{f'_1 f'_2}{f'_1 + f'_2 - d} = f' \\[2mm]
f'\left(1 - \dfrac{d}{f'_1}\right) = l' \\[2mm]
d + l' = L
\end{array}\right\} \tag{7.14}$$

式中,f',l',L 是已知的,解方程组即可求出 f'_1,f'_2 和 d,光学系统结构就定了.

这是折射式系统,为校正二级光谱,可采用特殊玻璃或晶体材料,如负透镜可用低折射率和低色散的特种火石玻璃及晶体等.

图 7.4 为一个长焦距折射式物镜.其主要性能指标为:$f' = 1500$ mm,$\dfrac{D}{f'} = \dfrac{1}{10}$,$2\omega = 5°$,工作波段 $0.5 \sim 0.8\ \mu\text{m}$.该系统以两个双胶合透镜组作为基本形式.为减

小二级光谱,双胶合透镜的玻璃选择非常关键.采用了中国牌号的 BaK_7 和 TF_3;德国牌号的 BaK_4 和 $KZFS_1$ 玻璃组合. TF_3 和 $KZFS_1$ 是特种火石玻璃.为校正其他像差,加进了双单片无光焦度组和负场镜.该系统的二级光谱最大值为 0.15 mm,用德国玻璃时仅为 0.07 mm,全视场全波段范围内的 MTF 值在 $N = 50$ lp/mm 时都超过 0.5,获得满意的成像质量.

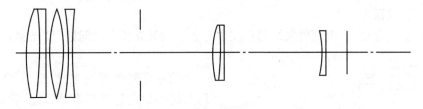

图 7.4

2.反射镜系统

目前用得最多的反射镜系统是卡塞格林双反射镜系统,如图 7.5 所示.它由抛物面主镜和双曲面次镜组成,次镜位于主镜焦点之内,双曲面的一个焦点和抛物面焦点重合,双曲面的另一个焦点为整个系统的焦点.它对无限远轴上物点符合等光程条件,成的是完善像点.但是,对轴外像点而言,像差较大,所以,可用视场受限制.为改善轴外点像质,扩大视场,可以把主镜和次镜都做成双曲面,这种型式是像质最好的卡塞格林系统,又叫 $R-C$ 系统;为进一步改善轴外像质,还可在像面附近加进透镜式视场校正器,用来补偿反射镜产生的轴外像差;为了容易加工与检验,也可以把其中一块反射镜做成球面,另一块仍为非球面,这样做成像质量会有所下降.

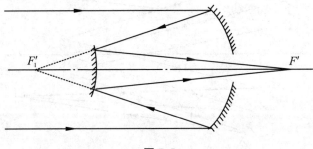

图 7.5

反射镜系统的优点很多,归纳起来主要有下面几条:

1)不存在色差,当然二级光谱也完全没有,系统可用于宽波段成像;

2)由于光路折叠,镜筒筒长缩短,使结构紧凑;采用非球面,减少零件数,易实现轻量化;

3)光学材料容易解决,稳定性好,易得到大口径和超大口径;

4)对空间环境(如温度、气压)不太敏感,从而降低热控要求,这一点对航天遥感仪器尤其重要.

尽管优点很多,但反射系统却存在中心遮拦和杂光较大的问题,设计中要注意减小中心遮拦和采取消杂光措施.

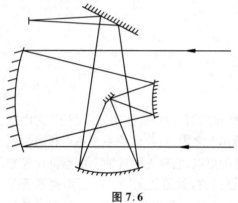

图 7.6

随着反射系统需求增加,人们对反射系统的研究越来越多,继两反射镜后,又出现了多种不同型式的三反射镜系统.图 7.6 是一种折轴式三非球面反射镜结构,它的光路折叠、结构紧凑、渐晕小、视场照度均匀,而且光路具有中间像面和实出瞳,有利于消除杂光影响.该系统焦距 5 m,相对孔径 1/10,视场 1.7°,全视场内像质接近衍射极限.图 7.7 所示为另一种离轴式三反射镜系统,其优点是视场可以做大,达到 10°~15°,但加工装调难度大.

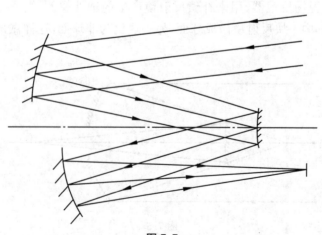

图 7.7

二、双反射镜系统设计

由图 7.8 可见,在双反射镜系统中,由于次镜的存在,便要产生对中间一部分光的遮拦现象.为此引入遮拦比 α,它定义为

$$\alpha = \frac{D_2}{D_1} \qquad (7.15)$$

式中 D_1,D_2 分别为主镜和次镜的直径.

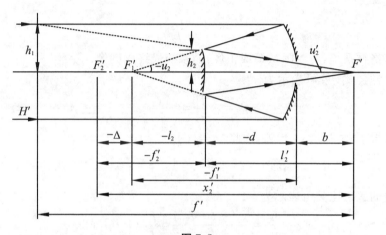

图 7.8

当发生遮拦现象时,系统的 F 数应为系统的焦距 f' 与有效通光口径 D_e 之比,称为有效 F 数,用 F_e 表示,即

$$F_e = \frac{f'}{D_e} \qquad (7.16)$$

由于有效通光面积为

$$\frac{1}{4}\pi D_e^2 = \frac{1}{4}\pi D_1^2 - \frac{1}{4}\pi D_2^2$$

由此可得

$$D_e = D_1 \sqrt{1 - \alpha^2}$$

所以

$$F_e = \frac{f'}{D_1} \cdot \frac{1}{\sqrt{1 - \alpha^2}} \qquad (7.17)$$

双反射系统的设计,主要是根据系统所要求的总焦距 f',次镜的垂轴放大率

β_2 和遮拦比 α 来确定主镜和次镜的顶点曲率半径 r_{01} 和 r_{02}，面形系数 e_1^2，e_2^2（e_1，e_2 称非球面的偏心率）以及两反射镜之间的距离 d. 首先求出近轴关系的有关量 r_{01}，r_{02} 和 d，然后再根据像差要求算出 e_1^2，e_2^2，以确定反射镜面型.

二次曲面的近轴区可视为球面，因此可应用球面系统理论讨论. 按图 7.8 可得系统遮拦比为

$$\alpha = \frac{D_2}{D_1} = \frac{h_2}{h_1}$$

次镜放大率为

$$\beta_2 = -\frac{l_2'}{l_2}$$

对于卡塞格林系统，$\beta_2 > 0$，次镜成正像，而系统最终成倒像.

由牛顿公式，β_2 可表示为

$$\beta_2 = -\frac{f_2}{x_2} = -\frac{x_2'}{f_2'}$$

由图 7.8 得 $f_2' = f_2$，$x_2 = -\Delta$，因此

$$\beta_2 = -\frac{f_2}{x_2} = \frac{f_2'}{\Delta}, \quad x_2' = -\frac{f_2'^2}{\Delta}$$

由此系统的遮拦比又可表示为

$$\alpha = \frac{h_2}{h_1} = \frac{x_2' - (-f_2')}{f'} = \frac{f_2'}{f'}(1 - \beta_2)$$

由组合焦距公式可得

$$f' = -\frac{f_1'f_2'}{\Delta} = -f_1'\beta_2$$

根据以上公式及图 7.8 所示几何关系得到

$$\left.\begin{array}{l} r_{01} = 2f_1' = -\dfrac{2f'}{\beta_2} \\[3mm] r_{02} = 2f_2' = \dfrac{2\alpha f'}{1 - \beta_2} \\[3mm] d = f_1' - f_2' + \Delta = \dfrac{-f'(1-\alpha)}{\beta_2} \end{array}\right\} \tag{7.18}$$

如果已知的是 f'，β_2 和主镜顶点到系统焦点之距离 b，则可用类似方法，求得

$$
\left.
\begin{aligned}
r_{01} &= -\frac{2f'}{\beta_2} \\[2mm]
r_{02} &= -\frac{2(b\beta_2 + f')}{\beta_2{}^2 - 1} \\[2mm]
d &= -\frac{f' - b}{1 + \beta_2} \\[2mm]
\alpha &= \frac{b\beta_2 + f'}{f'(1 + \beta_2)}
\end{aligned}
\right\}
\tag{7.19}
$$

为保证像质,设计时 β_2 的绝对值不宜过小,一般应大于 2.

当主镜为抛物面时,其面形系数 $e_1{}^2 = 1$;次镜为双曲面,$e_2{}^2 = \left(\dfrac{1 + \beta_2}{1 - \beta_2}\right)^2$,此系统消球差.

当主、次镜均为双曲面时,可按消球差和消彗差条件求出 $e_1{}^2$,$e_2{}^2$.

当主、次镜中有一个是球面时,球面的 $e^2 = 0$,另一个面形按消球差条件求得面形系数.

像差与非球面面形之间的复杂关系已超出本书内容范畴,恕不再详述.

第三节　超广角型系统

一、超广角系统的主要问题

视场角大于 $90°$ 的摄影系统属于超广角型系统.这类系统主要用在航空摄影测量、光纤内窥及光电监控等场合.这类系统存在三个主要问题:

1.后工作距离短

根据视场角公式 $\mathrm{tg}\,\omega = -\dfrac{y'}{f'}$,当接收器尺寸一定时,即 y' 定值时,视场角 ω 越大,焦距 f' 就越小.因此超广角型系统是超短焦距的系统.普通照相机,画幅尺寸 $24 \times 36\ \mathrm{mm}^2$,所配超广角镜头的焦距小于 $20\ \mathrm{mm}$,$1''$ 和 $\dfrac{1}{4}''$ 电视摄像超广角镜头的焦距必须小于 $8\ \mathrm{mm}$ 和 $2.25\ \mathrm{mm}$,按常规标准镜头结构,它的后工作距(系统最后一面到像面距离)比焦距小得多,由于焦距就已经很小,它的工作距显然更不能满足在其中安放其他元器件的需要.

2.像面渐晕严重

从光能计算公式(4.24)可知,像面中心与边缘光照度间有如下关系

$$E' = E_0' \cdot \cos^4 \omega'$$

式中,E_0'为中心光照度;E'为像面边缘光照度;ω'是系统像方视场角.随 ω' 角增大,E'迅速减小,从而造成像面中心与边缘光照度不一致,由中心逐渐向边缘变暗,这种现象称渐晕.在超广角系统中,ω'很大,所以渐晕非常严重.例如,当全视场角 $120°$时,边缘视场照度仅为中心视场的 6.25%,这样的照度比例是绝对不允许的.

3.畸变大

相对畸变与视场的平方成比例,绝对畸变与视场的三次方成比例.随视场角增加,畸变迅速加大.对普通摄影镜头,允许畸变≤4%,这时感觉不出成像的变形;但在测量仪器中,畸变要求小于万分之几;航空测量用超广角镜头,视场达 $120°$,但畸变却要求小到十万分之几.超广角镜头不少都用于测量,镜头本身的大视场带来很大畸变,可是实际使用又要求很小畸变,这是一对很大的矛盾.

二、解决问题的方法

为解决上述问题,采用了如下办法.

1.负、正两光组组合

为了加大后工作距,抛弃了常规的单光组结构型式,采用两个光组组合,负光组在前,正光组在后,使像方主面移到正光组之后,达到了加长工作距的目的,如图 7.9 所示.这种结构型式和远摄型正好相反,所以通常称其为反远摄型,又可叫做

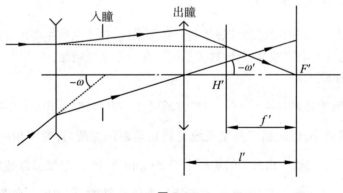

图 7.9

广角长工作距型.通过设计,后工作距 l' 与焦距 f' 之比,即 $\dfrac{l'}{f'}$ 一般可到 $2\sim2.5$ 倍,最高达 3.5 左右.在这种型式中,$\omega'<\omega$,所以对减小像渐晕有利.

2.像方远心光路

由关系式 $E'=E_0'\cos^4\omega'$ 可知,当像方视场角 $\omega'=0$ 时,$E'=E_0'$,边缘视场与中心视场具有相同照度.怎样实现 $\omega'=0$ 呢? 只需让孔径光阑位于第 2 光组的前焦面处,这时出射主光线便平行光轴,构成像方远心光路,如图 7.10 所示.但上述

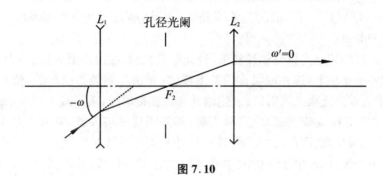

图 7.10

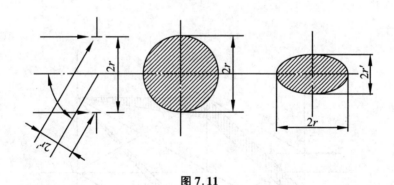

图 7.11

结论与实际情况并不相符.从图 7.11 可以看到,由于受入瞳口径限制,轴外物点通过物镜的光通量小于轴上点.设入瞳半径为 r,轴上物点通过光瞳的光束截面为圆,其面积为

$$s_0=\pi r^2$$

轴外物点通过光瞳的光束截面为长轴半径 r、短轴半径 r' 的椭圆,其面积为

$$s'=\pi rr'$$

由图 7.11, r 与 r' 随 ω 的变化关系为

$$2r' = 2r\sin(90° - \omega) = 2r\cos\omega$$

若 $\omega = 60°$, 则 $r' = \dfrac{r}{2}$, 椭圆面积为

$$s' = \frac{\pi r^2}{2} = \frac{1}{2}s_0$$

这就是说, 即使采用了像方远心光路, 像面上的光照度仍然不均匀, 渐晕现象继续存在, 不过, 此时的照度渐晕要比非像方远心光路小得多, 当 $2\omega = 120°$ 时, 普通镜头的 $E' = 0.0625E_0'$, 采用像方远心光路后, 边视场照变变为 $E' = 0.5E_0'$.

　　3. 像差渐晕

　　充满入瞳的轴上光束与轴外光束, 经光学系统后, 在出瞳面（或孔径光阑面）上的面积轴外小于轴上, 这种现象称像差渐晕, 它是由光阑彗差引起的. 像差渐晕的存在, 可增大轴外光束的入射口径, 使轴外像点能量增加, 从而减小像面渐晕. 在图 7.12 中, 轴上光线充满入瞳, 也充满出瞳; 轴外光线充满入瞳, 但由于存在光阑彗差, 却没有充满出瞳. 因此, 欲充满出瞳, 轴外光束可予以扩展, 图中阴影线所画部分就是光束扩展部分. 由于入射的轴外光束变宽了, 到达轴外像点处能量增加, 使像面渐晕得到改善. 光阑彗差是通过仔细而巧妙地平衡各种像差而产生, 不是一件很容易的事.

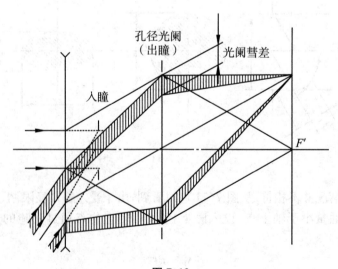

图 7.12

4.变透过率滤光片

在系统前面加进一块透过率自边缘至中心逐渐减小的中性滤光片,通过减弱中心视场照度来达到降低像面渐晕的目的.只要光学系统的光能量够用,这个办法也是可行的.

5.球壳型对称结构

鲁沙型广角物镜是球壳型对称结构的典型代表,如第十二章中图12.34表示,把这个型式简化为图7.13所示的模型.球壳好似两个半球球面,其球心重合;对称结构意味孔径光阑放在球心位置,光学系统左右两半对孔径光阑完全对称.这样的结构特点使任意视场主光线的入射角 i_z 都等于零,于是畸变就消除了,所以,鲁沙型镜头的视场角虽高达 $120°$,但其最大畸变仅为 0.03%,再通过引入光阑彗差、安放变透过率滤光片等措施,像面渐晕也得到改进,该镜头在航空测量领域得到很好应用.

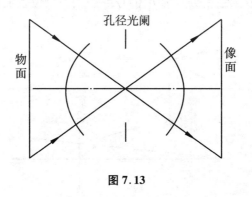

图 7.13

第四节　变焦距系统

一、变焦距系统的工作原理

变焦距物镜系统是一种利用系统中某些可移动组元的相对位置变化来达到连续改变焦距的物镜.由于这种物镜能在一定范围内迅速改变系统的焦距,得到不同比例的像,因此它在新闻采访、影片摄制和电视转播等场合使用特别方便.而且在电影和电视的连续变焦过程中,随着物像之间倍率的连续变化,像面上景物的大小连续改变,可以使观众产生一种由近及远或由远及近的感觉,这更是定焦距镜头难以达到的.目前,变焦距镜头的应用日益广泛.最初主要用于电影和电视摄影,现已逐步扩大到135#相机和小型电影放映机上,并正在向其他方面扩大应用.

变焦距物镜的最大焦距f'_{max}和最小焦距f'_{min}之比称为镜头的变焦比,即$M = f'_{max}/f'_{min}$,因为焦距变化引起倍率的变化,所以变焦比又称变倍比.

变焦距物镜需要满足三个基本要求:

1)在变焦过程中,像面位置保持不变;

2)在变焦过程中,相对孔径保持不变;

3)各挡焦距均具有满足要求的成像质量.

变焦距或变倍率的原理基于成像的一个基本性质——物像交换原则.透镜在相隔一定距离的两个平面A和A'之间,有两个位置可使该两平面互为物像关系,如图7.14所示,其放大倍率分别为β和$1/\beta$.即当一个位置成缩小像时,另一位置

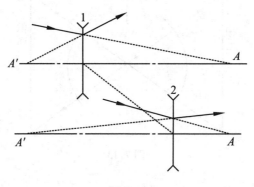

图7.14

成放大像.而当透镜自位置1移到位置2时,放大率就在β和$1/\beta$之间连续变化.所以,该透镜称为变倍组或变焦组,用L_2表示.如果在位置1之前加一前固定组L_1,使被摄目标成像于变倍组的物平面上,A'_1作为变倍组的虚物被变倍组成一虚像于A'_2.再在变倍组位置2之后加一后固定组L_3,它使虚像A'_2最后成为实像A'_3,如图7.15所示,这样就组成了一个变焦距物镜.图7.15中,上面所画是最短焦距情况,下面所画是最长焦距情况.当孔径光阑置于后固定组前面位置(如图7.15)时,在变焦过程中能够保持相对孔径不变,上述第二个要求可以满足.但是,第一个要求不能满足,因为只有在倍率互为倒数的两个位置上才具有共同的像面,

其他倍率时,像面位置要变化.图7.15中左边的虚曲线和右边的实曲线就是经变倍组后和经后固定组后的像面位置变化曲线.像面位置是变化的,这是不允许的.所以,必须采取措施来补偿像面位置的变化.现有的补偿方法有光学补偿和机械补偿两种.

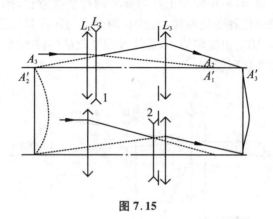

图 7.15

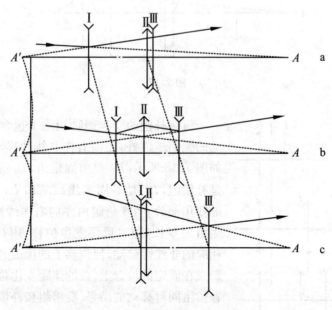

图 7.16

光学补偿方法的一种最简单方案,是由三个镜组组成变焦部分.如图 7.16 所示,Ⅰ,Ⅲ 两块是能同时移动的负透镜,Ⅱ 是固定的正透镜,三块透镜的焦距绝对值相等.因此,情况 a 相当于仅有单块负透镜 Ⅰ;情况 c 相当于仅有单块负透镜 Ⅲ,它们的位置正好符合物像交换原则.而情况 b 是处于 $\beta = -1$ 倍的对称状态,若透镜的相对位置和焦距恰当,可使像面正好与 a,c 两种情况重合.图 7.16 左边的虚曲线为经变焦后的像面位置变化曲线,显然有四个点的像面是重合的,其他的点,偏离量已很小,再经后固定组高倍缩小,最终像面变化量是极小的.图 7.17 所示为一个完整的光学补偿变焦距镜头.

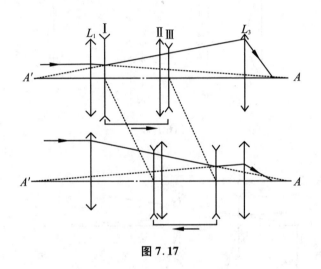

图 7.17

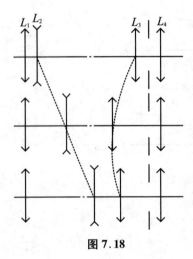

图 7.18

机械补偿的变焦距物镜除了包含有作线性移动的变倍组以外,还需有作非线性移动的补偿组.如图 7.18 所示,L_1 是前固定组,L_2 是变倍组,L_3 是补偿组,L_4 是后固定组.L_2 和 L_3 组成了物镜的变焦部分.当变倍组由左向右作线性移动时,焦距由短变长,同时像面发生位移.用补偿组 L_3 作相应的非线性移动,使位移了的像面经补偿组后重新成在固定的位置上.总的焦距变化是由变倍组和补偿组同时移动的结果.变倍组和补偿组的移动要匹配,即两者的位置要一一对应,因此需用精密的凸轮机构来控制.变倍组都用负的镜组,补偿组可正可负.

以上只是一般地叙述了变焦距物镜的原理.实际的变焦距物镜,为满足前述第三点保证像质的要求,至少应对最短、中间和最长三种焦距校正好像差.所以,各镜组都需由多片透镜组成,使整个变焦距物镜具有极其复杂的结构.现在,由于光学设计水平的提高,光学玻璃的发展和加工工艺的完善,变焦距物镜的质量已可与固定焦距的物镜相媲美.当前,变焦距镜头正向结构小型化,简单化方向发展.

二、变焦距系统的高斯光学计算

变焦距物镜的设计比定焦距物镜要麻烦得多.下面以变焦距电视摄像镜头为例说明变焦距摄影物镜的高斯光学计算方法.

要求变焦距电视摄像镜头满足如下光学性能指标及技术条件:

1)变焦范围 $f' = 200 \sim 600$ mm;

2)相对孔径 $1 : 6$;

3)幅面尺寸 $\varnothing 16$ mm;

4)镜筒长度(前固定组到像面距离)为 $500 \sim 600$ mm,尽可能短;

5)从短焦到长焦的变焦导程(变焦组最大移动量)尽可能短.

试设计出此变焦系统各光组的焦距和间隔及通光口径.设前固定组、变倍组、补偿组和后固定组的焦距分别为 f'_1, f'_2, f'_3 和 f'_4;它们之间的间距分别为 d_{12},d_{23} 和 d_{34};变倍组和补偿组的垂轴放大率为 β_2 和 β_3.

通过大量计算及分析对比,发现有下面的结论:

1) f'_1 对导程起比例尺作用,欲使导程短,f'_1 须短,但 f'_1 太小会使各光组相对孔径加大,给以后的像差校正带来困难;

2)变焦类型影响镜筒长度,负-正结构的变焦类型镜筒长度最短;

3) $|\beta_3|$ 越小,镜筒长度会缩短,但也要引起相对孔径加大,使后续像差平衡很困难.

由上可见,参数的变化会带来矛盾结果,综合考虑后,选用变倍组为负、补偿组为正的变焦类型(如图 7.19),并取 $f'_1 = 250$ mm,$\beta_3 = \infty$.

该变焦物镜的变焦范围为 $200 \sim 600$ mm,变焦比 $M = 3$.如图 7.19 所示的变焦物镜中,变焦主要由变倍组 Ⅱ 完成,由于采用了符合物像变换原则的变焦型式,因此长焦情况下,前固定组 Ⅰ 与变倍组 Ⅱ 的组合焦距 $f'_{12长} = f'_1 \beta_{2长}$,其中 $\beta_{2长}$ 为变倍组在长焦时的垂轴放大率.短焦情况下,$f'_{12短} = f'_1 / \beta_{2长}$,$M = f'_{12长} / f'_{12短} = \beta_{2长}{}^2$ $= 3$,所以 $\beta_{2长} = -\sqrt{3}$,$\beta_{2短} = -1/\sqrt{3}$,这样便可实现变焦比 $M = 3$.

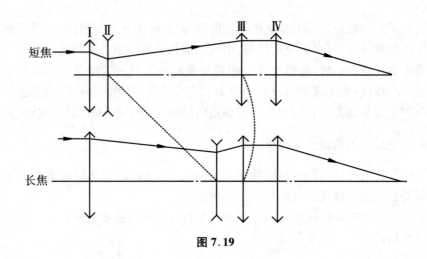

图 7.19

具体计算步骤如下：

1.求变倍组的物像位置及导程 q，为方便起见，规化 $\overline{f'_2} = -1$，最后再按实际的 f'_2 值对整个系统进行缩放.

对变倍组 Ⅱ 应用高斯物像关系式，由图 7.20 得

$$\begin{cases} \dfrac{1}{l'_2} - \dfrac{1}{l_2} = \dfrac{1}{f'_2} \\ \beta_2 = \dfrac{l'_2}{l_2} \end{cases}$$

解联立方程组得

$$l_2 = \left(\frac{1}{\beta_2} - 1\right)f'_2$$

$$l'_2 = (1 - \beta_2)f'_2$$

将 $\overline{f'_2} = -1, \beta_{2短} = -1/\sqrt{3}$ 代入 l_2, l'_2 表达式得

$$\overline{l_{2短}} = (-\sqrt{3} - 1)(-1) = 2.732$$

$$\overline{l'_{2短}} = [1 - 1/(-\sqrt{3})](-1) = -1.57735$$

因为变倍组符合物像交换原则，所以有

$$\overline{l_{2短}} = -\overline{l'_{2长}}, \quad 即 \overline{l'_{2长}} = -2.732$$

$$\overline{l'_{2短}} = -\overline{l_{2长}}, \quad 即 \overline{l_{2长}} = 1.57735$$

导程 $\overline{q} = \overline{l_{2短}} - \overline{l_{2长}} = 2.732 - 1.57735 = 1.15465$

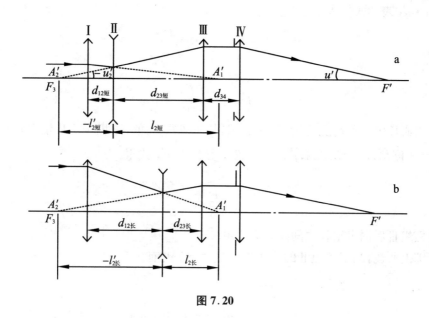

图 7.20

2. 求前固定组 I 的规化焦距 $\overline{f'}_1$

在短焦位置时, 前固定组 I 和变倍组 II 之间距离最短. 为使 I, II 两组不相碰, 且实际间隔大小合适, 取 I, II 之间的规化距离 $\overline{d}_{12短} = 0.3$, 由图 7.20a 得

$$\overline{f'}_1 = \overline{d}_{12短} + \overline{l}_{2短} = 0.3 + 2.732 = 3.032$$

3. 求补偿组 III 的规化焦距 $\overline{f'}_3$

由于 $\beta_3 = \infty$, 光线从补偿组 III 平行出射, 所以变倍组 II 的像点 A'_2 和补偿组 III 的物方焦点 F_3 重合. 由图 7.20b 得

$$\overline{f'}_3 = \overline{d}_{23长} - \overline{l'}_{2长}$$

当长焦位置时, 变倍组 II 和补偿组 III 之间距离最短, 同样取 $\overline{d}_{23长} = 0.3$, 将 $\overline{d}_{23长} = 0.3, \overline{l'}_{2长} = -2.732$ 一并代入 $\overline{f'}_3$ 表达式得

$$\overline{f'}_3 = 0.3 + 2.732 = 3.032$$

4. 求后固定组 IV 的规化焦距 $\overline{f'}_4$

整个系统焦距为

$$f' = f'_1 \cdot \beta_2 \cdot \beta_3 \cdot \beta_4$$

由于 III, IV 之间为平行光, 因此有

$$\beta_3 \cdot \beta_4 = -f'_4 / f'_3$$

将 $\beta_3 \cdot \beta_4$ 表达式代入 f' 表达式得

$$f' = f'_1 \cdot \beta_2 \cdot \frac{-f'_4}{f'_3}$$

即

$$f'_4 = -\frac{f'f'_3}{f'_1\beta_2}$$

对短焦或长焦两种情况使用 f'_4 表达式,均可求得 $\overline{f'_4}$ 值,这里用短焦情况求 $\overline{f'_4}$.将 $\beta_{2短} = -1/\sqrt{3}$,$\overline{f'_1} = 3.032$,$\overline{f'_3} = 3.032$ 一并代入 f'_4 式得

$$\overline{f'_4} = \frac{-\overline{f'_短}}{-\dfrac{1}{\sqrt{3}}} = \sqrt{3}\overline{f'_短}$$

取补偿组 III 后固定组 IV 之间距离 $\overline{d_{34}} = 0.4$.

综上所述,当变倍组 II 的规化焦距 $f'_2 = -1$ 时有

$$\begin{cases} \overline{f'_1} = 3.032 \\ \overline{f'_2} = -1 \\ \overline{f'_3} = 3.032 \\ \overline{f'_4} = \sqrt{3}\overline{f'_短} \end{cases} \qquad \begin{cases} \overline{d_{12短}} = 0.3 \\ \overline{d_{23短}} = \overline{d_{23长}} + \overline{q} = 0.3 + 1.15465 = 1.45465 \\ \overline{d_{34}} = 0.4 \end{cases}$$

前固定组 I 的规化焦距 $\overline{f'_1} = 3.032$,而实际焦距 $f'_1 = 250$ mm,缩放比 $k = 250/3.032 = 82.454$,按 k 值对上述各量进行缩放后得实际值如下(单位为 mm)

$$\begin{cases} f'_1 = 250 \\ f'_2 = -82.454 \\ f'_3 = 250 \\ f'_4 = \sqrt{3} \times 200 = 346.41 \end{cases} \qquad \begin{cases} d_{12短} = 24.736; d_{12长} = 119.942 \\ d_{23短} = 119.942; d_{23长} = 24.736 \\ d_{34短} = 32.98; d_{34长} = 32.98 \end{cases}$$

$$q = 95.206$$

系统总长 $L = d_{12} + d_{23} + d_{34} + f'_4 = 524.07$(mm),满足总长 500～600 mm 的要求.

5.计算各光组通光口径

本系统幅面尺寸为 $\varnothing 16$ mm,按高斯光学视场角计算公式 $\text{tg}\omega = -y'/f'$,算得短焦距时的视场 $2\omega = 4.6°$,长焦时的视场更小.系统允许边缘视场有一定渐晕.为计算简单起见,各光组通光口径按轴上边缘光线确定.

前固定组、变倍组、补偿组和后固定组的通光口径分别用 D_1, D_2, D_3, D_4 表示,轴上边缘光线在各光组上的高度依次为 h_1, h_2, h_3, h_4.

根据技术要求,系统相对孔径 $\dfrac{D}{f'} = \dfrac{1}{6}$,长焦时的 D 最大,所以 $D_1 = D = 100$ mm.系统孔径角 u' 为:$\mathrm{tg}u' = \dfrac{1}{12} = \dfrac{h_4}{f'_4}$,由此得 $D_4 = 2h_4 = 57.74$ mm.$D_3 = D_4 = 57.74$ mm.D_2 的值也是在长焦距时最大,按图 7.20b 的几何关系可得:$h_3/h_2 = f'_3/l'_{2长}$,由此求得 $D_2 = 52.02$ mm.把数据整理如下:

$$D_1 = 100 \text{ mm}, \quad D_1/f'_1 = 1/2.5$$
$$D_2 = 52.02 \text{ mm}, \quad D_1/f'_2 = 1/1.6$$
$$D_3 = 57.74 \text{ mm}, \quad D_1/f'_3 = 1/4.3$$
$$D_4 = 57.74 \text{ mm}, \quad D_1/f'_4 = 1/6$$

第五节　CCD/CMOS 摄像系统

CCD 是一种电荷耦合器件(Charge Coupled Device),CMOS 是一种互补性氧化金属半导体(Complementary Metal-Oxide Semiconductor)器件.它们都属于成像型光电转换器件,其作用是将被摄景物图像的光强信号依次转变成为与之成比例的随时间变化的电信号,也就是说把光学图像转换成视频信号.CCD 传感器具有高灵敏度、高分辨率、低噪声等优点,但制造工艺较复杂;而 CMOS 传感器虽然在图像质量上暂略逊于 CCD,但它却具有低成本、低功耗以及高整合度等优点.目前,这两种图像传感器都已广泛应用在各种摄像仪器及高端图像产品中.

CCD/CMOS 摄像仪器把光学、精密机械、光电转换、电子技术和计算机等结合起来,实现了仪器的数字化、图像化、实时化,智能化和自动化.

下面就尺寸光电检测系统、光电图像输入系统、内窥系统和针孔观察系统的工作原理和光学系统的主要特点作一介绍.

一、尺寸光电检测系统

CCD 尺寸测量技术作为一种非常有效的非接触检测方法,被广泛应用于在线检测工件尺寸.图 7.21 为 CCD 光电检测的原理框图,光源发出的光经照明系统均匀照明被测物体,被测物体经光学系统成像在 CCD 上,CCD 输出反映物体大小或位置的脉冲信号,此信号经放大和二值化处理后送入微机,再由微机进行数据采集与处理,最后显示与打印检测结果.

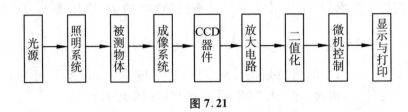

图 7.21

在 CCD 光电检测系统中,多用线阵 CCD,CCD 的参数选择与被测物体的成像放大率及测量精度有关.设成像系统放大率为 β,被测物体大小为 D,像大小为 D',CCD 的分辨率(像素大小)为 σ,总像素个数为 N.则有

$$|\beta| = \frac{D'}{D} < \frac{N\sigma}{D}$$

所以

$$N\sigma > |\beta| D \qquad 即\ N\sigma > D'$$

CCD 有效光敏面尺寸应大于像的尺寸.若光电检测系统的测量精度为 δ,则 CCD 传感器上的测量精度 δ' 为

$$\delta' = |\beta| \delta$$

要想保证 CCD 传感器上的精度 δ',δ' 至少应有两个 CCD 像素(亦叫像元)大小的量,即

$$\delta' = 2\sigma$$

所以

$$\delta = \frac{2\sigma}{|\beta|}$$

假设选用 2048 线阵 CCD 作为光电检测系统的传感器,其有效像素为 2048 个,每个像素大小为 14 μm,因此,CCD 有效光敏面总长度为

$$N\sigma = 2048 \times 14 = 28.672 (\text{mm})$$

设成像系统放大率 $|\beta| = 0.5$,则

$$D < \frac{N\sigma}{|\beta|} = 57.344 (\text{mm})$$

被测物体的最大尺寸不能超过 57.344 mm.

$$\delta = \frac{2\sigma}{|\beta|} = 0.056 (\text{mm})$$

该光电检测系统的测量精度为 0.056 mm.

对光电检测系统中的光电成像物镜的要求有二,一是物镜应设计成物方远心光路;二是全视场内的畸变要控制在光电检测系统测量精度的 1/10 以内,其他像差也要严格校正.做到这两点,便能保证被测物体上各处的放大率一致,从而保证系统的测量精度.

被测物面需均匀照明,所以照明系统采用柯拉照明形式.关于柯拉照明,第八章中将详细叙述.

以 CCD 图像传感器为核心的尺寸自动检测系统已非常广泛地应用在很多领域,比如测量金属细丝直径的细丝测径仪就是这样一种系统.它用于金属丝直径自动监控的生产线上,对细丝直径进行实时监测,并根据监测结果对生产过程进行控制.要求被测细丝直径范围为 20~200 μm,测量精度 ±0.3 μm,图 7.22 为其测量原理图.

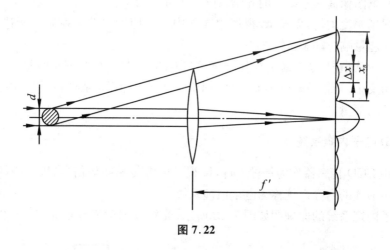

图 7.22

系统利用衍射原理进行测量.激光束经被测细丝发生衍射,衍射图样具有相邻暗纹间距相等的特点,被测直径 d 与相邻暗纹间距 Δx 间有如下关系

$$d = \frac{\lambda f'}{\Delta x}$$

式中,λ 为激光波长;f' 为聚焦透镜的焦距.测得 Δx,即可求得 d.该仪器的关键之一是采用什么样的探测器能准确测得 Δx 值,为此,仪器采用了高分辨率的线阵 CCD 来接收衍射图样,采用曲线拟合法求光强曲线极值点,并通过测定 n 个暗纹间距总和 x_n,再平均求 Δx,从而保证了 Δx 的测量准确性.

二、光电图像输入系统

利用计算机进行图像识别、图像变换、图像增强和图像恢复等数字图像处理工作得到了越来越广泛的应用.但是计算机只能对数字图像进行处理,对各种模拟图像,必须用摄像机(CCD 面阵摄像机)和数字图像板进行模数转换,并输入到计算机内存中才能进行处理.其工作原理是这样的:被均匀照明的图像经物镜成像在CCD 靶面上.CCD 的输出信号经滤波放大处理,再经 A/D 电路进行量化,然后图像数据经数据通道进入帧存储器,存储器中的数据经接口以查询方式输入到计算机内存中.一方面通过计算机对输入图像进行处理;另一方面输入图像可显示在计算机屏幕上.

对光电图像输入系统中的光学系统有下面的要求:

1)视场照度均匀,无渐晕.视场边缘与中心光照度之差要控制在所选用 CCD器件的光能量响应动态范围之内;

2)成像清晰.光学系统的成像分辨率与 CCD 器件的分辨率相匹配;

3)畸变小.当物镜畸变不能满足要求时,可利用计算机的图像处理功能来补偿其图像的畸变量.

三、CCD 电子内窥系统

采用 CCD 传感器作为传像元件,以视频电缆传输图像信号,以视频图像作为图像输出形式的内窥系统称为电子内窥系统.

电子内窥系统的原理图如图 7.23 所示.光源发出的光经聚光镜 L_3 会聚在照

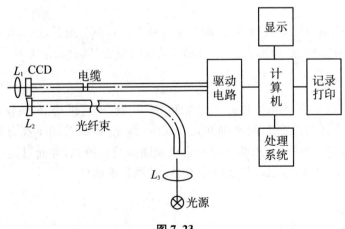

图 7.23

明光纤束的输入端,经光纤传输到输出端,再由负透镜发散照明物面.物体经物镜 L_1 成像在 CCD 上,由驱动电路控制输出视频信号,视频信号可供记录系统记录,亦可经 A/D 转换后进入计算机内存,最后由计算机控制图像显示和图像处理与分析.

电子内窥系统所用的 CCD 是特制的面阵彩色 CCD 器件.电子胃镜中的 CCD 靶面尺寸约 $\varnothing 2$ mm,且 CCD 输出信号的一级放大电路亦要包含在 $\varnothing 2$ mm 左右的圆柱体积内,对 CCD 器件的体积有严格限制.采用彩色 CCD 的目的主要是为应用于医学临床诊断的准确.怎样利用单块面阵彩色 CCD 来获得彩色图像?目前已广泛应用的方法是使照明光按 R,G,B 三色变化,并分别在 CCD 的同一个光敏元上依次成像,然后用计算机把这三色像素合成起来.由于彩色图像的三色像素来自同一个光敏元,因此图像分辨率较高.但是,彩色图像的三色像素取自不同的瞬间,若在其间内窥镜观察的物体发生运动,则三色像素会产生像移动和色偏差现象,影响图像分辨率和彩色效果.为校正色像移动和色偏差,可采用计算机的图像处理方法.

电子内窥镜光学系统属于超大视场、超短焦距的系统,其光学参数与光纤内窥系统的基本相同.电子内窥胃镜的焦距近似 1 mm;全视场角大于 $90°$;相对孔径1/3 ~1/4;景深范围 -5 mm~ -100 mm;分辨率为 50 线对/毫米.为保证像面照度均匀,物镜采用像方远心光路,光学成像分辨率与 CCD 的分辨率要匹配.

四、隐蔽型针孔观察系统

在公安侦察等领域,常需要对目标进行隐蔽观察.为达到隐蔽的目的,光学镜头的前端只能是一个小孔,其摄像物镜为针孔型物镜,即把物镜的孔径光阑设置在其最前面,通过物镜观察景物,犹如从小孔来观察景物一样.针孔物镜将目标成像在 CCD 靶面上,显示视频图像可供多人同时观察.

针孔物镜的视场一般为 $2\omega = 70°$,考虑到目标所在环境照明条件不会好,针孔物镜的相对孔径应较大, $D/f' \geqslant 1/2.8$.为了满足隐蔽性的要求,针孔物镜的针孔,即物镜的孔径光阑又不宜过大,因此针孔物镜的焦距较短.

假设用的是 1/2 吋 CCD,其靶面尺寸为 6.4 mm×4.8 mm,则针孔物镜焦距为

$$f' = -\frac{y'}{\text{tg}\omega} = \frac{\sqrt{6.4^2 + 4.8^2}}{2 \times \text{tg}35°} = 5.7(\text{mm})$$

所以针孔观察系统的物镜为大视场、大相对孔径、短焦距系统,且孔径光阑需设置在物镜前方.为保证 CCD 靶面照度均匀,物镜为像方远心光路,这与孔径光阑需设置在物镜前方的设计要求相一致.系统仅作观察之用,所以对畸变要求不高.

习   题

1. 什么情况下要用长焦距物镜? 什么情况下要用短焦距物镜? 为什么?

2. 提高摄影物镜相对孔径的目的是什么?

3. 照相镜头焦距为 35 mm,底片画幅尺寸 24×36 mm²,问该照相机的视场光阑位在何处? 全视场角为多大?

4. 摄影机的光圈数取 8 时,曝光时间取 1/50 s. 为了拍摄运动目标,将曝光时间缩短到 1/500 s,要求保持底片曝光量不变,应取多大光圈数?

5. 人造卫星上所用照相机镜头焦距为 50 mm,F 数为 2,用它拍摄地球照片时,能否把一百公里远处汽车上相距一米的两盏车灯分开?

6. 玩具相机的物镜为一块单透镜,焦距 60 mm,相对孔径 1/8,孔径光阑位在透镜后方 15 mm 处,求孔径光阑直径和入瞳位置.

7. 远摄型照相镜头前组正透镜的焦距为 100 mm,后组负透镜的焦距为 -50 mm,要求镜头正透镜到像面距离为焦距的 2/3,求两透镜之间的间隔和该镜头的焦距.

8. 电影放映镜头的焦距 120 mm,影片画面尺寸为 22×16 mm²,银幕大小为 6.6×4.8 m²,问电影放映机应放在离银幕多远的地方? 如果放映机移到离银幕 50 m 远处,要改用多大焦距的镜头?

9. 设计一个投影系统实验装置.垂轴放大率为 10 倍,物像间共轭距 242 mm,而实验室只有数片 $f' = 40$ mm 的透镜,应如何组合才能满足这个实验要求?

10. 已知投影物镜投影屏直径 $\varnothing 800$ mm,物像共轭距 3200 mm,$\beta = -100$ 倍.采用物方远心光路,试求像方视场角 $2\omega'$.

11. 提出一种由两个光组构成的变焦方案.要求 $f' = 50 \sim 200$ mm. $D/f' = 1/4$,确定两光组焦距并计算在长、中、短三种焦距情况下两光组的位置和轴上通光口径.

第八章　照明光学系统

　　无论是投影仪还是显微镜,绝大多数情况下,物体本身是不发光的,需要由光源通过照明系统对其照明后成像.在摄影仪器中,也有物面需由光源照明后再成像的情况.仪器的成像质量与使用效果,不仅与光学成像系统有关,而且还与照明系统有密切关系.因此,在成像仪器中,照明系统是一个绝不能轻视的重要组成部分.

　　本章在阐明对照明系统的要求后,重点讨论怎样的照明系统才能满足这些要求,最后以投影系统为例介绍不同照明条件下的光能计算方法.

第一节　两类常用的照明系统

　　对照明系统的基本要求是:

　　1)保证照明物面所需要的足够光能量;

　　2)保证整个物面上得到均匀一致的照明.

　　为满足这两个要求,目前最常采用的照明系统有临界照明和柯拉照明两大类.下面对这两类照明系统分别作介绍.

一、临界照明系统

　　所谓临界照明是指将光源面通过照明系统成像在物平面上的照明方法,如图8.1所示.

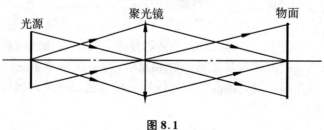

图 8.1

照明光学系统习惯称为聚光镜.如果忽略光学系统的光能损耗,光源像的亮度也即被照明物面的亮度应该等于光源的亮度.因此,这种照明方法的实质就相当于把光源放在物平面上,被照明物体最大限度地接收了光源亮度.临界照明的缺点是光源的灯丝像的亮度不均匀性,将直接反映到物面上,影响照明的均匀性.

在投影仪的临界照明系统中,为保证照明均匀,要求光源本身尽可能均匀发光.比如,电影放映仪的光源,通常采用电弧或短弧氙灯,这种光源发光比较均匀,但发光面小,所以多用于投影物面面积较小的情形.如图8.2a所示,它的聚光镜是

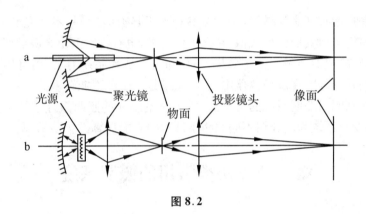

图 8.2

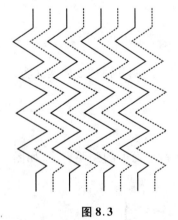

图 8.3

一块椭球面反射镜,发光面通过反射镜成像在物面上,从而把物面照亮.图8.2b所示的是电影放映仪的另一种照明系统,为透镜式临界照明系统,光源采用强光放映灯泡.为进一步利用光能量,又在灯泡后面放一球面反射镜,反射镜的球心和灯丝重合,灯丝经球面反射成像在原来的位置上,调整灯泡位置,可使灯丝像正好位于灯丝的间隙之间,如图8.3所示,这样能减小照明的不均匀程度.

显微镜中的临界照明系统如图8.4所示,系统中的孔径光阑口径是可变的,目的为改变聚光镜的像方孔径角,以满足显微物镜数值孔径的需要.孔径光阑位置应满足照明系统出瞳与显微镜入瞳相重合,即满足两个系统之间的"光瞳衔接"原则.当孔径光阑在聚光镜前焦面处以构成像方远心光路时,显微物镜就必须为物方远心光路.

图 8.4a 为显微镜临界照明光路的基本结构;图 8.4b 中的聚光镜用两个光组取代,前组有人称它为集光镜,后组则称聚光镜,两组之间为平行光路,用以满足特殊的使用与结构需要;图 8.4c 是图 8.4a 的复杂化,采用两次成像,在一次成像面位置处放视场光阑,调节视场光阑口径可以改变照明视场的大小.为了改善照明均匀性,还可在光源后加入毛玻璃等.

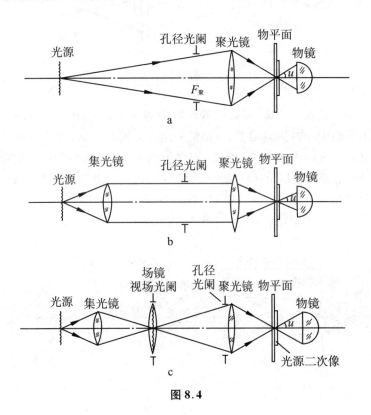

图 8.4

二、柯拉照明系统

柯拉照明系统是为了消除临界照明物面不均匀的缺点而提出的.它由两组光组组合而成,如图 8.5 所示.光源通过第一光组 L_1 成实像在第 2 光组 L_2 的孔径光阑处.L_1 处的视场光阑被光源照明后成为一个比较均匀的发光面,该发光面经 L_2 成像在物平面上,所以,物面的照明是均匀的.也可以这样理解,光源上一点发出充满一定大小光锥的光,经 L_1,L_2 后被扩展而均匀分布到整个物面上.所以物面照度应该是光源上各点发出光束到达物面光照度的叠加.显然,尽管光源发光面上各点亮度不同,但物面照度是均匀的.

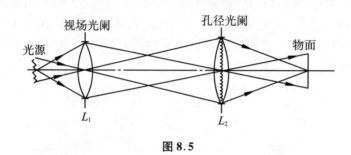

图 8.5

柯拉照明系统在显微镜、投影仪等仪器中得到普遍应用.对于测量显微镜,为避免调焦不准而引起的测量误差,显微镜采用物方远心光路,也就是说照射到物面上的应该是各个方向的平行光.因此,需要把图 8.5 所示柯拉照明系统中聚光镜 L_2 处的孔径光阑移至 L_2 的前焦点上,如图 8.6 所示.而且孔径光阑做成可调的,以控制显微镜物方孔径角大小,充分发挥其分辨能力.视场光阑也做成可调节的,以适应观察物面尺寸变化的需要.

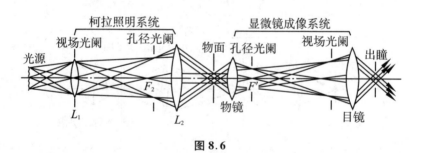

图 8.6

如果显微镜不采用物方远心光路,而是把物镜框作为孔径光阑,那么柯拉照明系统的孔径光阑也要跟随着从聚光镜前焦点 F_2 处移到聚光镜 L_2 附近.为了保证照明系统的出射光线和显微镜的入射光线很好衔接,也就是说为了让照明系统的孔径光阑和显微镜的孔径光阑互为共轭,必须在照明物面附近再加场镜.否则,将会在显微镜的观察视场中出现渐晕,严重时还会有视场拦截现象发生,这个问题必须引起充分注意.关于非远心情况下的光路该怎么画,这留给读者自己去思考解决.

在投影仪中,可以让投影镜头既起照明聚光镜 L_2 的作用,又起投影成像物镜作用.如图 8.7a 所示.聚光镜把光源成像在投影物镜的入瞳上,投影物面放在聚光镜附近视场光阑处,显然,物面乃至投影像平面上的照度都应该是均匀的.

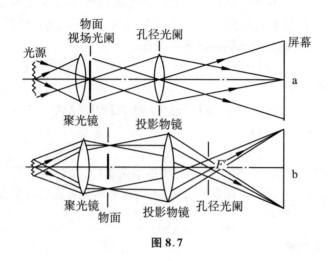

图 8.7

在某些计量仪器中,与测量显微镜相类似,投影物镜也采用了远心光路,如图 8.7b 所示.

近些年来,由于 CCD 这种光电转换器件的出现和发展,在尺寸自动检测、自动定位等光电检测系统中,都采用 CCD 作为接收器.

光学物镜 L_3 把被测物体成像在 CCD 光敏面上,为保证系统测量精度,被测物体上各处的放大率要严格一致,为此物镜应设计成物方远心光路,而且被测物面要求均匀照明,所以其照明系统也是采用柯拉照明的方式,如图 8.8 所示.

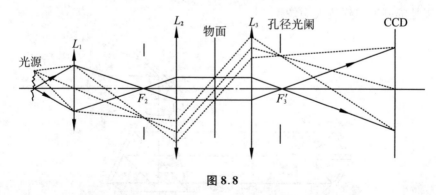

图 8.8

柯拉照明实现了照明的均匀,但是对如投影仪这样的仪器,它是将物面放大很多倍后成像在屏幕上,如何才能使像面上有足够照度以满足使用需要呢? 必须采用高亮度的强光源,而且在光源后面加球面反射镜以提高光源的光能利用率.但是,强光源的引入会在仪器中产生高温而影响性能,物面可能会变形、烧焦,透镜也可能炸裂.为此,在投影仪的照明系统中应考虑加进隔热玻璃、仪器风扇、冷却装置,仪器的机械结构也要考虑通风散热等问题.

第二节　几种特殊照明方式

前面所介绍的照明系统都是属于明场透射照明的方式,即以透射光照明透明物体.仪器中大多数照明都采用这种方式.下面再介绍几种在特殊情况下采用的照明方式.

一、明场反射式照明

这种照明方式适用于不透明物体.在反射式照明投影系统中,依靠正向或侧向照明非透光图面,由其上的漫反射光来成像,所以像的照度甚低.为提高屏幕上像的照度,除了需用大相对孔径放映镜头和取较低投影倍率外,还需要提高照明光源的功率,以增大图面的亮度.

图 8.9 所示是蔡司厂的反射式照明放映仪器的光学系统简图.位于抛物面反射镜 L_1 焦点上的电弧经反射镜反射得到平行光束,它经吸热容器 E 和平面反射镜后照明图片.自图片上漫反射出来的一部分光进入放映物镜 L_2,再经平面反射镜在远处屏幕上得到放大图像.

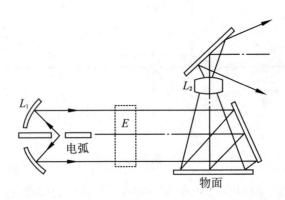

图 8.9

当用显微镜来观察金属、矿物等不透明物体时,同样需采用反射光照明.这种系统与透射式照明系统基本结构相同,区别是:光路中加入分光镜,以使照明系统和观察系统重合,物镜本身又兼作聚光镜,照明光束通过物镜投射到物面上,如图 8.10 所示.图 8.10 表示的是一种垂直投射的、明场反射式临界照明系统.光源通过两次成像把物面照亮.如果金属试样表面(物面)为抛光镜面,则自镜面反射的光线全部进入物镜成像,在目镜视场中看到的是明亮的一片;如果试样抛光表面上有一些被侵蚀的凹坑,则这些被侵蚀组织上所产生的漫射光线很少能进入物镜成像,因此在视场中看到的将是一片亮背景下的一些黑色侵蚀坑的像.

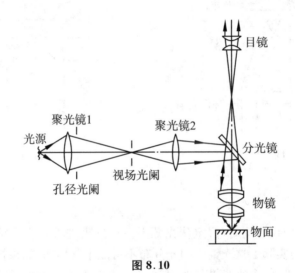

图 8.10

二、暗场照明

暗场照明主要用在显微镜中,其基本原理是:利用特殊的照明系统实现斜射的照明条件,使主要的照明光线完全不能进入物镜,能够进入物镜成像的只是由被检物体表面的一些微粒散射或衍射的光线.因此,在暗场照明条件下,从目镜视场中看到的是在黑暗的背景上有一些亮的质点或微粒,如同观察夜空中的星星.

暗场照明的优点是:像场的反差好,可以提高图像分辨率.通过暗场照明可以观察到在普通明场显微镜中看不见的 $0.004\sim0.2~\mu\mathrm{m}$ 范围内的超显微粒子的存在.暗场照明通常多用于观察非染色的生物细菌、细胞等活体以及金属试样表面被侵蚀的组织等.但是,由于暗场观察的物像亮度较低,因而应采用强光源.

最简单的暗场照明方式是聚光镜前安置一个环形光阑,如图 8.11 所示.图 8.12所示是另一种透射式暗场照明系统.它的暗场聚光镜是一块抛物面反射镜.轴向平行光束的中央部分被挡光屏遮蔽,周围部分经抛物面反射后会聚于抛物面的焦点上.玻璃载片必须不超过一定厚度,并且在和聚光镜之间应有适当的浸液,以确保光线射出聚光镜并被聚焦于标本上.由标本出射的光具有很大倾斜角,根本进入不了物镜,只有被标本表面微粒散射或衍射的光才能进入物镜,实现了暗场照明.该照明系统主要用于对活体微生物的医学研究之中.

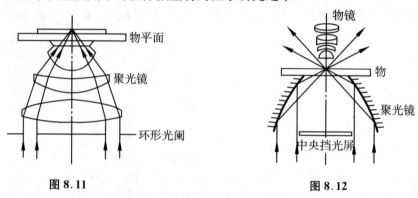

图 8.11   图 8.12

三、复眼照明

在前面讨论柯拉照明时,假定从光源上一点发出进入照明系统的光锥中的光分布完全均匀,但实际上这光锥中的光分布不可能十分均匀.如果把这大光锥又分割成许多个小光锥,每个小光锥的光又通过一块小透镜及聚光镜扩展后分布到物面上,如图 8.13 所示.很显然,每一个小光锥里的光分布比起大光锥来其均匀程度

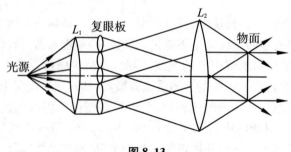

图 8.13

要好得多.所以这种照明方式的均匀性比普通柯拉照明更好.由许多小透镜组成的透镜板称为复眼透镜板,复眼透镜板中的小透镜可以是球面透镜,也可以是后面第十章将讨论的自聚焦透镜,还可以是利用衍射光学原理成像的二元透镜.小透镜尺寸越小,物面照明均匀性越好.对于物面照明均匀性要求很高的仪器,需要采用复眼照明,比如,在制造集成电路的光刻系统中,就采用了复眼照明的方式,其物面照明均匀性达95%以上.

四、光纤照明

在第十章"纤维光学系统"中将介绍一种用来导光的特殊元件,称为光纤传光束,它外形细长,柔软可弯曲,可以把光从空间一个位置传到另一个位置.光纤传光束照明主要应用在内窥仪器中.通过内窥镜观察的物体,有的是位在人体内腔中;有的是位在仪器设备腔体的内部;还有可能是位在深孔管道之中,这些特殊位置上的物体无法用普通的照明系统来实现照明,而必须用光纤传光束才能把物体照亮.

图 8.14 所示为内窥胃镜的照明系统原理图.光源放在椭球面反射镜的一个焦点上,传光束入射端位在椭球面反射镜的另个焦点处.光源发出的光经反射镜反射后聚焦到传光束入射端面,通过一米多长传光束传输,再经发散透镜发散把物面照亮.因为照亮的是人体胃腔,所以需要冷光照明.不包含红外波长的光称冷光.光源用的是卤素灯,为了让红外光不进入传光束,椭球面反射镜应采用透红外性能好的材料,并在上面镀透红外光、反可见光的膜层,这种构造的光源称冷光源.

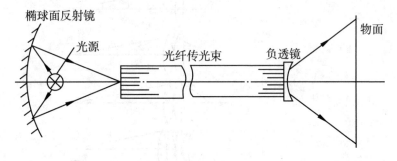

图 8.14

第三节　聚光镜类型

聚光镜的主要光学特性有两个,一是它的孔径角;二是倍率.照明光源发光面尺寸一般不大,为了能更多地接收光源发出的光进入照明系统,聚光镜的孔径角 U 需要大.聚光镜的倍率随发光面与照明面的尺寸而定.聚光镜的像差要求不严,通常只需适当控制球差,过大的球差有可能引起渐晕而影响照明均匀.

下面介绍目前在仪器中普遍采用的几种不同类型的聚光镜.

一、球面透镜

球面透镜聚光镜的结构是由光束的最大偏转角 $(U'-U)$ 决定的.在一定的 U' 角下,$(U'-U)$ 越大,即物方孔径角 $|U|$ 越大.为了使聚光镜有良好的球差校正,偏转角越大,则聚光镜的结构就越复杂,图 8.15 给出了不同偏转角 $(U'-U)$ 时透镜聚光镜的结构型式.

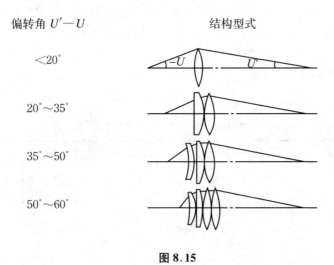

偏转角 $U'-U$ 　　　　　　　　结构型式

$<20°$

$20°\sim35°$

$35°\sim50°$

$50°\sim60°$

图 8.15

为什么光束的偏转角越大,聚光镜系统的结构就要求越复杂呢? 因为光线在光学系统中的偏转角是由透镜的各个表面折射产生的,在透镜个数一定的情况下,光束的总偏转角越大,透镜每个表面分担的偏转角也就大,这就要求增大光线在透镜表面的入射角,这将产生两个方面的不良后果:第一,光线的入射角增大,引起球差增加,在照明系统中虽然不要求完全校正球差,但正如前面所述,过大的球差将使投影物镜产生渐晕,从而使像面照度不均匀;第二,孔径边缘光线的入射角增加,会使这些光线在透镜表面的反射损失增加,在柯拉照明系统中,将引起像面照度不均匀,在临界照明系统中,将使整个像面照度下降.所以在照明系统中一般用限制光线最大入射角的方法,达到控制系统的球差和保证照明均匀的要求.这样就必须随着偏转角的增加而增加透镜的个数,使透镜每一面的偏转角不致过大,最好每个面的偏转角不要超过 $10°$,如果透镜玻璃的折射率 $n = 1.5$,则对应的入射角(或折射角)在空气中大约为 $30°$,这时的反射损失和垂直入射相差不多,同时球差也不会很大.

二、非球面透镜

球面透镜的数量增加后,不仅多用了材料,消耗加工工时,提高成本,而且还因为空气与玻璃界面数目增多而使折射面的反射损失总量增加,又会影响光照度.为了简化球面透镜聚光镜的结构,并能有效校正球差,通常把几块球面透镜的组合用一块非球面透镜代替.

在成像系统中,为保证成像质量,对透镜表面的精度要求很高,若使用非球面,必然大大增加加工难度.所以在摄影成像系统中,虽然随非球面加工技术的提高使非球面的应用在增加,但总的来看,在成像光学系统中使用非球面透镜仍是很少的.照明系统属于非成像系统,对表面精度要求较低,加工制造也会容易得多,所以在照明系统中采用非球面比在成像系统中要多得多.一般采用二次非球面就能满足要求,高次非球面用得较少.对非球面聚光透镜,通常把一个面做成球面或平面,另一个面做成非球面,用它来校正球面或平面的球差,如图 8.16a 所示.可以按照使多条孔径光线都相交在同一给定点来设计出非球面面形,单块非球面的球差都能很好控制,满足照明要求.

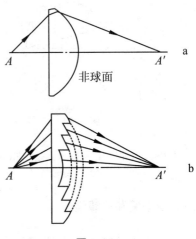

图 8.16

三、螺纹透镜

聚光镜的孔径角大,聚光镜离光源距离又不能太近,这样聚光镜的口径就很大,从而使透镜厚度,特别是非球面透镜的厚度变得很厚,导致体积重量大大加大.为了减小聚光镜的体积和重量,同时又能较好校正球差,可以采用环带状的螺纹透镜,如图 8.16b 所示.螺纹透镜的每一个环带实际上是一个透镜的边缘部分,利用改变不同环带的球面半径,达到校正球差的目的.一般来说,一个环带中只有某一个高度的光线球差为零,其他高度仍有球差,但它们的数量不会很大.由于螺纹透镜的表面形状比较复杂,表面精度较差,存在暗区,一般不适用于柯拉照明系统.

为进一步减轻重量,改善加工条件,消除暗区,又发展了一种所谓密纹螺纹透镜,它的原理和一般螺纹透镜相同,只是把每一环带的宽度减小,通常在 0.5 mm 以下,有的甚至达到 0.1～0.05 mm.这种密纹螺纹透镜采用透明塑料热压成型.

四、反射镜

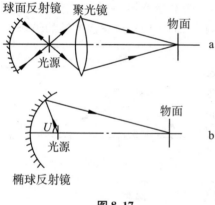

图 8.17

以上介绍的是透射式照明系统,也可以用反射镜作为聚光镜,但它只能用于临界照明系统中.一般都是采用椭球面的反射镜,把光源放在椭球面的一个焦点上,物面放在另一个焦点处,光源发出的光经椭球反射镜反射后照亮物面,如图 8.17b 所示.

反射聚光镜和透射聚光镜相比较,它的优点是能更充分地利用光能,它对应的物方孔径角 U 可以超过 90°,同时也不随孔径角的增大而增加光能损失.如果在反射镜上镀冷光膜,还可以减轻被照物面过热的问题,所以照明反射镜的应用正逐步扩大.

五、反射镜和透镜组合

为了更进一步充分利用光能量,还可在光源后方放一块球面反射镜,反射镜球心与灯泡灯丝重合,如图 8.17a 所示.这块球面反射镜的引入,相当于把照明聚光镜的孔径增大一倍,考虑反射镜的吸收等损失,加进球面反射镜后,可使实际进入聚光镜的光束亮度提高 50%～80%.若让光源稍偏于反射镜球心,还可改善临界照明时的物面照明均匀程度.

第四节　光能计算实例

基于投影系统的成像特点,光能计算在投影仪中显得更加重要.下面举例说明在临界照明和柯拉照明两种情况下,投影系统的光能计算方法.

一、临界照明情况

有一台 35 mm 电影放映机,如图 8.18 所示.它采用椭球面反射镜作为聚光镜;光源为电弧,其焰口的直径是 9 mm;投影物面即电影胶片的片门框尺寸为 21 ×16 mm²;银幕宽 7 m;放映机离银幕距离 50 m;照明反射镜离物面距离 850 mm. 要求银幕光照度为 100 lx.

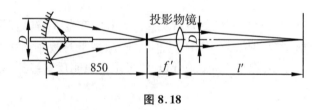

图 8.18

计算:1. 放映物镜的焦距和相对孔径;

　　2. 照明聚光镜的焦距和通光口径;

　　3. 片门框面上的光照度.

解:1. 根据银幕和片门框尺寸,求得放映物镜的放大率为

$$\beta = -\frac{7000}{21} = -333(倍)$$

根据放大率公式 $\beta = -x'/f'$,x' 为物镜的像方焦点到像点的距离.由于像距比焦距大得多,所以 $x' \approx l' = 50000$ mm.将 $\beta = -333$ 代入上面公式,得

$$f' = -\frac{x'}{\beta} = -\frac{50000}{-333} = 150 \ (\text{mm})$$

根据像平面光照度公式(4.23),有

$$E'_0 = k\pi L \sin^2 U'$$

k 为整个系统透过率.假设椭球反射镜的透过率即反射率 $k_1=0.85$;电影胶片的透过率 $k_2=0.7$;放映镜头透过率 $k_3=0.85$,则系统总透过率为 $k=0.85\times0.7\times0.85=0.5$.电弧的光亮度 L 由表 4.5 查得为 1.5×10^8 cd/m²,代入上式得

$$\sin^2 U' = \frac{E'_0}{k\pi L} = \frac{100}{0.5\times3.1416\times1.5\times10^8} = \frac{1}{236\times10^4}$$

$$\sin U' = \frac{1}{1535}$$

物镜的通光口径为

$$D = 2l'\sin U' = 2\times50000\times\frac{1}{1535} = 65 \text{ (mm)}$$

所以放映物镜的相对孔径为

$$\frac{D}{f'} = \frac{65}{150} = \frac{1}{2.3}$$

2.因为片门框离照明反射镜距离是 850 mm,故反射镜的口径为

$$D_反 = 850\times\frac{1}{2.3} = 370 \text{ (mm)}$$

片门框尺寸是 21×16 mm²,对角线尺寸为 27 mm.已知电弧焰口直径是 9 mm,为使电弧焰口经反射镜成的像略大于片门框尺寸,故取椭球反射镜的放大率为 3.5 倍.由放大率 $\beta=-3.5$,像距 $l'=850$ mm,便可求得照明反射镜的焦距为

$$l = -\frac{l'}{\beta} = 243 \text{ mm}$$

$$\frac{1}{f'} = \frac{1}{l'}+\frac{1}{l} = \frac{1}{850}+\frac{1}{243} = 0.0053$$

$$f'_反 = 189 \text{ mm}$$

3.在光能量一定的条件下,照度与被照明面积成反比,即与光学系统垂轴放大率平方成反比.本例中,投影像面照度 E' 与物面照度 E 间应具有如下关系

$$E' = \frac{E\cdot k_2\cdot k_3}{\beta^2}$$

已知 $E'=100$ lx,$k_2\cdot k_3=0.6$,$\beta=-333$
所以

$$E = \frac{E'\beta^2}{k_2\cdot k_3} = 18\times10^6 \text{ lx} = 18\times10^4 \ E'$$

物面照度大约是最终像面照度的十多万倍.物面照度值如此巨大,故在放映仪器中必须采用非常高亮度的放映灯泡作光源.

二、柯拉照明情况

有一台小型投影仪,光学系统如图 8.19a 所示.采用 6V 30W 的白炽灯照明,灯泡发光效率 $\eta = 15\ \text{lm/W}$,灯丝为直径 3 mm,长 3 mm 的螺线管,如图 8.19b 所示.投影物镜焦距为 50 mm,放大率 15 倍,照明系统的放大率为 2 倍,系统总的透过率 $k = 0.6$.求像平面上的光照度.

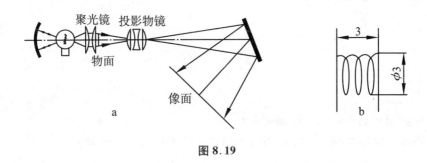

图 8.19

解:首先求发光体发出的总光通量
$$\Phi = \eta\Phi_e = 15 \times 30 = 450(\text{lm})$$
假设光源各方向均匀发光,则发光强度为
$$I = \frac{\Phi}{4\pi} = \frac{450}{4\pi} = 35.8\ (\text{cd})$$
于是可求得亮度为
$$L = \frac{I}{ds_n} = \frac{35.8}{0.003 \times 0.003} = 4 \times 10^6 (\text{cd/m}^2)$$
考虑到后面加了球面反射镜,使亮度提高约 50%,则得到光源亮度为
$$L = 1.5 \times 4 \times 10^6 = 6 \times 10^6 (\text{cd/m}^2)$$

照明聚光镜的放大率是 2 倍,灯丝尺寸是 $3 \times 3\ \text{mm}^2$,所以投影物镜的有效通光面积为 $6 \times 6 = 36\ (\text{mm}^2)$,等效的圆通光直径 D 为
$$\frac{\pi D^2}{4} = 36$$
即
$$D = 6.77\ \text{mm}$$
投影物镜的放大率为 $\beta = -15$ 倍,焦距为 50 mm,则像距 l' 为
$$l' = f' + x' = f'(1 - \beta) = 50(1 + 15) = 800\ (\text{mm})$$

对应的像方孔径角为

$$\sin U' = \frac{D}{2l'} = \frac{6.77}{2 \times 800} = 0.00423$$

将已知的 $L, \sin U'$ 和 k 值代入照度公式,得

$$E'_0 = k\pi L \sin^2 U' = 0.6 \times 3.1416 \times 6 \times 10^6 \times (0.00423)^2$$
$$= 200(\text{lx})$$

即投影仪像面光照度为 200 lx.

习　题

1. 柯拉照明和临界照明的区别何在?
2. 显微镜的柯拉照明系统和投影仪的柯拉照明系统有什么不同?
3. 画出显微镜柯拉照明系统的光路图,要求满足像方远心,并说明两个可调光阑的作用.
4. 图 A 所示投影仪的光源功率 100 W,发光效率 20 lm/w,灯丝为直径 4 mm 的球形,各方向均匀发光,采用柯拉照明方式,投影物镜 $f' = 100$ mm,$\beta = -10$ 倍.聚光镜放大率为 4 倍,系统透过率 0.7,求像面光照度.

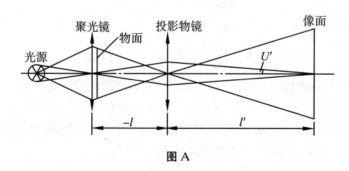

图 A

5. 在图 B 所示系统中,光源亮度 2×10^6 cd/m^2,物面尺寸 10 mm $\times$ 10 mm,L_1, L_2 的焦距和通光口径为:$f_1' = 300$ mm,$D_1 = 40$ mm,$f_2' = 1500$ mm,$D_2 = 50$ mm,整个系统透过率为 0.2.求像面中心与边缘的光照度.

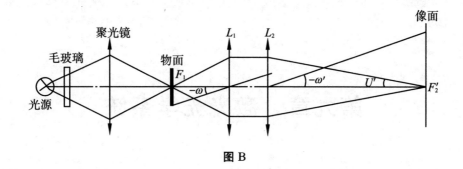

图 B

第九章　激光光学系统

激光的出现不仅为人们提供了一种崭新的光源,更重要的是它促使光学领域发生了巨大的变革,在经典光学基础上形成了激光束光学、全息光学、傅里叶变换光学、集成光学等现代光学新学科.

激光具有光亮度高、单色性好、方向性强、相干性好的优点,因而应用在很多领域.激光可用于加工难熔和硬质材料,可进行微细加工和非接触加工;激光可进行超远距离的精密测量和高精度零件尺寸和几何形状的测量;激光进入通信领域,使可用的电磁波范围大大拓宽,通信容量大大增加;用激光做光源,可拍摄和再现物体的全息像,全息照相术已用于全息干涉计量、全息存贮等多个方面.此外,激光用于信息处理、图像识别等其他方面,有力地促进了现代科学技术的发展.激光技术在工农业生产、医疗卫生和国防建设等众多的领域内正在发挥越来越大的作用,发展前景是十分广阔的.

本章主要是讨论激光束的传输和通过光学系统的变换规律,介绍激光仪器中所用光学系统的特点和设计、计算方法.

第一节　激光束传输特性

激光束在均匀介质中的传输规律与普通光束不同.

一、　光束截面内的光强呈高斯分布

前面我们研究光学系统成像时,都假定物体发出的光束波面上各点的振幅相等,但激光束波面上各点的振幅是不同的.振幅 A 和光束截面半径 r 之间的函数关系为

$$A = A_0 \mathrm{e}^{-\frac{r^2}{\omega^2}}$$

$$(9.1)$$

上式中 A_0 为光束中心的振幅,ω 为一个与光束截面半径有关的常数.图 9.1 为激光束截面内的振幅分布曲线图.中心振幅最大,离开中心振幅迅速下降,直到光束边缘振幅下降又变得十分缓慢,一直延伸到无限远.因此整个光束不存在一个鲜明的光束边界,也就是没有一个确定的光束截面半径.

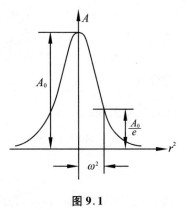

图 9.1

当 $r = \omega$ 时,由公式(9.1)可以得到振幅 A 为

$$A = \frac{A_0}{e}$$

人们规定当振幅下降到中心振幅的 $\frac{1}{e}$ 时所对应的光束截面半径作为激光束的名义光束截面半径,简称为光束截面半径或光斑半径,用 ω 表示.由此可以得出(9.1)式中常量 ω 的物理意义:ω 是当振幅下降到中心振幅的 $\frac{1}{e}$ 时的光束截面半径值.

激光束在均匀介质中传输时,光束截面半径 ω 和中心光强 I_0 都在变化,但在任何一个光束截面内,光强分布关系始终满足(9.1)式.

二、沿传输方向光束轨迹为双曲线

在一般光束中,不同位置光束截面边界的连线为直线,但在激光光束中,由光束截面半径 ω 所确定的光束截面边界的连线并不是直线,而是双曲线,如图 9.2 所示.显然,激光束在传输过程中,光束截面 ω 随传播距离 x 的变化是非线性的.激光光束中截面最小的位置称为激光束束腰,束腰处的光束截面半径为束腰半径,用 ω_0 表示.

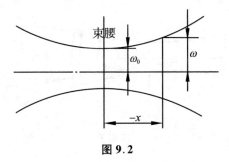

图 9.2

(9.1)式所示函数为高斯函数.凡截面光强呈高斯分布,传播方向轨迹为双曲线的光束称为高斯光束.从激光器发出的激光光束是典型的高斯光束,这是由于激光在谐振腔中来回反射时,不仅满足几何光学反射定律,同时又伴随衍射现象产生的缘故.

三、传输关系式

根据双曲线的几何关系,可以得到离束腰 x 处的光束截面半径

$$\omega^2 = \omega_0^2 \left[1 + \left(\frac{\lambda x}{\pi \omega_0^2}\right)^2\right] \tag{9.2}$$

式中,λ 为激光的波长;ω_0 为束腰半径.只要已知束腰大小和位置,利用(9.2)式便可求得离束腰任意距离处的光束截面半径.

不同结构的激光器,输出的激光束腰位置不同.如果谐振腔输出端为平面镜,则束腰位在输出端上,如图 9.3a 所示.若谐振腔输出端为球面镜,那么束腰位在激光器内部,如图 9.3b 所示.无论是平面谐振腔还是球面谐振腔,在它们所产生的激光束的束腰位置上,光束波面均为平面.离开束腰,波面就不再是平面而变成了曲面,如图 9.3 中虚线所示.波面中心部分的曲率半径 R 与波面顶点到束腰的距离 x 之间符合以下关系

$$R = x \left[1 + \left(\frac{\pi \omega_0^2}{\lambda x}\right)^2\right] \tag{9.3}$$

根据公式(9.2)和(9.3),如果已知激光束的束腰位置 x 和束腰半径 ω_0,就可以计算出任意指定位置的光束截面半径 ω 和波面曲率半径 R.

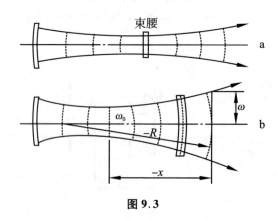

图 9.3

在实际工作中,有时已知某一位置的光束截面半径 ω 和波面半径 R,需要求此激光束的束腰位置 x 和束腰半径 ω_0.为此可由公式(9.2),(9.3)解出 ω_0 和 x,得到

$$\omega_0^2 = \frac{\omega^2}{1 + \left(\dfrac{\pi\omega^2}{\lambda R}\right)^2} \tag{9.4}$$

$$x = \frac{R}{1 + \left(\dfrac{\lambda R}{\pi\omega^2}\right)^2} \tag{9.5}$$

当已知激光束某个位置的光束截面半径 ω 和波面半径 R,代入公式(9.4),(9.5)即可求出束腰位置 x 和束腰半径 ω_0.

以上公式中 ω 和 ω_0 都是以平方形式出现的,因此它们的正负并不影响计算结果,我们可以把它作为绝对值看待.R 和 x 的符号规则和前面规定的球面半径符号规则相似.

R——从波面顶点到曲率中心,向右为正,向左为负.

x——从波面顶点到束腰,向右为正,向左为负.

应用上面的(9.2)~(9.5)四个公式,就可以用来解决激光束在均匀透明介质中的各种传播问题.

四、光束发散角

激光束沿传输方向的轨迹为双曲线,束腰部位光束口径最小,越偏离束腰,光束口径越大,所以激光束应该是一束发散的光束,其发散角 2θ 可用双曲线渐近线之间夹角来表示,如图9.4所示.由图得

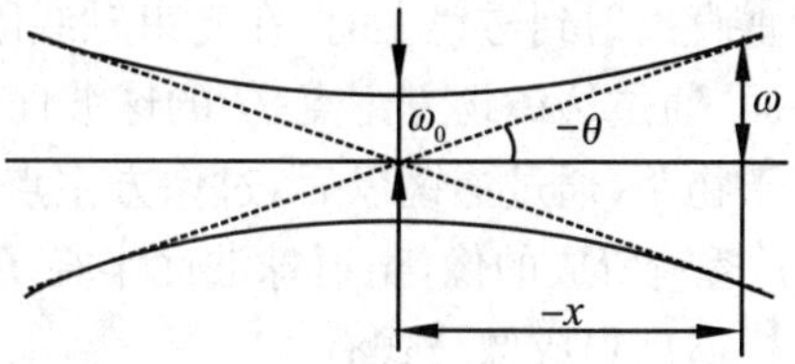

图 9.4

$$\lim_{x \to \infty} \frac{\mathrm{d}\omega}{\mathrm{d}x} = \mathrm{tg}\,\theta$$

把公式(9.2)对 x 求导数,并经适当简化可以得到

$$\mathrm{tg}\,\theta = \frac{\lambda}{\pi\omega_0}$$

发散角为

$$2\theta \approx 2\mathrm{tg}\,\theta = \frac{2\lambda}{\pi\omega_0} \tag{9.6}$$

这是激光束发散角与束腰半径之间的关系式.在远离束腰的情形,可以直接利

用以上公式由发散角求束腰半径,或者反之由束腰半径求发散角.例如,普通 He-Ne 激光器的束腰半径 $\omega_0 = 1$ mm,激光波长 $\lambda = 0.0006328$ mm,可以算得发散角

$$2\theta = \frac{2 \times 0.0006328}{3.1416 \times 1} = 0.40285 \text{ mrad} = 1.38'$$

可见,激光束虽然有发散角,但发散角很小,因此在实际中总是把激光束看做是一束平行光.

综上所述,由激光器发出的激光束,既不同于点光源所发出的球面波,又不同于平行光束的平面波,而是一种在传输过程中光束横向场分布始终不变但曲率中心不断变化的球面波,所以激光束是一种具有特殊结构的高斯光束.

第二节　激光束的透镜变换

由于激光束是一种具有特殊结构的高斯光束,因此,研究激光束通过光学系统的变换规律是激光应用中的重要问题.

一、透镜对激光束的变换关系

在近轴光学中,由物点 O 发出的同心光束,经透镜以后仍为同心光束,聚交于 O' 点. O 和 O' 分别为入射球波面和出射球波面的球心,如图 9.5 所示.当一束激光垂直投射到透镜上时,在光束轴线附近的区域内,离开束腰处的激光束波面也是球面,通过透镜物方主点 H 的球波面曲率中心 O 可以看做是物点,球波面半径 R 等于物距.通过透镜以后,过像方主点 H' 的球波面曲率中心 O' 可以看做 O 经焦距为 f' 透镜所成的像,出射球波面半径 R' 等于像距. O 和 O' 对透镜来说是一对共轭点,根据理想成像公式有

$$\frac{1}{R'} - \frac{1}{R} = \frac{1}{f'} \qquad (9.7)$$

由于光束在物方主面和像方主面上的口径相等,因此入射光束的光束截面半径 ω 和出射光束的光束截面半径 ω' 应该相等,即

$$\omega' = \omega \qquad (9.8)$$

式(9.7),(9.8)就是透镜对激光束的变换关系式.忽略透镜对光的吸收损失时,ω' 和 ω 截面上的振幅分布相同,均为高斯分布,高斯光束通过透镜后仍为高斯光束,透镜的作用是改变高斯光束的特征参数——束腰大小和束腰位置.

如图 9.5 所示,设入射激光束的束腰半径为 ω_0,束腰离透镜物方主面距离为

l;出射激光束的束腰半径为 ω'_0,束腰离透镜像方主面距离为 l'.根据上一节的激光束的传输关系式(9.2)~(9.5)和前面给出的透镜对激光束的变换式(9.7)~(9.8),(9.9)式中按计算顺序列出了由 ω_0, l.求取经透镜变换后的 ω'_0, l' 公式.

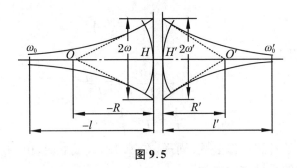

图 9.5

$$\left.\begin{aligned}
&\omega^2 = \omega_0^2 \left[1 + \left(\frac{\lambda l}{\pi \omega_0^2} \right)^2 \right] \\
&R = l \left[1 + \left(\frac{\pi \omega_0^2}{\lambda l} \right)^2 \right] \\
&\omega' = \omega \\
&\frac{1}{R'} = \frac{1}{f'} + \frac{1}{R} \\
&\omega_0'^2 = \omega'^2 \Big/ \left[1 + \left(\frac{\pi \omega'^2}{\lambda R'} \right)^2 \right] \\
&l' = R' \Big/ \left[1 + \left(\frac{\lambda R'}{\pi \omega'^2} \right)^2 \right]
\end{aligned}\right\} \tag{9.9}$$

消掉该公式组中的中间变量 ω, R, ω', R',便可直接得出 ω'_0, l' 与 ω_0, l, f' 诸量之间的关系式

$$l' = f' + \frac{(-l - f')f'^2}{(-l - f')^2 + \left(\frac{\pi \omega_0^2}{\lambda} \right)^2} \tag{9.10}$$

$$\frac{1}{\omega_0'^2} = \frac{1}{\omega_0^2} \left[\left(1 + \frac{l}{f'} \right)^2 + \frac{1}{f'^2} \left(\frac{\pi \omega_0^2}{\lambda} \right)^2 \right] \tag{9.11}$$

式中,λ 是激光波长;f' 是透镜像方焦距;ω_0 和 ω'_0 为入射和出射激光束束腰半径;l, l' 为入射,出射激光束离开透镜主面距离,其符号规则同第二章中所述的物距和像距.

式(9.10)和(9.11)是两个重要的结果,它们完全确定了透镜物方和像方激光光束之间的转换关系.

二、与几何成像规则比较

当满足条件

$$(-l-f')^2 \gg \left(\frac{\pi\omega_0^2}{\lambda}\right)^2 \tag{9.12}$$

时,由(9.10)式得出

$$l' \approx f' + \frac{f'^2}{(-l-f')} = \frac{lf'}{l+f'}$$

即

$$\frac{1}{l'} - \frac{1}{l} = \frac{1}{f'}$$

这正是几何光学的理想成像公式.同样,在(9.12)式成立时,由(9.11)式可导出透镜对激光束束腰的垂轴放大率为

$$\beta = \frac{\omega'_0}{\omega_0} \approx \frac{f'}{f'+l} = \frac{l'}{l}$$

它与几何光学透镜理想成像的垂轴放大率公式一致.

$(-l-f')$ 表示入射激光束束腰到透镜前焦点之间的距离,按照不等式(9.12),这段距离必须远大于$\frac{\pi\omega_0^2}{\lambda}$,粗略地说,就是要求入射激光束束腰离透镜足够远.准确地说,应使入射激光束束腰离透镜距离$|l| \to \infty$.

由公式(9.10)和(9.11)还可看出,当入射激光束束腰足够小,即 $\omega_0 \to 0$ 时,同样可以得到

$$\frac{1}{l'} - \frac{1}{l} = \frac{1}{f'}$$

$$\beta = \frac{\omega'_0}{\omega_0} = \frac{l'}{l}$$

与几何光学的理想成像公式也完全相符.

上面的讨论表明了当入射激光束束腰位置$|l| \to \infty$时或者入射激光束束腰 ω_0 →0 时,激光束的透镜变换关系与几何光学的近轴成像关系一致,即可以把入射激光束、出射激光束两方的束腰分别与几何光学中的物、像相对应,用近轴公式亦即理想成像公式来处理激光高斯光束.

如果不满足上述两种情况,那么就必须按(9.10)和(9.11)式来实际求出出射激光束束腰的大小和位置.例如,在 ω_0 不是足够小的条件下,当 $l = -f'$ 时,有 $l' = f'$;当 $l = 0$ 时,有 $0 < l' < f'$.这两个例子都与几何光学的结果迥然不同.

第三节　激光聚焦镜头和激光扩束望远镜

一、激光聚焦镜头

所谓对激光束聚焦,就是使激光束通过透镜后所得到的像方激光束束腰半径小到令人满意的程度.

当入射激光束束腰位在透镜前焦点 F 之前,即 $|l| > f'$ 时,由(9.11)式可以看出,出射激光束束腰半径 ω'_0 随着 $|l|$ 的增大而单调地减小,直至 $|l| \to \infty$ 时有 $\omega'_0 \to 0$,并由(9.10)式可得 $l' \to f'$.

实际仪器中,在满足 $|l| \gg f'$ 的情况下,有 $1 + \dfrac{l}{f'} = \dfrac{l}{f'}$,代入(9.11)式,得到

$$\frac{1}{\omega'^2_0} = \frac{1}{\omega_0^2}\Big[\Big(\frac{l}{f'}\Big)^2 + \frac{1}{f'^2}\Big(\frac{\pi\omega_0}{\lambda}\Big)^2\Big] = \frac{1}{f'^2}\Big(\frac{\pi\omega_0}{\lambda}\Big)^2\Big[1 + \Big(\frac{\lambda l}{\pi\omega_0^2}\Big)^2\Big]$$
$$= \frac{\pi^2\omega^2}{f'^2\lambda^2}$$

由上讨论可见,当激光束束腰离透镜足够远时,形成的聚焦光斑大小和位置为

$$\left.\begin{array}{c}\omega'_0 = \dfrac{\lambda f'}{\pi\omega} \\[2mm] l' = f'\end{array}\right\} \tag{9.13}$$

式中,ω 为入射激光束在透镜表面的光束截面半径.为进一步减小 ω'_0,可减小透镜的 f'.所以,对于激光聚焦镜头,为了使激光束获得良好聚焦,通常采用较短焦距的透镜.

激光聚焦镜头广泛应用于激光打孔,激光焊接,激光开刀和美容等各方面.在这些应用领域里,都是利用了光辐射中的热能部分,由于热能高度集中,产生极高的温度,将物质熔化.所以,激光聚焦镜头工作时的光源常采用 CO_2 激光器,工作波长是 0.0106 mm.为使红外波长具有良好透过率,聚焦镜头材料须用晶体.当激光波长变长时,虽然会引起聚焦光斑尺寸加大,但是,CO_2 激光器的大功率仍能保证聚焦光斑处的极高能量.

下面举一例子说明聚焦镜头参数计算.

已知 He-Ne 激光波长 0.0006328 mm,束腰半径 1 mm,束腰离镜头 500 mm.要求经镜头聚焦后的光斑直径 10 μm,试求聚焦镜头焦距.

首先按(9.2)式求得 $\omega = 1.005$ mm,再按公式(9.13)得到该聚焦镜头焦距为
$$f' = \pi\omega\omega'_0/\lambda = 3.1416 \times 1.005 \times 0.005/0.0006328$$
$$= 25 \text{ (mm)}$$

因为束腰离开镜头的距离(500 mm)比镜头焦距(25 mm)大得多,所以聚焦光斑位于透镜像方焦平面处.

我们还可利用透镜的变换关系式来验算上面的焦距计算是否正确.以 $\omega_0 = 1$ mm, $l = -500$ mm, $f' = 25$ mm, $\lambda = 0.0006328$ mm 代入(9.10)和(9.11)式,得到
$$l' = 25.01 \text{ mm}, \quad \omega'_0 = 0.0050 \text{ mm}$$

证明焦距计算无误.

二、激光扩束望远镜

从激光器出来的激光束很细,束腰口径通常仅几个毫米,甚至更小.这在激光测距、激光干涉计量、全息照相、光学信息处理等实际应用场合均满足不了要求.为此,需要通过光学系统将激光束口径扩大,这样一种将激光束口径扩大的仪器称激光扩束望远镜.从扩束望远镜出射的激光束束腰口径与入射激光束束腰口径之比定义为扩束倍率.

由公式(9.11)可以看出,当 $l = -f'$ 时,ω'_0 达到极大值.结合(9.10)式,有
$$\left.\begin{array}{l} \omega'_0 = \dfrac{\lambda f'}{\pi\omega_0} \\[2mm] l' = f' \end{array}\right\} \tag{9.14}$$

为进一步增大 ω'_0,可以加长透镜焦距 f'.如果要求束腰半径 1 mm 的 He-Ne 激光束经透镜后半径扩大到 10 mm,按(9.14)式算得 $f' \approx 50$ m,如此长的焦距是不可行的,所以,采用单透镜来实现扩束的方案没有实际意义.从(9.14)式还可看出,在合适的 f' 值下,设法减小 ω_0,同样可达到进一步增大 ω'_0 的目的.因此,实际中用的激光扩束系统总是预先用一个短焦距透镜将激光光束聚焦,以形成一个极小的束腰光斑,然后用一个长焦距透镜来增大束腰光斑,从而可得到大的扩束倍率.

图9.6所示的激光扩束系统由前组和后组两组透镜组成,前组的焦距短,其像方焦距为 f'_1;后组的焦距长,像方焦距为 f'_2,前组的像方焦点与后组的物方焦点相重合.显然,这是一种典型的倒置望远系统,前组即望远系统中的目镜,后组即望远系统中的物镜.所以,激光扩束系统又常称为激光扩束望远镜.

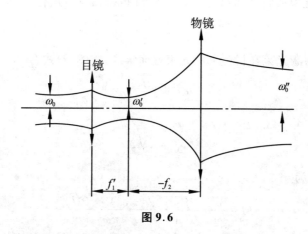

图 9.6

对于一束束腰位在目镜前焦面上或者束腰远离目镜的入射激光束,经过目镜聚焦,在目镜像方焦面上形成聚焦光斑,该聚焦束腰光斑正好又位在物镜前焦面上,因为聚焦光斑足够小,所以经过物镜,在离物镜很远处又形成一个扩大了的束腰光斑.

设从激光器发出的激光束腰半径为 ω_0,经过目镜和物镜之后的束腰半径分别为 ω'_0 和 ω''_0,则该扩束系统的扩束倍率为

$$M = \frac{\omega''_0}{\omega_0}$$

当激光束腰 ω_0 位在目镜前焦面上,即 $l = -f'$ 时,按(9.14)式,有

$$\omega'_0 = \frac{\lambda f'_1}{\pi \omega_0}$$

同理

$$\omega''_0 = \frac{\lambda f'_2}{\pi \omega'_0}$$

所以扩束倍率为

$$M = \frac{\omega''_0}{\omega_0} = \frac{\lambda f'_2}{\pi \omega'_0 \omega_0} = \frac{\lambda f'_2 \pi \omega_0}{\pi \lambda f'_1 \omega_0}$$

$$M = \frac{f'_2}{f'_1} \tag{9.15}$$

由此可得出,当入射激光束束腰位在目镜前焦面附近时,激光扩束望远镜的扩束倍率与普通望远镜的放大倍率相等,直接等于物镜、目镜焦距之比,让物镜焦距大于目镜焦距很多,便能达到很大的扩束倍率.

当入射激光束束腰远离目镜,即 $|l| \gg f'$ 时,按(9.13)式有

$$\omega'_0 = \frac{\lambda f'_1}{\pi \omega_1}$$

式中,ω_1 为入射激光束在目镜上的光束截面半径,按(9.2)式有

$$\omega_1^2 = \omega_0^2 \left[1 + \left(\frac{\lambda l}{\pi \omega_0^2} \right)^2 \right]$$

根据(9.14)式,有

$$\omega''_0 = \frac{\lambda f'_2}{\pi \omega'_0}$$

所以,扩束倍率为

$$M = \frac{\omega''_0}{\omega_0} = \frac{f'_2}{f'_1} \cdot \frac{\sqrt{(\pi \omega_0^2)^2 + (\lambda l)^2}}{\pi \omega_0^2} \tag{9.16}$$

由(9.16)式可知,当激光束腰远离目镜时,扩束望远镜的扩束倍率大于普通望远镜的放大率,但由于($\sqrt{(\pi\omega_0^2)^2 + (\lambda l)^2}/\pi\omega_0^2$)项是一个比 1 稍大一点点的数,所以在实际设计激光扩束望远镜时,常常把该项忽略掉.也就是说,不管入射激光束的束腰位在目镜前焦面处还是远离目镜,激光扩束望远镜的倍率均按普通望远镜的放大率确定,它等于物镜和目镜焦距之比.

当入射激光束束腰位于任意位置时,可按公式(9.10),(9.11)准确算得经目镜聚焦后的束腰位置和大小,虽然数值不尽相同,但它们仍都位在目镜焦点附近,而且各束腰大小也相差无几.因此,对于任何情况下的扩束望远镜,其扩束倍率均可近似按望远镜物镜与目镜焦距之比确定.实际的扩束倍率要比由物镜与目镜焦距之比确定的倍率稍大一些.

扩束望远镜的结构型式可以是倒置的开普勒型,也可以是倒置的伽利略型.在强功率激光束的场合,扩束望远镜应采用倒置伽利略型,负目镜使光束发散,可避免因正目镜会聚而产生的空气击穿现象和导致透镜的损伤.和激光聚焦镜头一样,要求结构尽量简单,避免用胶合面和表面多次反射像落在透镜内部.

根据公式(9.6),入射激光束的发散角为

$$2\theta = \frac{2\lambda}{\pi \omega_0}$$

同样按(9.6)式可得经目镜,物镜后的激光束发散角为

$$2\theta' = \frac{2\lambda}{\pi \omega'_0}$$

$$2\theta'' = \frac{2\lambda}{\pi \omega''_0}$$

所以,从扩束望远镜出射的激光发散角与入射激光束发散角之比为

$$\frac{2\theta''}{2\theta} = \frac{2\lambda}{\pi\omega''_0} \cdot \frac{\pi\omega_0}{2\lambda} = \frac{\omega_0}{\omega''_0} = \frac{1}{M} \qquad (9.17)$$

由此可见,从激光扩束望远镜出射的激光束发散角减小了,仅为入射激光束发散角的 $\frac{1}{M}$. 也就是说,扩束望远镜在把激光束口径扩大的同时,还能使光束发散角减小,起到准直光束的作用. 所以,激光扩束望远镜又称激光准直望远镜. 扩束倍率越高,准直作用就越强,从而可以获得很大口径的平行性相当好的平行激光束.

下面计算一个具体的扩束望远镜. 已知红宝石激光器输出端为束腰位置,束腰半径为 1mm,输出波长为 694.3 nm,激光器输出端离望远镜目镜 100 mm,目镜焦距 -20 mm,物镜焦距 80 mm. 望远镜目镜后焦点与物镜前焦点重合. 试求扩束后出射光束的束腰位置和束腰半径.

这是一个伽利略型的扩束望远镜. 我们可先求出入射光束通过负目镜的出射光束束腰,由此束腰位置和大小再求出通过物镜后最后的出射光束束腰位置和大小.

首先求激光束通过目镜后的束腰位置和大小. 根据已知条件,$\omega_{01} = 1$ mm, $l_1 = -100$ mm,$\lambda = 0.0006943$ mm,$f'_1 = -20$ mm. 将 $\omega_{01}, l_1, \lambda, f'_1$ 值代入(9.10),(9.11)式,求得经目镜后出射光束的束腰位置和大小为

$$l'_1 = -19.998 \text{ mm}, \quad \omega'_{01} = 0.0044185 \text{ mm}$$

这束激光对物镜来说是入射光束,入射光束束腰离物镜距离 l_2 和入射光束束腰半径 ω_{02} 为

$$l_2 = l'_1 - d = -19.998 - (80-20) = -79.998 \text{ mm}$$

$$\omega_{02} = \omega'_{01} = 0.0044185 \text{ mm}$$

将 $l_2, \omega_{02}, \lambda, f'_2$ 代入(9.10)和(9.11)式,便可求出通过整个扩束望远镜后的束腰位置和大小.

$$l'_2 = -1560 \text{ mm}, \quad \omega'_{02} = 4.0009 \text{ mm}$$

扩束望远镜的扩束倍率为

$$M = \omega'_{02}/\omega_{01} = 4 \text{ 倍}$$

计算结果充分证实了前面提出的关于透镜对激光束变换的结论. 入射激光束经目镜聚焦后的光斑始终落在目镜焦面附近. 出射光束束腰位在离物镜很远处. 扩束倍率为 4 倍,也完全符合扩束倍率等于物镜和目镜焦距之比的结论.

三、扩束望远镜和聚焦镜头组合

从上面讨论已知,激光束通过聚焦镜头形成的光斑尺寸除与镜头焦距 f' 有关

外,还与激光束在透镜上的截面半径 ω(或激光束腰半径 ω_0)有关. 当 f'一定时,若能使 ω(或 ω_0)加大,则聚焦光斑半径将能进一步减小. 在此思想指导下,出现了激光扩束望远镜和激光聚焦镜头的组合系统,如图 9.7 所示.

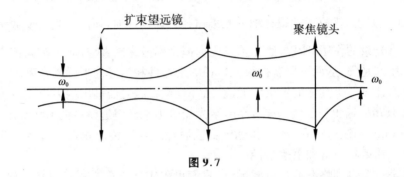

图 9.7

以 ω_0,ω'_0 分别表示入射激光束和经望远镜扩束后的束腰半径,并假设这两个束腰正好都位在透镜前焦面上,则在该组合系统中,聚焦镜头焦面上的光斑半径为

$$\omega''_0 = \lambda f'/\pi\omega'_0 = \lambda f'/\pi M\omega_0 \tag{9.18}$$

比单个聚焦镜头的聚焦光斑缩小 M 倍.

扩束望远镜和聚焦镜头的组合系统常常在要求形成能量高度集中的微光斑的仪器中得到实际应用.

在实际设计激光聚焦镜头或激光扩束望远镜时,除了根据已知激光束束腰半径和束腰位置求出经过镜头变换后的束腰半径和束腰位置外,还需要确定各透镜的通光口径的大小. 根据光束截面半径 ω 的定义,在以 ω 为半径的圆内并没有包含激光束的全部光能,因此不能以透镜表面上光束截面半径 ω 的两倍确定透镜的通光口径. 由积分计算可得,当实际光束截面半径 $r = \omega$ 时,以 ω 为半径的圆内通过的光能为激光束总光能的 86.4%,当实际光束截面半径 $r = 1.5\omega$ 时,以 1.5ω 为半径的圆内通过的光能为总光能的 98.8%. 所以透镜的通光口径至少应取为光束截面半径的三倍. 考虑到加工和装配等其他因素,实际口径还要取大一些.

第四节　激光整形和微光斑形成系统

一、激光整形系统

这是一种适用于半导体激光器的特殊光学系统,半导体激光器又称激光二极管,用 LD(Laser Diode)表示.半导体激光器的输出波长可以是红外光,也可以是某种可见光波长,它具有体积小、重量轻、功耗小、寿命长、价格低、可作为理想点光源等优点,所以目前广泛应用于各种仪器中.但是,半导体激光器的发光面呈微椭圆形,所以发出的激光束有很大发散角,而且随方向而不同,椭圆短轴方向的发散角最大,长轴方向的发散角最小.若发光面尺寸为 1 μm×3 μm 的椭圆,光波长 0.78 μm,那么按激光束发散角公式可算得,其出射光束的发散角在椭圆发光面的短、长轴截面内分别是 60° 和 20°,所以在出射光束任意位置处的截面形状也是椭圆形.半导体激光束的这种特点给其应用带来限制.为了满足实际仪器的要求,常常需要把发散的、椭圆截面的半导体激光束改造成准直的、圆截面的激光束,完成这种光束改造任务的光学系统就称为激光整形系统.

目前经常采用的整形方法和整形光学系统有:

1.拦光法

其光学系统如图 9.8 所示.系统由准直透镜和圆孔光阑组成.准直透镜的前焦点 F 和半导体激光器发光面重合,它起到把发散光变成平行光的作用,但平行光束的截面仍是椭圆.在平行光路中加进圆孔光阑,让光阑直径等于光束椭圆截面的短轴长度,它拦截掉部分光束,从孔径光阑出来的光束便是满足要求的平行圆光束了.图中阴影线表示拦截的光线.

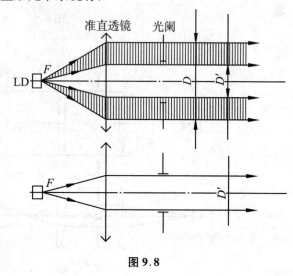

图 9.8

2.柱面镜法

所谓柱面镜是表面为圆柱形的透镜,常用的柱面镜为一个表面是圆柱面,另一个表面是平面.柱面镜具有这样的特点:通过柱面母线的截面形状为平行平板,所以在该截面内的光线经柱面镜后不改变方向;垂直于柱面母线的截面形状为球面透镜,故在此截面内的光线经柱面镜后会聚或发散.半导体激光整形系统正是利用了柱面镜的这个特性.柱面镜法所采用的光学系统常用的有如下两种:

1)整形系统由准直透镜和两块柱面镜组成,如图 9.9 所示.从准直透镜出来的是椭圆截面的平行光束,在椭圆长轴和系统光轴组成的平面内,两柱面镜的截面均

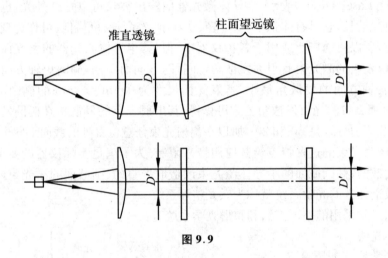

图 9.9

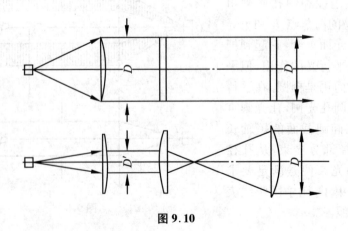

图 9.10

为透镜形状,而且两透镜还构成望远系统,其倍率正好等于椭圆长、短轴长度之比,于是经柱面望远镜出来的光束宽度被压缩成等同于短轴宽度;在过椭圆短轴的平面内,柱面镜的截面是平行平板,不改变光线方向,出射光束仍保持椭圆短轴宽度.最终的出射平行光束因长轴方向被压缩而变成圆柱形平行光束.也可以通过拉伸短轴而使椭圆变成圆,此时,柱面镜的透镜截面应位在短轴平面内,而且两柱面镜构成的是倒置望远镜,如图 9.10 所示.

　　2)整形系统由两块正交柱面镜组成,所谓正交是指两柱镜的同类截面互相垂直,如图 9.11 所示.两柱面镜的焦距不同,它们的焦距之比正好等于半导体激光器最大和最小发散角正切之比.两柱面镜的前焦点都与半导体激光器的发光面重合.焦距短的柱面镜靠近 LD,焦距长的远离 LD.两柱面镜间距等于两柱面镜焦距之差.发散的激光束通过此正交的两柱面镜后直接变成圆柱形平行光束,而且通过改变柱面镜焦距可以调节出射光束的口径.

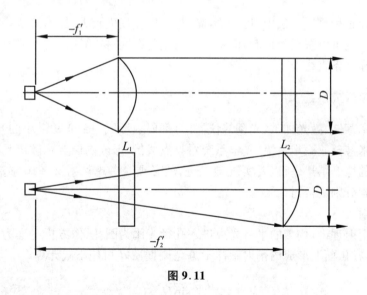

图 9.11

3.棱镜法

　　采用这种方法的整形系统由准直透镜和折射棱镜组成,如图 9.12 所示.棱镜的一个截面是三角形状,另一垂直截面是平板形状.在一个截面,光束经棱镜折射后口径变窄;另一截面,光束经棱镜后宽度不变.通过选取合适的棱镜顶角,可把椭圆的长轴压缩成与短轴相等,实现椭圆截面平行光束变成圆截面平行光束.

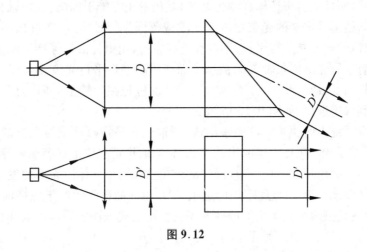

图 9.12

在上面三种整形方法中,拦光法,简单,但能量损失较大;柱面镜法,比较灵活,出射光束口径可以按需要控制,但系统相对稍复杂些;棱镜法,使光轴偏折,整个系统光轴不在一条直线上.

二、微光斑形成系统

在信息存储、激光加工、光刻等仪器中,都要求形成一个非常微小的光斑,光斑尺寸在微米甚至亚微米量级.光学系统对物点成像,形成的像点弥散斑是衍射和像差两方面的综合结果.所以要实现微光斑,就必须既考虑衍射又考虑像差.下面就这两个因素分别进行讨论.

1. 衍射

根据衍射理论,均匀的平行光束进入孔径光阑为圆孔,像方折射率为空气的光学系统时,在焦面上形成的衍射图样中央亮斑直径 d 可用下式计算

$$d = \frac{k\lambda}{\sin U'}$$

式中,λ 是波长;U' 是光学系统像方孔径角;k 是常数.当 $k = 1.22$ 时,中央亮斑边缘强度为零,此亮斑称为艾利斑.

艾利斑的光强分布是一阶贝塞尔函数.但当入射光束是激光束时,衍射图样中央亮斑强度分布应是一阶贝塞尔函数与高斯函数的卷积,其结果与一阶贝塞尔函数稍有差别,为计算方便起见,仍把艾利斑的强度分布看做是一阶贝塞尔函数,这种分布具有中心部位能量很集中,边缘能量很小的特点,也就是说光斑边缘部分所

占能量相对光斑总能量而言是相当小的,可以忽略不计.所以光学系统的成像质量一般都是以集中大部分能量的光斑直径来评价.

据有关资料介绍,在光盘信息存储系统中,光学系统形成的光斑直径按光强为中心光强的 $1/2$,也就是艾利斑总能量的 80% 来定义,由此,光斑直径可按下式计算

$$d = \frac{0.51\lambda}{\sin U'}$$

如果按光强为中心光强的 $1/3$,或者说集中了艾利斑总能量的 86% 来定义光斑直径,则光斑直径 d 的表达式变为

$$d = \frac{0.64\lambda}{\sin U'}$$

上一节中已导出了激光聚焦镜头形成的聚焦光斑直径计算公式(9.13),即

$$d = 2\omega'_0 = \frac{2\lambda f'}{\pi\omega}$$

式中,ω 为入射激光束在透镜表面的光束截面半径,也即光束的入射高度,故 $\frac{\omega}{f'} = \sin U'$,因此,上式又可表示为

$$d = \frac{2\lambda}{\pi\sin U'} = \frac{0.6366\lambda}{\sin U'}$$

可见,按衍射理论与按激光束传输理论导出的光斑直径计算公式是一致的.

2.像差

对于激光光学系统,因为激光是单色光.激光束发散角很小,可近似看做轴向平行光,所以它需要校正的像差只是球差.为了满足微光斑要求,从衍射考虑得到的相对孔径较大,为了校正球差,光学系统需要采用多片透镜组合的复杂结构,或者采用高次非球面透镜.由球差形成的弥散像斑,同样要考虑能量集中度的问题.

三、设计举例

试设计两套分别采用两种激光器的微光斑形成系统.要求微光斑直径 $1\ \mu m$;光学系统总长(第一透镜到微光斑)小于 $100\ mm$;后工作距(聚焦透镜到微光斑)不小于 $20\ mm$;两套系统的总长度基本一致.

两种激光器为:

1)He - Ne 激光器:$\lambda = 0.6\ \mu m$;束腰半径 $\omega_0 = 1\ mm$.

2)半导体激光器:$\lambda = 0.6\ \mu m$;全发散角 $2\theta = 60° \times 20°$.

设计步骤如下:

1.确定聚焦物镜光学参数.

由 $d=1\ \mu$m 求物镜像方孔径角

$$d=\frac{0.64\lambda}{\sin U'}$$

$$1=\frac{0.64\times0.6}{\sin U'},\quad \sin U'=0.384$$

取聚焦物镜焦距 $f'_3=20$ mm,则物镜通光口径为

$$D_3=2f'_3\mathrm{tg}U'=16.6(\mathrm{mm}),\quad \frac{D_3}{f'_3}=\frac{1}{1.2}$$

2.确定 He‐Ne 激光器的扩束方案并计算有关尺寸.

聚焦镜头入射光束口径是 16.6 mm,而 He‐Ne 激光器发出激光束口径才 2 mm,所以必须加扩束望远镜.为缩短系统总长,采用伽利略扩束望远镜方案.扩束倍率 $M=\frac{16.6}{2}=8.3$ 倍.考虑到以后像差校正的难度,取 $f'_1=-8$ mm,则 $f'_2=-Mf'_1=66.4$ mm.

透镜通光口径

$$D_1=2\ \mathrm{mm},\quad D_2=16.6\ \mathrm{mm}$$

透镜 1 和透镜 2 间距

$$d_{12}=f'_2-f_1=58.4(\mathrm{mm})$$

取透镜 2 和透镜 3(聚焦镜头)间距

$$d_{23}=10\ \mathrm{mm}$$

系统总长

$$d_{12}+d_{23}+f'_3=58.4+10+20=88.4(\mathrm{mm})<100\ \mathrm{mm}$$

满足设计要求.

3.确定半导体激光器的整形方案,计算有关参数和尺寸.

采用正交柱面镜的整形方案.

第一块柱面镜焦距

$$f'_1=\frac{16.6}{2\times\mathrm{tg}30°}=14.4(\mathrm{mm})$$

第二块柱面镜焦距

$$f'_2=\frac{16.6}{2\times\mathrm{tg}10°}=47.1(\mathrm{mm})$$

第一、二柱面镜间距

$$d_{12}=f'_2-f'_1=32.7(\mathrm{mm})$$

满足总长度与上一套系统相同求得第二柱面镜与聚焦物镜间距 $d_{23} = 88.4 - 32.7 - 20 = 35.7 (\mathrm{mm})$

4.画出光学系统原理图,并把计算结果标注在图上.

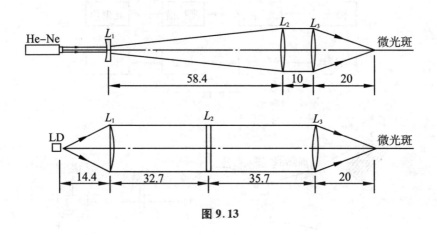

图 9.13

第五节　激光扫描系统和 $f\theta$ 镜头

激光扫描系统是将时间信息转变为可记录的空间信息的一种系统.它首先使某种信息通过光调制器对激光进行调制,调制后的激光通过光束扫描器在空间改变方向,再经聚焦镜头在接收器上成一维或二维扫描像.

激光扫描系统广泛应用在激光打印机、传真机、印刷机和用于制作半导体集成电路的激光图形发生器以及激光扫描精密计量设备中.下面以激光打印机为例,说明激光扫描系统的工作原理.图 9.14 所示为激光打印机的基本工作过程;图 9.15 为激光打印机的结构示意图.经计算机处理后的文件信息输送到激光打印机的光调制器,用来控制光束的开与关.经过调制的激光束通过光束扫描器和聚焦透镜在感光鼓上形成静电图像,显影后,感光鼓上的像转印到印刷纸上,最后图像在印刷纸上定影.

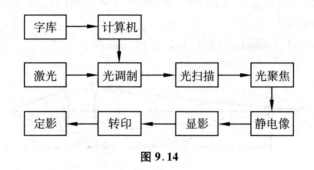

图 9.14

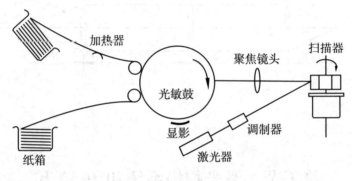

图 9.15

在激光扫描系统中,一个关键部件是实现光束空间扫描的扫描器,光束扫描器的形式较多,目前普遍采用的是旋转多面体,图 9.16 所示为典型的旋转多面体扫

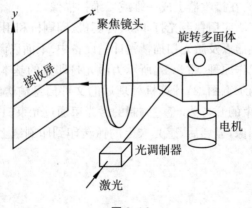

图 9.16

描器.多面体由多个反射面组成,在电动机带动下按箭头方向旋转,激光束被多面体的反射镜面反射后,经透镜聚焦为一个微小的光斑投射到接收屏上.多面体旋转时,每块反光镜表面在接收屏上产生的扫描线都是按 x 轴方向移动的,要想在屏上产生 y 轴方向的扫描,屏本身必须按图中 y 轴方向以预设定的恒定速度移动.在激光打印机中目前几乎都采用多面体高速旋转的扫描方式,多面转镜的加工要求非常严格,反射面的平面度影响聚焦光斑直径,反射镜面的位置准确度影响扫描线的位置准确度.为降低光学加工成本,多面旋转体也可采用铝、铜等材料,通过超精密切削机械加工而成.

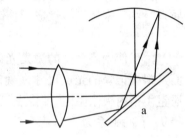

  激光扫描系统的另一个重要部件是聚焦镜头.聚焦镜头的位置可以在光束扫描器之前,也可在之后.当镜头位在扫描器之前时,如图 9.17a 所示.由激光器发出的激光束首先经聚焦镜头聚焦,然后由置于焦点前的扫描器使焦点像呈圆弧运动.由于像面是圆弧形的,与接收面不一致,故这种方案不甚理想.当聚焦镜头位在扫描器之后时,如图 9.17b 所示,扫描后的光束以不同方向射入聚焦镜头,在其后焦面上形成一维扫描像,像面是平的,但该镜头设计较困难,要求当激光束随扫描器旋转而均匀转动时,在像面上的线扫描速度必须恒定,即像面上像点的移动与扫描反射镜转动之间必须保持线性关系,所以称该镜头为线性成像镜头.

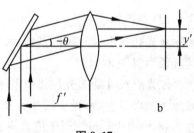

图 9.17

  线性成像镜头具有如下特点:

  1) 扫描器的运动被以时间为顺序的电信号控制,为了使记录的信息与原信息一致,像面上的光点应与时间成一一对应的关系,即如图 9.17b 所示,理想像高 y' 与扫描角 θ 成线性关系:$y' = -f' \cdot \theta$(θ 角符号规定以光轴转向光线,逆时针为负,顺时针为正).但是,一般的光学系统,其理想像高为:$y' = -f'\mathrm{tg}\theta$,显然,理想像高 y' 与扫描角 θ 之间不再成线性关系,即以等角速度偏转的入射光束在焦平面上的扫描速度不是常数.为了实现等速扫描,应使聚焦透镜产生一定的负畸变,即其实际像高应比几何光学确定的理想像高小,对应的畸变量

$$\Delta y' = -f'\theta - (-f'\mathrm{tg}\theta) = f'(\mathrm{tg}\theta - \theta) \tag{9.19}$$

具有上述畸变量的透镜系统,对以等角速度偏转的入射光束在焦面上实现线性扫

描,其像高 $y' = f \cdot \theta$,所以这种线性成像物镜又称 $f\theta$ 镜头.

2) 单色光成像,像质要求达到波像差小于 $\lambda/4$,而且整个像面上像质要求一致,像面为平面,且无渐晕存在.

3) 像方远心光路.入射光束的偏转位置(扫描器位置)一般置于物镜前焦点处,构成像方远心光路,像方主光线与光轴平行.如果系统校正了场曲,就可在很大程度上实现轴上、轴外像质一致,并提高照明均匀性.

线性成像物镜光学参数的确定:

由使用要求出发,再考虑光信息传输中各环节(光源、调制器、偏转器、记录介质)的性能,来确定线性成像物镜的光学参数.下面简要介绍两个参数的确定方法.

1. F 数

由于使用高亮度的激光光源,所以不同于一般摄影物镜由光照度确定 F 数,而是根据记录的光点尺寸来确定 F 数.光学系统的几何像差小到可以忽略,成像质量由衍射极限限定,即像点尺寸由衍射斑的直径所决定.衍射斑直径 d 与相对孔径 D/f' 的关系为

$$d = \frac{K\lambda}{D}f' = K\lambda F \tag{9.20}$$

式中,D 是由镜头通光口径、扫描器通光直径和激光束的有效直径所确定;K 是与实际通光孔径形状有关的常数,$K = 1 \sim 3$.若通光孔为圆孔,则衍射光斑为艾利斑,其直径为 $d = 2.44\lambda F$.

该光点尺寸随激光扫描仪的不同使用场合而不同.用于制作半导体集成电路的激光图形发生器,光点尺寸为 $0.001 \sim 0.005$ mm;用于高密度存贮及图像处理的为 $0.005 \sim 0.05$ mm;用于传真机、印刷机、打字机、汉字信息处理等的为 0.05 mm 以上.

2. f'

由要求扫描的像点排列的长度 L 和扫描角度 θ 用下式求焦距,即

$$f' = \frac{L}{2\theta} \times \frac{360°}{2\pi} \tag{9.21}$$

当扫描长度 L 一定时,f' 与 θ 呈反比关系.在 F 数一定时,尽可能用大的 θ 角,小的 f'.这样可减小透镜和反射镜尺寸,从而使扫描棱镜表面角度的不均匀性和扫描轴承不稳定而造成的不利影响减小.又由于入射光瞳位于扫描器上,在实现像方远心光路时,f' 小可以使物镜与扫描器之间的距离减小,仪器轴向尺寸减小.但 L 一定时,f' 小,θ 就大,这对光学设计带来困难,使光学系统复杂,加工制造成本增大.反之,仪器纵向尺寸加大,使用不便.实际工作中,经常要反复几次,才能最后确定.

大多数线性成像物镜属于小相对孔径(一般 *F* 数为 5～20)大视场的远心光学系统.线性成像物镜的设计要求具有一定的负畸变,在整个视场上有均匀的光照度和分辨率,不允许轴外渐晕的存在,并达到衍射极限性能.玻璃材料的质量与透镜表面的准确性比一般透镜更为严格.

第六节　光学信息处理系统和傅里叶变换镜头

光学镜头既可以作为成像和传递信息的工具,又可以作为计算元件,具有傅里叶变换的能力,为这个目的而设计的镜头叫做傅里叶变换镜头.傅里叶变换镜头由于具有进行运算和处理信息的能力,而且运算速度为光速,信息容量大,因此广泛用于光学信息处理系统中.

图 9.18 所示为一个用于空间滤波的光学信息处理基本系统,整个系统由激光扩束望远镜和两个傅里叶变换镜头串联而成.激光器发出的激光束首先经过一扩束望远镜把光束口径扩大到被处理面(输入面)的尺寸,被处理面经过第一个傅里叶变换镜头的傅里叶变换作用,得到其频谱.频谱再经第二个傅里叶变换镜头的傅里叶变换作用又合成输入物面的像.当采用两个相同的傅里叶变换镜头时,输出图像与输入物面尺寸同样大小.如果在频谱面上加进另一个起选频作用的光学器件,那么输出图像便能得到改造,从而实现了光学信息处理的功能.

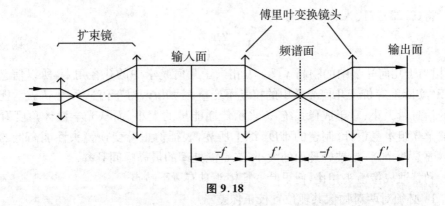

图 9.18

　　为了获得严格的傅里叶变换关系,应把被处理面放在透镜的前焦点上,频谱面和输出面置于傅里叶变换镜头相应的后焦面上.

　　光学信息处理系统中傅里叶变换镜头所能传递的信息容量为

$$W = 2h_1 \times N_{\max} \tag{9.22}$$

式中,$2h_1$ 为输入面的直径(mm);$N_{\max}$ 为能处理的最高空间频率(lp/mm).

　　如图 9.19 所示,$2h_1$ 相当于常规光学系统中的物面直径,$N_{\max}$ 相当于分辨率. 由衍射决定的相干光学系统的截止空间频率,即最高分辨率

$$N_{\max} = \frac{\sin U}{\lambda} = \frac{h_2}{\lambda f'} \tag{9.23}$$

式中,h_2 为频谱面半径(mm);f' 为傅里叶变换镜头的焦距(mm);λ 为光波波长(mm).

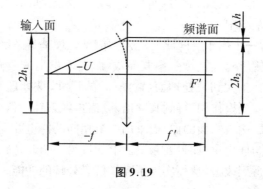

图 9.19

　　将(9.23)式代入(9.22)式,得

$$W = \frac{2h_1 h_2}{\lambda f'} \tag{9.24}$$

h_1 相当于几何光学中的物高 y,h_2/f' 相当于几何光学中的孔径角 U,所以信息容量 W 实际上等价于几何光学中的拉赫不变量 $J = nuy$. 对于信息系统,J 表示能传递的信息量大小;对于成像系统,J 表示传递能量的大小. 而从光学设计角度看,J 表征了光组本身设计、制造的难度.综上所述,表征傅里叶变换镜头性能高低的参数主要是两个,一是被处理面的大小;二是能处理的最高空间频率.

　　和普通成像镜头相比,傅里叶变换镜头具有以下特点.

　　1. 必须对两对物像共轭位置校正像差

　　如图 9.20 所示,平行光照射输入面上的物体,如光栅时,发生衍射.不同方向的衍射光束经傅里叶变换透镜后,在后焦面(频谱面)上形成夫琅和费衍射图样.所

以第一对物像共轭位置是以输入面衍射后的平行光作为物方,对应的像方是频谱面.换言之,傅里叶变换镜头必须使无穷远来的平行光束在后焦面上完善地成像,如图 9.20 中实线所示.第二对必须控制像差的共轭平面是以输入面作为物体,对应的像在像方无穷远,如图 9.20 中虚线所示.

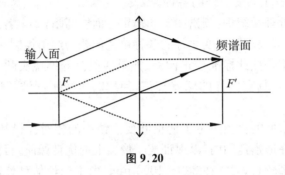

图 9.20

为了减少杂散光的影响,宜在输入面和频谱面上放置光阑,以控制输入面和频谱面的大小,使之既能保证所需的直径,又能减少杂光,而且不能使傅里叶变换透镜本身的外径起拦光作用.输入面和频谱面中的任一个都可以视为孔径光阑,而另一个视为视场光阑,与此对应有两种处理方法:

1)设"物"在无穷远,孔径光阑在前焦面,出瞳在像方无穷远(像方远心光路),频谱面为视场光阑.

2)设"物"在前焦面,孔径光阑在后焦面,入瞳在物方无穷远(物方远心光路),输入面为视场光阑.

两种处理方法的几何光路与最终效果完全相同.无论按何种方法必须同时对两对共轭面校正像差,也即一个傅里叶变换镜头具有两对成像质量优良的共轭面.

2. 必须补偿谱点位置的非线性误差

常规透镜在几何成像时的理想像高为

$$h'_2 = -f' \mathrm{tg} U$$

式中,U 为视场角;h'_2 为对应 U 视场角时的理想像高.

而在光学信息处理系统中,频谱面上的频谱分布实际上是平行光经物体后产生的衍射图样.由夫琅和费衍射理论,某一衍射角 U 所对应的衍射斑,即谱点位置为

$$h_2 = -f' \sin U$$

h_2 便是傅里叶变换镜头要求的像高.显然,傅里叶变换镜头的实际像高不等于理

想像高,存在误差

$$\Delta h = f'(\sin U - \mathrm{tg} U) \tag{9.25}$$

称 Δh 为谱点的非线性误差.为保证频谱的准确分布,必须让傅里叶变换镜头能产生一个与谱点非线性误差大小相等、符号相反的畸变值(见图9.19).

3. 必须严格校正畸变之外的各种像差

在光学信息处理系统中,频谱图案和输出像面要清晰,要求各级衍射光束必须具有准确的光程,即要求除畸变之外的各种单色像差的波差控制在 $\lambda/4$ 以内,而且对物面和光阑面都须按此标准校正像差.如果傅里叶变换镜头的工作波长需要变换,则应使不同波长具有同样的球差校正,使用时可按不同波长选用不同的焦面位置.

输入面与频谱面的直径决定了傅里叶变换镜头的相对孔径和视场.为把相对孔径和视场控制在适当范围内,以保证整个像面上的优良像质.目前大多数傅里叶变换镜头的焦距都较长,通常在300~1000 mm.由于光学信息处理的空间滤波系统从输入面到输出面的总长为 $4f'$,傅里叶变换镜头的长焦距会导致系统结构过于庞大.所以,长焦距的傅里叶变换镜头都采用正组在前负组在后的远摄型结构.为了同时校正物面像差和频谱面像差,采用如图9.21所示的对称结构型式,该四组元对称远摄型的前焦点到后焦点距离可以缩小到 $0.7f'$ 左右.这类对称远摄型的优

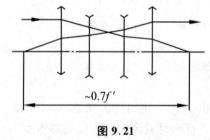

点是总长度短,可供消像差的变数多,有利于提高像质或扩大孔径和视场.缺点是结构复杂,价格昂贵,尤其是片数较多时,由于镜片表面污点、玻璃内部缺陷和杂光等引起的相干噪声将更加严重.因此,在焦距不太长,孔径和视场较小时,可以采用单个组元来构成傅里叶变换镜头.

图 9.21

第七节 激光谐振腔的计算

从激光器出射的激光束的束腰位置和束腰半径,取决于谐振腔的结构.下面讨论谐振腔结构参数与激光束束腰位置、束腰半径之间的关系.图9.22为一个由半径分别为 R_1 和 R_2 的两球面反射镜所构成的谐振腔,第一个反射镜 O_1 的反射率要尽可能高,第二个反射镜 O_2 使大部分光反射,一小部分光透射,激光正是透过

反射镜 O_2 出射的.

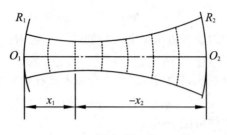

图 9.22

设激光在谐振腔两端 O_1 和 O_2 处的波面半径分别为 $R(x_1)$ 和 $R(x_2)$，x_1 和 x_2 为两波面到束腰的距离. 要求激光束能在谐振腔内形成往复振荡的条件是球面反射镜面和波面一致，即要求 $R_1 = R(x_1)$，$R_2 = R(x_2)$. 根据公式(9.3)，有

$$R_1 = R(x_1) = x_1 \left[1 + \left(\frac{\pi \omega_0^2}{\lambda x_1} \right)^2 \right]$$

$$R_2 = R(x_2) = x_2 \left[1 + \left(\frac{\pi \omega_0^2}{\lambda x_2} \right)^2 \right]$$

假定谐振腔的长度 $O_1 O_2 = d$，由图 9.22 可得如下关系

$$x_1 - x_2 = d \tag{9.26}$$

把上面三个公式联立，求解 x_1, x_2, ω_0. 并设

$$g_1 = 1 - \frac{d}{R_1}, \quad g_2 = 1 + \frac{d}{R_2} \tag{9.27}$$

得到以下的公式

$$x_1 = \frac{d g_2 (1 - g_1)}{g_1 + g_2 - 2 g_1 g_2} \tag{9.28}$$

$$x_2 = \frac{-d g_1 (1 - g_2)}{g_1 + g_2 - 2 g_1 g_2} \tag{9.29}$$

$$\omega_0^4 = \frac{\lambda^2}{\pi^2} \frac{d^2 g_1 g_2 (1 - g_1 g_2)}{(g_1 + g_2 - 2 g_1 g_2)^2} \tag{9.30}$$

根据公式(9.2)有

$$\omega^2 = \omega_0^2 \left[1 + \left(\frac{\lambda x}{\pi \omega_0^2} \right)^2 \right]$$

将 x_1, ω_0 代入公式(9.2)，并经化简后得到

$$\omega_1^2 = \frac{\lambda d}{\pi} \sqrt{\frac{g_2}{g_1 (1 - g_1 g_2)}} \tag{9.31}$$

把 x_2, ω_0 代入公式(9.2),并化简后得到

$$\omega_2^2 = \frac{\lambda d}{\pi} \sqrt{\frac{g_1}{g_2(1-g_1 g_2)}} \qquad (9.32)$$

利用公式(9.26)~(9.32)就可以根据谐振腔的结构参数 R_1, R_2, d, 求得出射的激光束的全部特性参数.

由公式(9.30)可以看到,只有使 $\omega_0^4 > 0$ 的解才具有实际意义.也就是说,要求

$$g_1 g_2(1-g_1 g_2) > 0$$

满足该不等式的解有两种可能情况:

第一种情况:$g_1 g_2 > 0$;$(1-g_1 g_2) > 0$

第二种情况:$g_1 g_2 < 0$;$(1-g_1 g_2) < 0$

第二种情况显然不存在,因此只能有第一种情况,由它的两个不等式求解得到 $(g_1 g_2)$ 满足的条件为

$$0 < g_1 g_2 < 1 \qquad (9.33)$$

满足该不等式的 g_1, g_2 值必须位在图 9.23 中划有斜线的区域内,构成了稳定的稳振腔.如果不满足(9.33)式,则构成的谐振腔是不稳定的,不能实际应用.

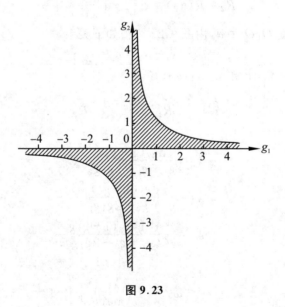

图 9.23

习　题

1. 有一台 He‐Ne 激光器,其发出的激光束束腰半径 0.3 mm.求距束腰 1 m 处的光束截面半径、波面曲率半径和发散角.

2. 已知激光器输出的激光束束腰半径为 0.5 mm,在离束腰 100 mm 处放置一个焦距 100 mm 的单薄透镜,求经透镜变换后的束腰大小和束腰位置.

3. 有一 10 倍扩束望远镜,对 He‐Ne 激光进行扩束,已知 $\lambda = 0.6328\ \mu m$, $\omega_0 = 1\ mm$,望远镜筒长 110 mm.试求:1)目镜和物镜的焦距、通光口径;2)输出激光束的束腰直径及发散角.

4. 将 10 倍扩束望远镜和 $f' = 20\ mm$ 聚焦镜头组合,对 $\omega_0 = 1\ mm$ 的 He‐Ne 激光束进行聚焦,求聚焦光斑直径.

5. 光盘信息存贮系统中,采用 $\lambda = 0.6\ \mu m$, $2\theta = 20° \times 60°$ 半导体激光器作光源,由准直镜和聚焦镜组合形成 $d = 1\ \mu m$ 微光斑,要求聚焦镜到光斑距离大于 15 mm,用拦光法校正椭圆截面.计算聚光镜和准直镜的 f' 和 D/f'.

6. 下图为一种新型的线性扫描系统.当 L_2 垂轴方向移动时,像点 F' 作扫描运动.试推导证明 L_2 的移动与像点的扫描运动间符合线性关系,并请说明这种系统的特点.

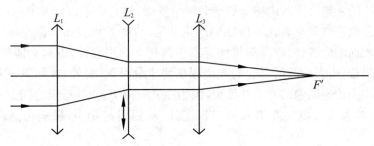

7. He‐Ne 激光器的输出端为平面反射镜,要求束腰直径 0.5 mm.试计算谐振腔长度 d 和球面反射镜的曲率半径 R_1.

第十章　纤维光学系统

　　光学纤维是指由透明介质组成的能把光从空间一点传到另一点的光学细丝. 组成光学纤维的透明介质大部分是光学玻璃, 也可以是晶体和光学塑料等. 光学纤维的直径很小, 一般是几十微米, 甚至可小于十微米. 光学纤维的外形绝大多数是圆柱形, 也有少数做成圆锥形. 根据在横截面内介质折射率分布的不同, 光学纤维可以分成两大类, 一类称阶梯型光纤; 另一类称梯度折射率光纤. 由于折射率分布规律不一样, 所以这两类光学纤维的光线传递方式不同, 应用范围也不同. 本章将从几何光学观点出发简要介绍它们的光学性质和应用.

第一节　阶梯型光纤

　　最简单的光学纤维是由单一透明介质组成的. 当它暴露在空气中时, 光纤外表面有可能会被空气中有害物质侵蚀而产生缺陷. 这些光纤表面的微小缺陷以及附着在光纤表面的尘埃、污物等都将使光发生散射而逸出光纤, 引起光能损失. 因为光纤长度很长, 由表面散射引起的光能损失将十分可观. 另外, 这种单一介质光纤特别不适用于传递图像的光学纤维束, 因为在光纤束中, 光学纤维之间是紧密接触的, 光线有可能从一根光纤串入另一根光纤, 从而引起噪声, 影响传递图像的清晰度.

　　为了克服单一介质光纤的上述缺点, 需要在光纤外表面包上一层另一种折射率的透明介质. 中间的介质称为纤芯, 外面的一层介质称为包层. 设纤芯折射率为 n_1, 包层折射率为 n_2, 光纤所在介质折射率为 n_0, 则三种折射率之间必须满足

$$n_1 > n_2 > n_0$$

在这种光纤的横截面内, 沿半径方向的折射率分布呈阶梯状, 如图 10.1 所示. 这就是阶梯型光纤名称由来的原因. 显然, 当光在阶梯型光纤纤芯内传递时, 光纤外表

面上的缺陷和尘埃等不再会使光散射而引起光能损失,也不再会出现相邻光纤之间的串光现象.

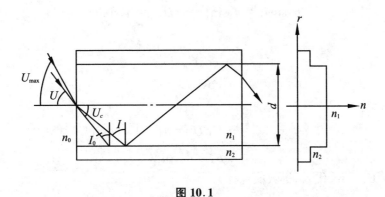

图 10.1

一、导光原理

图 10.1 所示为圆柱形阶梯光纤,其两端面为与中心轴线相垂直的平面.光线以 U_{max} 角从一端面入射,折射后以 I_0 角投射到纤芯和包层两种介质的界面上.如果 I_0 正好等于全反射临界角,则由界面反射的光线沿着界面行进.如果在界面上的入射角大于临界角,那么光线将发生全反射到下一个界面.对于直的圆柱形光纤,通过中心轴线的任一截面与介质分界面的交线为两条平行直线,光线在下一个界面处将发生同样的全反射.因此,只要入射光线的孔径角 $U < U_{max}$,便能在界面上进行连续多次全反射,从而实现光线在光纤内的传导,凡 $U > U_{max}$ 的光线,将会在界面上折射而不再在光纤内传输.这些折射光线逸出光纤后,有可能还会进入相邻光纤而引起噪声降低传递图像清晰度,为彻底消除这种串光,还可以在光纤包层外边再加一层由高吸收玻璃构成的包层.

根据全反射导光原理,光线在阶梯型光纤中的传输轨迹显然是锯齿形的.经光纤传输后的出射光线的方向与全反射次数有关.偶次反射时,出射光线与入射光线同方向;奇次反射时,出射光线沿着入射光线的镜向方向传输.

二、光学性质

1. 数值孔径

数值孔径代表光纤的传光能力,即它能传输多大立体角内的光线.光纤的数值孔径和显微物镜的数值孔径有同样的表示方法,即

$$NA = n_0 \sin U_{\max}$$

利用图 10.1 中的三角函数关系及全反射临界角的定义有

$$n_1 \sin I_0 = n_1 \sin\left(\frac{\pi}{2} - U_c\right) = n_2 \sin 90°$$

即

$$n_1 \cos U_c = n_2$$
$$n_1^2 \cos^2 U_c = n_2^2$$

根据折射定律

$$n_0 \sin U_{\max} = n_1 \sin U_c = n_1 \sqrt{1 - \cos^2 U_c}$$
$$= \sqrt{n_1^2 - n_1^2 \cos^2 U_c}$$

以 $n_1^2 \cos^2 U_c = n_2^2$ 代入,得数值孔径为

$$NA = \sqrt{n_1^2 - n_2^2} \qquad (10.1)$$

由(10.1)式可见,光学纤维的数值孔径仅取决于 n_1^2 和 n_2^2 之差,即只与纤芯、包层的折射率有关,而与光纤粗细长短等实际外形尺寸无关,与入射光线和光纤端面交点位置也无关.

一般光纤的数值孔径比光学透镜大,当纤芯和包层折射率为 $n_1 = 1.62$,$n_2 = 1.52$ 时,其数值孔径 $NA = \sqrt{1.62^2 - 1.52^2} = 0.56$,这样大的数值孔径需要采用复杂结构的光学镜头才能实现,而一根普通光纤轻而易举便能达到.

欲增大光纤的数值孔径,必须增加纤芯和包层两种介质的折射率差.由于高折射率光学玻璃的发展,目前玻璃光纤的最大数值孔径可以达到 1.4.当然,对于 NA 大于 1 的情形,光纤的入端必须位在浸液中,好像显微物镜的数值孔径大于 1 时,必须采用浸液物镜一样.

2. 透过率

透过率是表示光纤传光性能好坏的一个参数,定义为从光纤输出的光通量 Φ' 与输入光纤的光通量 Φ 之比,即透过率为

$$K = \frac{\Phi'}{\Phi}$$

通过光纤的光能损失可以分成三部分.一部分是入射和出射端面上的反射损失.它的计算和一般透镜表面的反射损失计算相同.设光纤端面反射系数为 ρ_1,则考虑端面反射损失后的透过率为

$$K_1 = (1 - \rho_1)^2$$

另一部分是光纤界面的非全反射损失.由于界面处有杂质、缺陷等原因,会引

起光的散射.在界面处不再满足全反射,其反射系数 $\rho_2 < 1$.若总的反射次数为 n,则考虑界面非全反射后的透过率为

$$K_2 = \rho_2{}^n$$

反射次数 n 与光纤长度 L,纤芯直径 d 及光线在界面上的入射角 I 有关,即

$$n = \frac{L}{d\,\mathrm{tg}I}$$

第三部分为纤芯材料的吸收损失.材料的光吸收系数 α 的定义在第四章中已有叙述.考虑纤芯介质吸收损失后的透过率为

$$K_3 = \mathrm{e}^{-\alpha \cdot S}$$

式中,S 为通过纤芯的光线光路长度,以厘米为单位,S 又和光纤轴向长度 L 及界面入射角 I 有关,即

$$S = \frac{L}{\sin I}$$

考虑上述三部分光能损失后,光纤的总透过率可用下式表示

$$K = K_1 K_2 K_3 = (1-\rho_1)^2 \rho_2{}^n \mathrm{e}^{-\alpha \cdot S} \tag{10.2}$$

式中,ρ_1 为光纤端面的反射系数;

　　ρ_2 为光纤纤芯与包层界面的反射系数;

　　n 为光线在光纤中总反射次数;

　　α 为光纤材料的光吸收系数;

　　S 为光线在光纤中的光路长度.

数值孔径和透过率是表征阶梯型光纤光学性质的两个重要参量.当光纤发生弯曲时,一般的弯曲半径比光纤直径大得多,所以对光纤的工作性质几乎无影响.实验证明,当弯曲半径大于二十倍光纤直径时,光纤的数值孔径、透过率等光学性质仍无显著变化.一旦弯曲半径较小时,将会使入射光线的最大孔径角减小,这时的数值孔径可按下式计算

$$NA = \sqrt{n_1^2 - n_2^2\left(1 + \frac{d}{2R}\right)^2} \tag{10.3}$$

式中,d 为光纤纤芯直径;R 为光纤弯曲半径;n_1,n_2 为纤芯、包层折射率.

对于圆锥形光纤,如图 10.2 所示.由光纤大端入射的光线,在光纤内部每经过一次反射,入射角 I 减小了 2θ(θ 为圆锥角),直到 I 小于临界角而逸出光纤.因此,圆锥光纤的长度通常都比较短.相反,由光纤小端入射的光线,每经过一次反射,入射角 I 将增加 2θ,光线与光纤轴线的夹角逐次减小,直到光线从大端射出为止.

锥状光纤主要用于压缩光束的截面积,增大孔径角,提高出射面的光照度.入射端面的直径 d_1 和孔径角 U_1 与出射端面的直径 d_2 和孔径角 U_2 之间满足以下关系

$$d_1 \sin U_1 = d_2 \sin U_2 \tag{10.4}$$

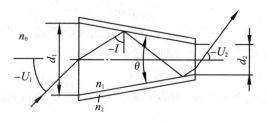

图 10.2

可见,当光线从大端面射入圆锥形光纤时,入射孔径角 U_1 比出射孔径角 U_2 小.和同样材料的圆柱形光纤相比较,在出射端孔径相同的情况下,圆锥光纤的数值孔径比圆柱光纤的要小.即

$$NA_1 = n_0 \sin U_1 = \frac{d_2}{d_1} \sqrt{n_1{}^2 - n_2{}^2} \tag{10.5}$$

第二节   光纤传光束和传像束

由上面的讨论可知,阶梯型光纤既具有传递光能的特性,又具有可绕性,因此在很多光纤仪器中常利用光纤束作为传光和传像的光学元件.所谓光纤束就是把许多单根光纤的两端用胶紧密地粘合在一起,做成不同长度和不同截面大小与形状的光纤元件.光纤束既可作为传光束,又可作为传像束.传光束的作用是传递光能,传像束的作用是传递图像.因两者的作用不同,其结构和要求也不尽相同.下面分别进行介绍.

一、传光束

传光束既然是传递光能的,因此要求传光束具有一定的光能透过率.影响传光束光能透过率的主要因素有:

1.光纤端面的反射损失；

2.光纤纤芯与包层分界面非全反射损失；

3.光纤纤芯材料的吸收损失；

4.填充系数.

前三个因素的具体计算已在上一节阶梯型光纤中讲过,这里不再重复.

光纤束是由许多单根光纤紧密粘接而成,除了胶层占有一定空间外,光纤的外包层和排列间隙都占有光纤束的截面空间,这些空间是不能传递光能的,而能够传递光能的只有光纤的纤芯截面.我们把光纤束纤芯截面的总和称为有效传光面积,有效传光面积与光纤束端面面积之比称为光纤束的填充系数.光纤束的填充系数永远小于1,它与光纤的外包层厚度及光纤束的排列方式有关.一般情况下,光纤的排列有两种方式:一是正方形排列,如图 10.3a,所示,其填充系数约为 78.5%；另一种为六角形排列,如图 10.3b 所示,其填充系数约为 90.7%.

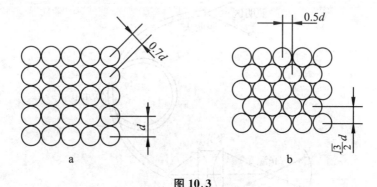

图 10.3

考虑 1,2,3 三个因素后的透过率分别用 K_1,K_2,K_3 表示,设填充系数为 k. 综合上述因素,光纤传光束的总透过率为

$$K = k \cdot K_1 \cdot K_2 \cdot K_3 \tag{10.6}$$

光纤束集光本领的大小用数值孔径这个参数表示,数值孔径越大,进入光纤束的光线越多,输出的光能量当然也越大.

对于传光束,还有一个很重要的参量称光谱吸收系数.它表示光纤纤芯材料对不同波长光的吸收情况.入射光是白光时,若纤芯材料对不同波长吸收差别较大,那么输出就不再是白光了.这对有些光纤仪器,比如医用光纤内窥镜来说是不允许的.

光纤传光束按外形可分为三种类型.

1.普通单束型

普通的单根传光束的作用是在两点间传递光能量,将光传输到远处或者无法用其他方法传送到的位置.如图 10.4 所示,这是一个作为医疗检查的照明灯.由于光学纤维很细,传光束具有柔曲性,所以光源可以随意安放,照明头也可任意改变位置,变换照明方向,增加了照明装置的使用灵活性,并能把光送到任何复杂通道或内腔中去.由于光纤数值孔径大,所以照明头发出的光束亮度大.这种传光束还可用作目视监视.例如,司机在驾驶位置上,通过传光束可以监视汽车上的每一个灯(即侧灯、刹车灯和方向指示灯),还可用传光束来监控不可接近的光源和高温、危险区域等,既可靠又安全.这种传光束还能应用于扫描系统,把光纤一端与扫描头连结,另一端与光能接收器连结,便可以进行大面积扫描,比一般光学系统来完成同样任务要简单得多.

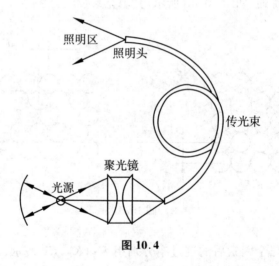

图 10.4

2. 分支传光束

具有两个分支的传光束是分支传光束中最简单的一种型式,通常称为 Y 型传光束.这种传光束可用来合并两束光,或者把一束光分离成两束光.例如,在照明装置中,当主光源发生故障,需要有一个备用光源时就采用 Y 型传光束.这种型式的传光束也常用在光纤传感器中,其原理如图 10.5 所示.从图中可以看出,传光束的一个分支用来照明被测目标,另一个分支将反射光传导到光电探测器上.反射光量的任何变化,将导致探测器输出信号的强弱变化.因而,这种光纤传感器可用来检测表面粗糙度、位移、变形等.

为了实现多路同时照明,需要采用多分支传光束,把一传光束分成多个分支,每一个分支照明一个目标,比如,飞机、汽车上表盘的照明就是采用这种多分支传光束,只需用一个灯泡就可同时照明不同位置上的许多表盘,这比一个灯泡照明一个表盘更可靠,而且仪器结构可以小型化.

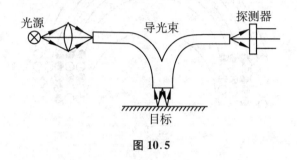

图 10.5

3. 形状变换传光束

由于纤维束中每根光纤独立地发生作用,彼此之间没有空间位置上的联系.因此,每根纤维的输出端相对于输入端可以作适当的改变,也就是传光束输出截面形状相对输入面可以变化.这种形状可变换传光束用在照明装置中时可以提高光能利用率.例如,用一个点状光源照明一个长狭缝,可以把传光束的输入端排成圆形,通过透镜把光源发出的光聚焦在传光束的输入端面上,而把传光束的输出端排列成线状,使光源发出的能量都能照到狭缝上.这种传光束所具有的改变光束分布状态和形状的能力,也为信息显示提供了方便.使输入面从聚光系统那里接收最大的光量,而输出面则显示所要求的符号和图表.形状变换传光束在显示系统中应用的实例很多,如公路标志的显示中,可显示速度限制和方向指示,以及在各种场合应用的数字显示器等.

二、传像束

传像束之所能传递图像是因为组成传像束的每一根光纤好比一个像元,当传像束的光纤呈有规则排列时,即输入端与输出端的光纤为一一对应时,输入端的图像(或称亮暗)被光纤取样后传输到输出端,如图 10.6 所示.就传像束中的单根光纤而言,其传光特性与传光束中的光纤相同,要求有一定的光能透过率,而对传像束的光谱吸收情况比传光束要求更严,因为它是获得优良彩色图像的基本保证.

但是,作为传输图像的光学元件,更重要的是能够传输清晰的图像,即传像束应具有较好的图像分辨率,这不仅与组成传像束的光纤直径有关,即与取样点的大小有关,还与光纤的排列方式和排列紧密程度有关,即与取样点的多少有关.

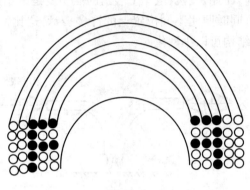

图 10.6

忽略胶层厚度,认为光纤互相紧贴.当单根光纤直径 d 一定时,传像束分辨率主要取决于光纤排列方式与使用状态.排列方式不同,相邻两光纤排列间距不同,取样间距也不同,因此分辨率也就不同.对正方形排列,如图 10.3a 所示,在 0°和 90°方向上,其取样间距等于单丝直径 d,所以分辨率为

$$N_\text{正} = \frac{1}{2d} \qquad (10.7)$$

但在 45°和 135°方向上,交错光纤的中心位于同一直线上,其取样间距为 $0.7d$,因此得分辨率为

$$N'_\text{正} = \frac{1}{1.4d} \qquad (10.8)$$

对正六角形排列,如图 10.3b 所示,在 0°,60°,120°方向上,取样间距为 $\frac{\sqrt{3}}{2}d$,因此分辨率为

$$N_\text{六} = \frac{1}{\sqrt{3}d} \qquad (10.9)$$

但在 30°,90°,150°方向上,交错光纤的中心位于同一直线上,其取样距离为 $0.5d$,因此分辨率为

$$N'_\text{六} = \frac{1}{d} \qquad (10.10)$$

显而易见,六角形排列的传像束分辨率要比正方形排列的高,而且这两种排列的传像束都是在不同方向上有不同的分辨率.

　　上面讨论的是传像束在静态条件下的分辨率,当传像束对被传递的图像做相对运动时,即在动态情况下取样时,每根光纤可分时对很多像元取样,因此,输出图像则是动态取样的综合效应,克服了静态条件下出现的图像像元漏取的缺陷,从而提高了传像束的分辨率.根据实验与计算,传像束的动态分辨率与光纤排列方式无关,其大小为

$$N_{动} = \frac{1.22}{d} \tag{10.11}$$

显然,传像束的动态分辨率远高于静态分辨率.

　　不管什么排列方式,分辨率与光纤直径 d 成反比,直径越小则分辨率越高.但是,光纤直径减小,会使光线在光纤内的反射次数增加,非全反射光能损失会加大,光纤的透过率就会下降.因此,光纤直径不能过小,光纤传像束中的光纤直径通常是 $10\sim20\ \mu\mathrm{m}$.

　　长度较长的传像束具有很好的可绕性,它广泛应用于各种类型的光纤内窥镜中,关于光纤内窥镜,下一节要作详细介绍.

　　当光纤传像束的长度变短,口径变粗而成为片状时,这种特殊的传像束称为光学纤维面板,它是把很多根光纤通过加热,加压熔接在一起的光纤棒切成片状而成.

　　光纤面板的最大用途是作为像面变换器.在设计大视场大孔径的光学系统时,经常遇到系统的像面弯曲和其他像差的校正发生矛盾.如果光学系统不校正像面弯曲,则往往可以使其他像差达到更好的校正,这样的光学系统可以在一个曲面上得到清晰的像.如果直接用感光底板来接收,仍然不能使整个像面清晰.假如在系统的像面上放置一块光纤面板,把光纤面板的一面磨成和弯曲的像面相一致,另一面磨成平面,如图 10.7 所示.这样就可以在光纤面板的平面上得到一个清晰的平面像.这块光纤面板起到了把弯曲像面变换成平像面的作用,或者说它补偿了像面弯曲.

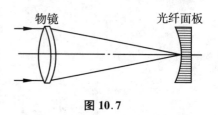

图 10.7

　　光纤面板的变换像面的作用在电子光学系统中也有重要应用.图 10.8 所示为像增强管成像系统.由于像增强管的阴极和荧光屏都是凸面,为了要让物镜成的平面像经增强管后仍以平面像输出,在系统中加进两块平凹型光纤面板,它们起到了把像面由平面变换成球面,又由球面变换成平面的作用.

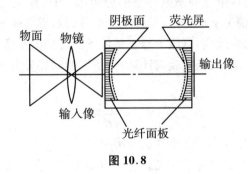

图 10.8

　　图 10.9 所示为光纤面板在多级像增强管和变像管耦合系统中的应用. 光纤面板的两端面形状和阴极面、荧光屏面相吻合,从而使图像从上一级荧光屏传递到下一级的光电阴极面. 当然光纤面板的加入,会带来附加的光能损失和分辨率的下降.

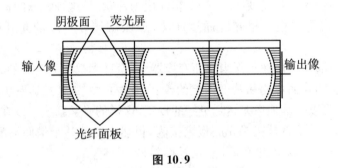

图 10.9

第三节　　光纤内窥镜系统

　　光纤内窥镜分为医用和工业用两大类. 医用内窥镜有上消化道胃镜、十二指肠镜、结肠镜、支气管镜等数种;工业内窥镜也有很多类型. 不同的内窥镜,虽然其功能和用途各不相同,但各种光纤内窥镜的光学系统都是基本相同的,如图 10.10 所示. 下面以光纤胃镜为例,来说明内窥镜光学系统的原理和特点.

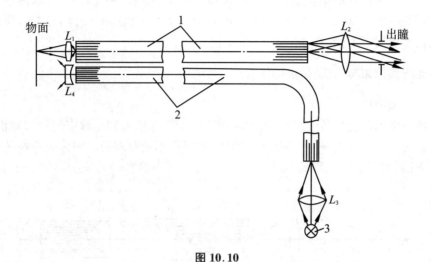

图 10.10

一、光纤内窥镜光学系统原理和参数要求

在图 10.10 中，L_1 为物镜，L_2 为目镜，L_3 为聚光镜，L_4 为照明发散透镜，1 为传像束，2 为传光束，3 为照明光源. 图中的光学系统分为两部分，一部分为目视系统，物镜将物体成像在传像束前端面，经传像束传递到其后端后上，人眼通过目镜观察传像束端面的像；另一部分为照明系统，光源经聚光镜会聚到传光束端面，光经传光束传递到其前端通过发散透镜射出照亮物面.

由于医用胃镜是通过人体的口腔、食道进入胃部，因此要求胃镜管的外径越细越好，以减轻病人痛苦，而内窥镜的功能又不能减少，须在镜管内设置传像通道、传光通道、给水给气通道、摆动头部通道和取活组织通道，所以目前国内外使用的医用胃镜，镜管外径通常是 $\varnothing 13$ mm，最细为 $\varnothing 9.8$ mm. 为了使输出图像包含更多信息，希望传像束直径，即图像截面越大越好. 显然上述两种要求是矛盾的，考虑兼顾两者的需要，目前内窥胃镜的传像束直径一般取 $2\sim 3$ mm 左右. 传像束按六角形排列，单丝直径一般是 17 μm，即分辨率 34 线对/毫米；最细可为 12 μm，即分辨率 48 线对/毫米. 填充系数为 90.7% 的情况下，2×2 mm^2 传像束的像元数分别为 12500 个和 25000 个.

内窥镜是通过其前端物镜来观察物体的，物镜视场角越大，观察范围越广，对提高诊断与治疗速度、减轻病人痛苦均有益处. 所以内窥胃镜的视场大，通常都大于 70°. 由于人体胃腔结构形状较复杂,物面到物镜距离不确定,因此要求内窥镜物镜必须具有较大景深,一般为 $-5\sim-100$ mm,又考虑到照明光源亮度大,所以相对孔径要求属中等档,$D/f'=1/3\sim1/4$ 左右.

二、光纤传像束与物镜、目镜的配合

1.光瞳衔接

传像束的功能是传输图像,因此必须有一幅图像输入到传像束的输入端面.在光纤系统中,担任这一任务的是成像物镜,它可把不同距离处的物体成像在传像束的输入端,如图 10.11 所示.

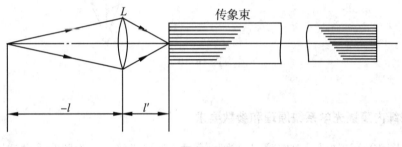

图 10.11

设物为 AB,经物镜成的像为 $A'B'$,由图 10.12 可看到,对轴上像点 A' 来说,成像光束的立体角相对光轴是对称的,而对轴外像点 B' 来说,其成像光束是相对主光线对称的.$A'B'$ 与传像束输入端面重合.A' 点的光束正入射在传像束输入端面上,而轴外 B' 的光束斜入射在传像束输入端面上.当物镜 L 的像方孔径角 U' 和光纤的数值孔径角 U 相等时,A' 的光束能全部进入传像束中传输,而轴外 B' 的光束,由于其主光线与传像束输入端面法线成一 ω' 夹角,所以使光束中的一部分下光线的入射角大于传像束的数值孔径角而通不过传像束,这相当于几何光学中的拦光,随物镜视场角的加大,像点 B' 的拦光增多,通过传像束的光能量减小,传像束输

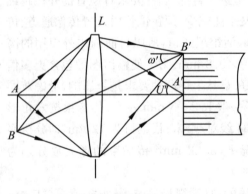

图 10.12

出图像边缘变暗,这是不允许的.为解决这个问题,光纤系统的物镜须设计成像方远心光路,如图10.13所示.由于孔径光阑置于物镜前焦面处,使物镜的像方主光线平行于物镜光轴,因此轴外像点 B' 的光束与轴上像点 A' 一样,都是正入射到传像束的输入端面上,都能通过传像束传输,不存在拦光现象,可得到与输入图像光强分布一致的输出图像.

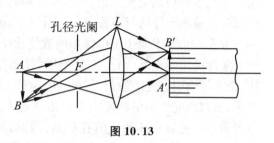

图 10.13

　　传像束直径比较小,要想观察到传像束端面的图像,还必须在输出端后面设置目镜.因为物镜是像方远心光路,为保证光瞳衔接,目镜必须设计成物方远心光路,如图10.14所示.

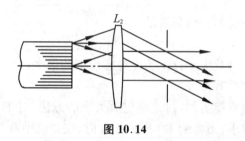

图 10.14

　　综上所述,光纤内窥胃镜的目视光学系统如图10.15所示.

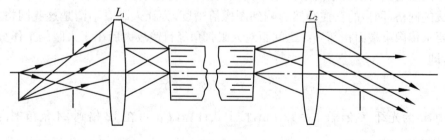

图 10.15

2.孔径角匹配

上面的讨论告诉我们,为使观察到的图像不出现渐晕现象,光纤系统中的物镜和目镜都要采用远心系统,这样光瞳的位置就定了.但是光瞳的大小,也就是孔径角大小又该如何确定呢? 很显然,为了确保传像束输入图像上每一点的光能都能全部到达输出图像的对应像点(假设传像束透过率为 1 的情况下),必须满足:物镜的像方孔径角等于或小于传像束的数值孔径角.

实际应用的光纤,由于工艺原因,纤芯与包层界面不可能理想,夹进颗粒、气泡、杂质等会引起光的散射.另外,由于纤芯很细,当光束通过光纤时伴随着衍射的产生,所以从光纤出射的光线孔径角应大于入射孔径角,不管入射孔径角多大,出射光束总应充满光纤的数值孔径角.因此,传像束和目镜的孔径之间的关系应满足:传像束的像方孔径角等于目镜的物方孔径角,它们都等于光纤的数值孔径角.

由上面讨论可知,在光纤光学系统中,当考虑光瞳位置的衔接时,犹如不存在传像束的两个系统组合一样;而当考虑光瞳大小衔接时,则前后系统必须独自考虑.

3. 放大率分配

光纤内窥光学系统的总倍率满足

$$\beta = \beta_物 \cdot \beta_纤 \cdot \Gamma_目$$

式中,$\beta_物$ 为物镜的垂轴放大率;$\beta_纤$ 为光纤传像束的倍率;$\Gamma_目$ 为目镜的视放大率.每一个放大率参量都带有符号.

下面以光纤内窥胃镜为例,讨论确定放大率的方法.对于光纤内窥胃镜,通常提出这样一个技术要求:当物距 $l = -30$ mm 时,在胃镜中看到的像与物体在大小与方向上都一致,即 $\beta = +1$.按此要求,对各部分的放大率分别计算如下:

1) $\Gamma_目$

人眼通过目镜观察的是传像束端面的图像,传像端面是由很多根光纤端面所构成的网格,网格的存在必然影响到图像清晰度.为让人眼看不清楚这些网格,必须要求传像束端面相邻光纤之间距对人眼张角经目镜放大后小于人眼的工作分辨角,即

$$\frac{d}{250} \cdot \Gamma_目 \leqslant (2' \sim 4')$$

式中,d 为光纤直径.若 $d = 12~\mu m$,按上式计算,$\Gamma_目$ 可在 12 倍到 24 倍范围内选取.取 $\Gamma_目 = 15$ 倍.则 $f'_目 = \frac{250}{\Gamma} = 16.67$(mm)

2) $\beta_纤$

传像束光纤为圆柱形光纤(也可是圆锥形光纤,但用得较少),所以输出图像与输入图像大小相等.因为目镜视放大率为正,物镜垂轴放大率为负,故满足总放大

率为正时,必须要求传像束实现倒像,即 $\beta_{\text{纤}} = -1$,因光纤传像束很长(光纤胃镜中的长度为 1.2 米左右)而且柔软,所以让传像束出射端相对入射端扭转 $180°$ 是完全可行的.

3)$\beta_{\text{物}}$

因 $\Gamma_{\text{目}} = 15$ 倍,则 $\beta_{\text{物}} = -\dfrac{1}{15}$ 倍.由高斯成像公式 $\dfrac{1}{l'} - \dfrac{1}{l} = \dfrac{1}{f'}$,已知 $l = -30$ mm,$l' = \beta_{\text{物}} \cdot l = 2$ mm,由此计算得 $f'_{\text{物}} = 1.875$ mm.

三、照明系统

采用传光束将体外光源发出的光传导到胃腔内,为扩大照明面积,在传光束出射端加负透镜.为提高光能利用率,在传光束入射端与光源间加入聚光镜.为提高照明亮度,采用高亮度光源,为提高观察视场的照明均匀性,传光束可以做成分叉式,分别位在物镜的两侧.为适合人体的需要,需采用冷光照明.有关光纤冷光照明的更多内容在第八章中已有叙述,此处不再重复.

四、内窥图像显示系统

内窥镜中的目视系统,只能供单人观察.为了能让多人观察,并记录下内窥镜观察到的结果,在目视系统后可加入照相记录和图像显示系统,其原理如图 10.16 所示.

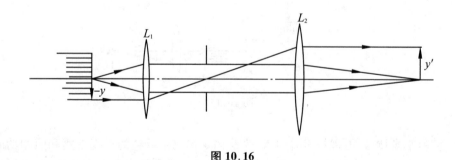

图 10.16

图中,L_1 为目镜,L_2 为照相镜或电视摄像物镜.L_1 和 L_2 之间为平行光,因此 L_2 输出图像的大小取决于 L_2 的焦距长短,即

$$y' = -\frac{f'_2}{f'_1} y$$

式中,$f'_1 = f'_{\text{目}}$;$2y$ 为传像束直径,是已知的.当要求一定的 y' 时,便可求出照相或

电视摄像镜头的焦距 f'_2. L_2 的视场角与 L_1 的相等；L_2 的相对孔径是 L_1 的(f'_1/f'_2)倍.

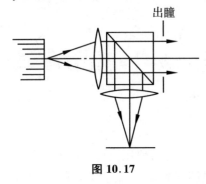

图 10.17

如果要求目视观察与电视摄像同时进行，就需在 L_1 后面加进分光棱镜，把光路分成两部分，如图 10.17 所示.分光膜的分光比视两光路接收器的灵敏度而定.若出瞳到目镜距离中放不下分光棱镜，就需要采用更为复杂的光学系统，比如，如图 10.18 所示的系统.图中 L_1，L_2，L_3，L_4 焦距相同，L_1 与 L_2 组成 $\beta = -1$ 倍转像组，中间为平行光路，有充分空间可放置分光棱镜.人眼通过 L_3 观察到的是与传像束端面同样

大小的像，但方向颠倒了.摄像光路中又引入一根传像束.其目的是为摄像机提供更自由更方便的工作位置.

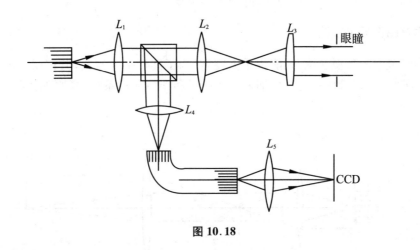

图 10.18

随着激光技术、电视技术等引入，光纤内窥镜已由单纯的目视观察和照相功能而发展成还具有激光诊断治疗，电视图像实时显示及分析处理等多种功能，光纤内窥仪器已由光、机组合发展成了光、机、电、计算机一体化的精密仪器，成功而广泛应用于多种领域.

光纤内窥镜由于它的柔软可弯曲性，为它提供了特殊的使用场合，但是正因为它在使用过程中镜管需要经常弯曲，客观引起传像束中的光学纤维断裂而变成不能通光的"黑丝"，使传像束端面出现黑点而影响图像质量.随着电子技术发展，超小型彩色 CCD 传感元件应用于内窥镜中作为传像元件,形成新型的电子内窥镜,使内窥镜行列中又多了一个伙伴.

第四节　梯度折射率光纤

　　在阶梯型光纤中,不同孔径角入射的光线,在光纤内部所走的几何路程不一样,即每条光线的光程都不相同.所以,由同一点发出的光线在光纤中传输的时间不相等.如果输入的是一个瞬时光脉冲,该脉冲中以不同孔径角入射的光线经光纤传输后,到达输出端时不再在同一时刻,瞬时脉冲被展宽,脉冲的持续时间加大.当把光纤用来作为传递信息的导体时,由于脉冲时间展宽,单位时间内能够传递的信息就会减少,光纤所能传输的总信息容量就会受到限制.为了避免脉冲的展宽,出现了梯度折射率光纤.

　　梯度折射率光纤的折射率分布在光纤横截面内是不均匀的,中心折射率最高,沿着径向越偏离中心,折射率越低,折射率的分布符合以下关系

$$n = n_1 \left(1 - \frac{1}{2} A r^2 \right) \tag{10.12}$$

式中,n_1 为光纤中心折射率;A 为折射率分布系数;r 为光纤横截面内离中心的径向距离.由于横截面内折射率分布是逐渐变化的,所以梯度折射率光纤又称渐变型光纤.这种梯度折射率光纤在沿中心轴线方向折射率为一常量.图 10.19a 表示在 xyz 坐标系中的梯度折射率光纤,图 10.19b 为这种光纤在 yz 坐标面即光纤横截面内的折射率分布曲线.

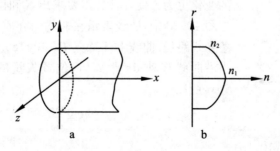

图 10.19

一、非均匀介质中的光线微分方程式

　　梯度折射率光纤的介质折射率是连续变化的,因此,为讨论光线在梯度折射率光纤中的轨迹,必须首先导出非均匀介质中的光线传播方程式.

　　光波是一种电磁波,光波在空间的传播应严格遵循电磁场在空间传播的麦克斯韦波动方程.如果把光波波长看做无限小,便可得到不均匀介质中波动方程式的几何光学近似式,即程函方程

$$(\nabla L)^2 = n^2 \tag{10.13}$$

式中,L 为光程;∇L 为光程的梯度;n 是光传输空间介质折射率.

　　若用直角坐标表示,程函方程又可以写成为

$$\left(\frac{\partial L}{\partial x}\right)^2 + \left(\frac{\partial L}{\partial y}\right)^2 + \left(\frac{\partial L}{\partial z}\right)^2 = n^2 \tag{10.14}$$

　　程函方程是几何光学中描述光程传播的基本方程式.它指出,光程梯度的绝对值与介质的折射率相等.

　　下面再将程函方程作适当变换,让它表示成折射率的不均匀性和光线的弯曲路径之间的关系式.

　　设光线在空间传播的方向单位矢量为 S,光的传播方向就是波面法线的方向,也就是光程的梯度方向,即 ∇L 的方向.所以,沿光线方向的单位矢量为

$$S = \frac{\nabla L}{|\nabla L|}$$

利用程函方程(10.13),单位矢量 S 又可表示为

$$S = \frac{\nabla L}{n} \tag{10.15}$$

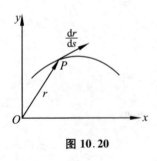

图 10.20

　　为了用坐标表示光线的路径,把 S 表示成位置矢量的变化更为方便,所以,需要求出 S 和位置矢量的关系.在图 10.20 中,曲线表示在非均匀介质中传播的任意一条光线路径.曲线上任意点 $P(x,y,z)$ 的位置矢量为 r,当沿曲线移动 $\mathrm{d}s$ 距离后,位置矢量的变化量为 $\mathrm{d}r = S\mathrm{d}s$,所以

$$S = \frac{\mathrm{d}r}{\mathrm{d}s} \tag{10.16}$$

以(10.16)式代入(10.15)式,得

$$n\frac{\mathrm{d}r}{\mathrm{d}s} = \nabla L \tag{10.17}$$

将(10.17)式写成其分量形式

$$n \frac{\mathrm{d}x}{\mathrm{d}s} = L_x \left.\begin{array}{l} \\ \end{array}\right\}$$

$$n \frac{\mathrm{d}y}{\mathrm{d}s} = L_y \left.\begin{array}{l} \\ \end{array}\right\} \qquad (10.18)$$

$$n \frac{\mathrm{d}z}{\mathrm{d}s} = L_z \left.\begin{array}{l} \\ \end{array}\right\}$$

式中

$$L_x = \frac{\partial L}{\partial x}, \quad L_y = \frac{\partial L}{\partial y}, \quad L_z = \frac{\partial L}{\partial z}$$

将(10.18)的第一式进行 s 全微分,因为 x,y,z 是 s 的函数,所以

$$\frac{\mathrm{d}}{\mathrm{d}s} n \frac{\mathrm{d}x}{\mathrm{d}s} = \frac{\mathrm{d}L_x}{\mathrm{d}s} = \left(\frac{\mathrm{d}x}{\mathrm{d}s} \frac{\partial}{\partial x} + \frac{\mathrm{d}y}{\mathrm{d}s} \frac{\partial}{\partial y} + \frac{\mathrm{d}z}{\mathrm{d}s} \frac{\partial}{\partial z} \right) L_x$$

$$= \frac{\mathrm{d}x}{\mathrm{d}s} L_{xx} + \frac{\mathrm{d}y}{\mathrm{d}s} L_{xy} + \frac{\mathrm{d}z}{\mathrm{d}s} L_{xz} \qquad (10.19)$$

将(10.18)代入(10.19),得

$$\frac{\mathrm{d}}{\mathrm{d}s} n \frac{\mathrm{d}x}{\mathrm{d}s} = \frac{1}{n} \left[L_x L_{xx} + L_y L_{xy} + L_z L_{xz} \right]$$

$$= \frac{1}{2n} \frac{\partial}{\partial x} (L_x^2 + L_y^2 + L_z^2) \qquad (10.20)$$

利用程函方程(10.14),上式又可写成

$$\frac{\mathrm{d}}{\mathrm{d}s} n \frac{\mathrm{d}x}{\mathrm{d}s} = \frac{1}{2n} \frac{\partial}{\partial x} n^2 = \frac{\partial n}{\partial x}$$

对于 y,z 分量,也可用同样方法,归纳其结果可得到下式

$$\frac{\mathrm{d}}{\mathrm{d}s} \left(n \frac{\mathrm{d}\boldsymbol{r}}{\mathrm{d}s} \right) = \triangledown n \qquad (10.21)$$

式(10.21)的右边表示折射率的变化量,因为 $d\boldsymbol{r}/ds$ 是沿路径的单位矢量 $\boldsymbol{S}$,所以,左边表示沿路径的单位矢量的变化,即路径的弯曲量.(10.21)式直接表示了光线传播路径与折射率变化量之间的关系,称为在非均匀介质中的光线微分方程式.

二、 梯度折射率光纤中的光线轨迹

利用非均匀介质中的光线微分方程式,就可求得光线在梯度折射率光纤中的传播路径.光线微分方程式(10.21)在大多数情况下很难求解,但在梯度折射率光纤中,根据光纤本身特性以及作某些近似,可以将微分方程简化.

    首先认为光线和光纤轴线之间的夹角很小,这样的光线称为近轴光线,和第二章中共轴系统的近轴光线相类似,对这条光线可用 $\mathrm{d}x$ 代替 $\mathrm{d}s$,如图 10.20 所示.

    在梯度折射率光纤中,折射率 n 与 x 无关,折射率 n 的变化仅发生在光纤横截面内沿半径 r 方向上,而且在通过光纤中心轴线 x 轴的任何一个截面内,n 沿半径方向的变化情况都相同,所以只需取某一个截面,在此取 y,z 截面进行讨论便可,在 y,z 截面内,n 仅随 y 而变化,可用 y 代替 r.

    在以上条件下,光线微分方程式(10.21)可简化为

$$\frac{\mathrm{d}}{\mathrm{d}x}\left(n\,\frac{\mathrm{d}y}{\mathrm{d}x}\right)=\frac{\partial n}{\partial y}$$

即

$$n\,\frac{\mathrm{d}^2 y}{\mathrm{d}x^2}=\frac{\partial n}{\partial y} \tag{10.22}$$

梯度折射率光纤的折射率分布式(10.12)也可改写成

$$n=n_1\left(1-\frac{1}{2}Ay^2\right)$$

将上式两边对 y 求偏导数,得

$$\frac{\partial n}{\partial y}=-n_1 Ay \tag{10.23}$$

(10.23)式代入(10.22)式,得到

$$\frac{\mathrm{d}^2 y}{\mathrm{d}x^2}=-\frac{n_1}{n}Ay$$

对于近轴光线,可以近似认为 $n_1\approx n$,因此,上式又可写为

$$\frac{\mathrm{d}^2 y}{\mathrm{d}x^2}=-Ay \tag{10.24}$$

微分方程(10.24)的通解为

$$y(x)=B\cos(\sqrt{A}x)+C\sin(\sqrt{A}x) \tag{10.25}$$

(10.25)式即为在梯度折射率光纤中,位于过对称轴线 x 轴的平面内的近轴光线的轨迹方程.公式中的常数 B,C 由入射光线的位置坐标和方向确定.假定光线通过坐标原点 O 入射,如图 10.21 所示.将 $x=y=0$ 代入公式(10.25),得到 $B=0$,因此这样的近轴光线的轨迹方程为

$$y(x)=C\sin(\sqrt{A}x) \tag{10.26}$$

    (10.26)式表明,光线的轨迹为一条过原点的正弦曲线,如图 10.21 所示.正弦曲线的周期为

$$P = \frac{2\pi}{\sqrt{A}} \tag{10.27}$$

周期 P 和振幅 C（光线离开光纤中心轴线的最大距离）无关.由 O 点发出的近轴光线沿着周期相同；振幅不同的正弦曲线传播.

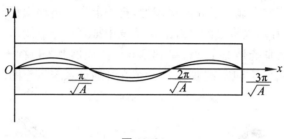

图 10.21

三、梯度折射率光纤的特点和应用

由上面的讨论已经知道,光线在梯度折射率光纤中传输时形成的是一条平滑的正弦曲线轨迹,在正弦曲线轨迹和光纤中心轴线相交处,光线都会聚在一起,也就是说,同一点发出的一束光线在梯度折射率光纤中传输一段距离后会会聚到一点,再经同样一段距离又会聚到一点,这种现象称为自聚焦.故梯度折射率光纤又有自聚焦光纤之称.具有自聚焦性质,这是梯度折射率光纤的第一个特点.虽然与 x 轴成较大夹角的实际光线不可能准确地相交在同一点,就好像一般光学系统中存在球差一样,但由于球差值与光线正弦曲线轨迹的周期相比是小量,所以这丝毫不影响梯度折射率光纤的自聚焦特性.此外,因为梯度折射率光纤中光线的光程要比阶梯型光纤中的短,光能吸收少;又因为它的折射率渐变,没有阶跃层,也就是不会有界面反射时的损失（光线不到纤壁即弯向轴心）;在界面处的疵病和杂质,也不会引起散射损失.因此,梯度折射率光纤的光能传输损耗要比阶梯型光纤小.光纤的传输损耗可用下式计算

$$\alpha = \frac{10}{L_2 - L_1} \lg \frac{P_1}{P_2} \tag{10.28}$$

式中,α 为对不同波长的光纤传输损耗,单位分贝（dB）;L_1,L_2 为光纤截面距起始点的长度,单位公里（km）;P_1,P_2 为 L_1,L_2 截面上的光功率.

目前,这种梯度折射率光纤的传输损耗很容易达到 0.2 dB/km（对 $\lambda = 1.55$ μm）.相当于 1km 长光纤,其光透过率达 95%,或者说,当光功率衰减一半时,0.2

dB/km 光纤的长度可为 15 km.

　　由于梯度折射率光纤具有自聚焦性质,所以所有光线在光纤内部具有共同的聚焦点.根据等光程条件,通过聚焦点的所有光线的光程相同,即传播时间相同.因此,瞬时光脉冲通过梯度折射率光纤时,在同一时刻到达光纤的输出端,输出脉冲的展宽很小,这就大大提高了光纤在单位时间内可能传递的信息容量.所以梯度折射率光纤在光通信方面显示了它的优越性,再加上光能传输损耗小,故而这种梯度折射率光纤在长距离,大容量的光纤通信系统中得到重要应用.

　　所谓光纤通信系统是把光导纤维和半导体激光器及光电探测器用在光通信中所形成的光通信系统,图 10.22 所示为一个光纤通信系统示意图.

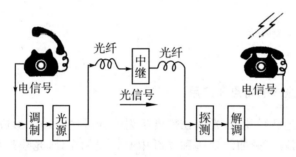

图 10.22

　　光纤通信系统首先将光源发出的已调制光波导入光纤中,经光纤传递后,在接收端解调,光信号又变成电信号.光信息在光纤传输过程中存在着传输损耗,如果输出信号的光功率低于某一定值时,接收端就会接收不到,所以传输距离是备受限制的.当传输距离很长时,就需要通过中断器将输出光信号放大后再传输.光纤传输信息具有无电磁感应,保密性强;重量轻,截面积小;可以适当弯曲,使用灵活方便等优点.尤其是低损耗光学材料发展和梯度折射率光纤的出现,使光纤传输具有了损耗低,频带宽及传输信息量大的重要优点,因此,受到各方面重视,得到迅速发展.目前,在公用天线电视(光缆电视);用于飞机、船舰、汽车、火车、车间和电力网等的控制和测量系统的信息传输;电子计算机内部的布线;建筑物内部通信;公用通信;海底通信,国际通信等很多领域都得到应用.光学纤维作为光通信的传输线,除了上述的各条优点外,还由于光纤是由石英玻璃或多组分玻璃系列制作的,它的原料是沙子,因此,它具有永远不会枯竭的原料资源.光学纤维在光通信中的前途是无限量的.

第四节　自聚焦透镜

由于光线在梯度折射率光纤中的轨迹是正弦曲线,如果截取一小段光纤,则从光纤出射端面出来的光线可以是发散的,也可以是会聚的,还可以是平行的.如图10.23所示,当出射端面在位置 Ⅰ 时,出射的是发散光.当出射面在位置 Ⅱ 时,出射光为会聚光.如果出射端面取在 Ⅲ 位置,则经光纤出来的光变为平行光.因此,一段梯度折射率光纤就相当于一个能使光发散或会聚的透镜,这种特殊的透镜称为自聚焦透镜.作为透镜的光纤直径通常为 1 mm 左右,自聚焦透镜又称梯度折射率棒.

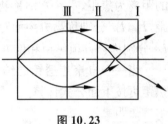

图 10.23

一、自聚焦透镜的基点位置和物像关系

自聚焦透镜既然和普通透镜一样能使光束发散或会聚,所以普通透镜中的基点,基面在自聚焦透镜中也同样存在,任意的物经过自聚焦透镜之后同样能形成像.图 10.24 所示是一段长度为 L 的梯度折射率光纤,这段光纤就是一个自聚焦

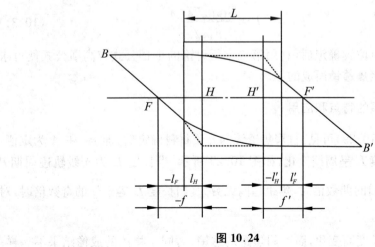

图 10.24

透镜,梯度折射率光纤的中心轴线就是自聚焦透镜的光轴.由物点发出两条光线,在空气中光线直线传播,在自聚焦透镜内部光线以正弦曲线传播,两条出射光线的交点 B' 即为 B 的像点,B 和 B' 为一对物像共轭点.和普通透镜的基点、基面同样定义,如果由 B 点发出的一条光线平行于光轴,那么它所对应的出射光线和光轴的交点便是像方焦点 F',反过来,如果出射光线平行于光轴,那么与它对应的入射光线和光轴的交点即为物方焦点 F.分别延长入射光线和出射光线,它们的交点必定位在物方主面和像方主面上,H 和 H' 分别为物方主点和像方主点.主平面离焦点的距离为焦距,f,f' 分别称物方焦距和像方焦距.透镜端面离主面的距离为主面距,l_H,$l_H{}'$ 分别称物方主面距和像方主面距.透镜端面离焦点的距离称顶焦距,l_F,$l_F{}'$ 分别称物方顶焦距和像方顶焦距.上述各参量的符号规则在第二章中已叙述.

当一个自聚焦透镜的结构参数 n_1,A,L 确定后,该透镜的焦距、主面距和顶焦距可按下面公式计算

焦距

$$f' = -f = \frac{1}{n_1 \sqrt{A} \sin(\sqrt{AL})} \tag{10.29}$$

主面距

$$l'_H = -l_H = \frac{-\mathrm{tg}\left(\frac{1}{2}\sqrt{AL}\right)}{n_1 \sqrt{A}} \tag{10.30}$$

顶焦距

$$l'_F = -l_F = \frac{\mathrm{ctg}(\sqrt{AL})}{n_1 \sqrt{A}} \tag{10.31}$$

当主面和焦点位置确定后,利用第二章所讨论的牛顿公式或高斯公式便可求出任意物体经自聚焦透镜所成的像.

二、 自聚焦透镜的特点和应用

由焦距公式(10.29)可见,自聚焦透镜的介质材料确定后,即 n_1 和 A 为定值,透镜焦距 f' 随长度 L 呈周期变化,如图 10.25 所示.当长度 L 为光线轨迹周期 P 的四分之一 $\left(\text{即} \frac{P}{4}\right)$ 的偶数倍时,焦距趋向无穷大,当长度 L 等于 $\frac{P}{4}$ 的奇数倍时,对应的焦距为极值.

由于焦距随长度而变化,而不同焦距的透镜,对同一物体的成像结果不一样.所以,不同长度 L 的自聚焦透镜具有不同的物像共轭关系.图 10.26 表示物体位

在自聚焦透镜前端面上时,截取不同长度的成像情况;图 10.27 表示物体位在透镜之前,当长度分别为 $\dfrac{P}{4}$,$\dfrac{P}{2}$,$\dfrac{3}{4}P$,P 时的成像情况. 显然,不同长度的自聚焦透镜对同一物体所成的像,其位置、大小、正倒、虚实都不相同.

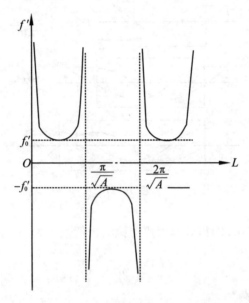

图 10.25

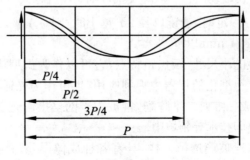

图 10.26

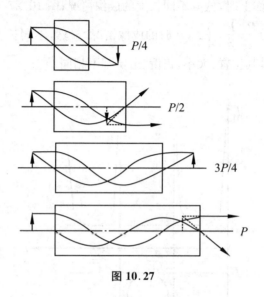

图 10.27

根据焦距公式(10.29)得到自聚焦透镜的极值焦距为

$$|f'_0| = \frac{1}{n_1\sqrt{A}} \tag{10.32}$$

A 是折射率分布系数

$$A = \frac{n_1^2 - n_2^2}{n_1^2 a^2} \approx \frac{2(n_1 - n_2)}{n_1 a^2} \quad (a \text{ 为纤芯半径})$$

当中心折射率 n_1 越大,边缘折射率 n_2 越小,则 $\sqrt{A}$ 值越大,极值焦距$|f_0'|$越小;若折射率差$(n_1 - n_2)$一定时,透镜口径 $2a$ 越小时,则 $\sqrt{A}$ 越大,极值焦距$|f_0'|$也越小. 极值焦距可小到 1 mm 以下.

　　由于自聚焦透镜的小尺寸、短焦距特点,它可以作为微型成像元件,在针头式内窥镜以及其他要求小型化的仪器中得到应用,也可作为光通信系统中的耦合镜头. 将自聚焦透镜排成一维或二维阵列,常被用于网格摄影光学系统、高均匀度照明系统、信息处理、复印技术等领域中.

　　自聚焦透镜和普通玻璃透镜一样,具有各种成像误差. 只要适当选择透镜口径、厚度与折射率分布系数及中心折射率,有使像差得到校正的可能,如果让透镜端面由平面改成各种曲率球面,并很好控制介质的阿贝数,则可增加校正像差的自由度. 随着成像质量的进一步改善,自聚焦透镜将越来越得到广泛应用.

习　题

1. 阶梯型光纤纤芯折射率 1.62, 包层折射率 1.52, 求此光纤的数值孔径 NA. 为提高光纤的数值孔径可以采取哪些方法?

2. 光纤束的光能损失主要是哪些原因造成的?

3. 汽车司机在驾驶室中需要监视在汽车外部不能直接看到的方向指示灯、刹车灯、侧灯等的工作情况, 你能应用纤维光学知识解决这一问题吗?

4. 光纤内窥镜物镜焦距 $f' = 2\ \text{mm}$, 视场 $2\omega = 90°$, 相对孔径 $D/f' = 1/4$, 问传像束的数值孔径应取多大? 若现有传像束的 $NA = 0.2$, 能否在此内窥镜中使用? 为什么?

5. 梯度折射率光纤和阶梯型光纤有什么不同?

6. 梯度折射率光纤的径向折射率分布为 $n = 1.5 - 0.2r^2$, 试求该光纤的焦距极值和光线轨迹的周期长度.

7. 在复印机中, 可采用自聚焦透镜作为 $+1$ 倍成像镜头. 满足这种使用条件的最薄透镜厚度范围为多大?

8. 在长度 $L = \dfrac{P}{4}$ 的自聚焦透镜上, 标出焦点 F, F' 和主点 H, H' 的位置(P 是自聚焦透镜中光线轨迹的周期).

第十一章 红外光学系统

本书一开头,我们就介绍了电磁波按波长分类的情况,$0.4\ \mu m \sim 0.76\ \mu m$ 称为可见光,这是最常使用的人眼可见的电磁波段.波长在 $0.76\ \mu m \sim 1000\ \mu m$ 的波段称为红外波段.红外波段通常分为四个区域:近红外($0.76 \sim 3\ \mu m$)、中红外($3 \sim 6\ \mu m$)、中远红外($6 \sim 20\ \mu m$)和远红外($20 \sim 1000\ \mu m$).红外波段人眼不可见,但是它可以被对红外敏感的探测器接收到.例如,我们将手从黑板的背面摸一下黑板,然后将手移开,用红外热象仪对准黑板,就可以从监视器上看到手的图像,虽然手已移开,但黑板上手的余温发出的红外辐射依然存在,热象仪接受了这个辐射并把它转换成视频信号,在监视器上就形成了手的图像.红外光自 1800 年被发现之后至今已二百多年,早期发展缓慢,直至上世纪二次世界大战期间和战后,随着军事上和航天上的需要,红外技术才得到了迅猛的发展.近些年来,红外技术在军事、医学、工业等领域的应用愈来愈广泛.例如导弹的红外导引头、人造卫星上的红外扫描仪、医学上的乳腺癌诊断仪、工业红外测温计等仪器和装置都是应用了红外技术制作出来的.

红外系统通常由光学接收器、光电探测器、信号处理与显示器三大部分组成.整个系统涉及大气传输特性、光电探测器件和光电转换等多种知识和技术,本章仅就红外仪器中的红外光学系统及与之有密切关系的内容作一简要讨论.

第一节 红外光学系统的功能和特点

一、红外光学系统的功能

红外光学系统的基本功能是接收和聚集目标所发出的红外辐射并传递到探测器而产生电信号.

对于红外成像系统,由于红外探测器光敏面积很小,例如单元锑化铟仅为 $\varnothing 0.1$ mm,在红外物镜焦距一定的条件,对应的物方视场角极小,因此,为了实现对大视场目标和景物成像,必须利用光机扫描的方法.红外成像系统中常含有扫描元件,从而实现大视场的搜索与成像.

对于红外探测系统,利用调制盘将目标的辐射能量编码成目标的方位信息,从而确定辐射目标的方位.

对于红外观察和瞄准系统,除了物镜系统外,在红外变像管后面装有目镜,可以用于人眼的观察测量与瞄准.

二、红外光学系统的特点

1) 红外光学系统通常是大的相对孔径系统.红外系统的目标一般较远,辐射能量也较弱,所以红外物镜应有较大的孔径,以收集较多的红外辐射.

2) 红外光学系统元件必须选用能透红外波段的锗、硅等材料,或者采用反射式系统.可见光系统中使用的普通光学玻璃透红外性能很差,最高也只能透过 $3\ \mu\mathrm{m}$ 以下的辐射,对于中远红外区域,必须采用某些特殊玻璃如含有氧化锆 $(\mathrm{ZrO_2})$ 和氧化镧 $(\mathrm{La_2O_3})$ 的锗酸盐玻璃、晶体如蓝宝石 $(\mathrm{Al_2O_3})$ 和石英 $(\mathrm{SiO_2})$、热压多晶、红外透明陶瓷和光学塑料如 TPX 塑料等.必须要根据使用波段的要求和材料的物理化学性能确定所用的材料.

随着红外技术的发展,目前已能制造出上百种能透过一定红外波段的光学材料,但是真正满足一定使用要求,物理化学性能又好的材料也只有二三十种.所以很多红外光学系统仍然采用反射元件.反射系统没有色差,工作波段不受限制,对材料的要求不高,镜面反射率可以很高,系统通光口径可以做得较大,焦距可以很长,因此许多红外光学系统采用反射式的结构.但反射式视场小,有中心遮拦,在有些场合也不尽合用.

3) 红外光学系统的接收器为红外探测器.与可见光光学系统不同,它的接收器不是人眼或感光胶片,而是能接收红外信号的光敏元件,如锑化铟、碲镉汞等,因此红外系统最终的像质不能简单地以光学系统的分辨率来判定,而要考虑探测器的灵敏度、信噪比等光电器件本身的特性.对于红外光学系统目前国外多采用点像能量分布(点扩散函数)的方法或者红外光学传递函数的方法评价成像质量.

第二节　红外物镜

　　红外物镜的作用是将目标的红外辐射接收和收集进来并传递给红外探测器.它的主要类型有透射式、反射式和折反射式三种.

一、透射式物镜

　　1. 单透镜

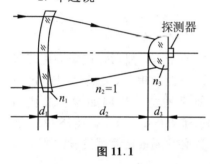

图 11.1

　　单个折射透镜是最简单的折射物镜,它可应用于像质要求不太高的红外辐射计中.这种物镜一般应满足最小球差条件,球差和正弦差均较小,孔径像差较小,但不适合用于大视场.当红外工作波段宽时,色差也较严重,它适用于工作波段不宽,且配上干涉滤光片使用.红外辐射计中所用锗物镜就是单个弯月形物镜,与之配合的探测器表面又加入了浸没透镜(见第三节),热敏电阻探测器紧贴在浸没物镜上,如图 11.1 所示.

　　2. 双胶合物镜和双分离物镜

　　双胶合物镜中正透镜用低色散材料,负透镜用高色散材料,除了能校正球差、正弦差并保证光焦度外,还可以校正色差,但实际上可用的红外材料不多,通常把两个透镜分开,中间有一定的空气间隔,r_2 和 r_3 也可以不相等,这就可以在较大范围内选用材料.通常,在近红外区采用氟化钙和玻璃,中远红外区采用硅和锗作为透镜材料.图 11.2 为用热压氟化镁(MgF_2)和热压硫化锌(ZnS)做成的双分离消色差物镜,在 $3.0 \sim 5.5$ μm 波段使用.这种物镜的缺点是装调较困难.

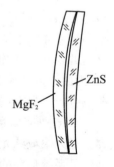

图 11.2

　　3. 多透镜组

　　为了达到较大的视场和相对孔径,红外物镜必须复杂化,要增加透镜个数,并采用合理的结构形式.图 11.3 所示为多透镜组.

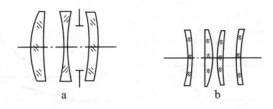

图 11.3

二、反射式物镜

前面说过,红外光学系统很多都采用反射式,主要原因是红外透射材料较少,选择余地不大,另外,红外系统工作波段通常较宽,用透射式物镜色差校正比较困难,而反射式物镜完全没有色差,且对反射镜本身的材料要求不高,所以反射式物镜在红外光学系统中应用广泛.但反射式物镜视场小,体积大,这是它的缺点.下面我们简要介绍几种反射式物镜.

1. 单球面反射镜

如果将孔径光阑置于球心处,轴外视场主光线通过孔径光阑中心,也就是通过球心,因此任意视场主光线均可视为光轴,各视场成像质量与轴上点相同,没有彗差、像散和畸变,但存在球差和场曲,像面为球面.实际使用中,常将球面镜本身作为孔径光阑,各种单色像差均存在,当视场加大时,像质迅速变坏,因此它适合于视场较小、相对孔径较小的情况.

2. 单非球面反射镜

常用的是二次曲面反射镜,有抛物面反射镜、双曲面反射镜、椭球面反射镜和扁球面反射镜等.

1) 抛物面反射镜.由方程

$$y^2 = 2r_0 x$$

决定的抛物线绕其对称轴旋轴一周即形成抛物面.图 11.4 是它的截面.平行光轴入射的轴向光束成像在抛物面的焦点,小视场成像优良.成像质量比球面反射镜要好得多,但抛物面加工比较困难.当球面反射镜不能满足要求时,常使用抛物面镜.图 11.4 是常用的两种抛物面镜,a 图中光阑位于抛物面焦面上,球差和像散为零,像质较好.b 图为离轴抛物面镜,焦点在入射光束之外,放置探测器较为方便.离轴抛物面镜应用较多,例如传递函数测定仪中使用的平行光管物镜许多为离轴抛物面镜.

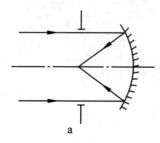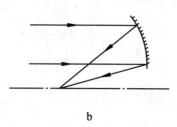

图 11.4

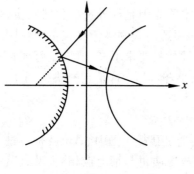

图 11.5

2) 双曲面反射镜. 双曲面反射镜是由方程

$$\frac{x^2}{a^2} - \frac{y^2}{b^2} = 1$$

的两根双曲线中的一根绕对称轴 x 旋轴一周而成, 取其一部分即为回转双曲面. 如图 11.5 所示, 其两个焦点之间等光程.

3) 椭球面和扁球面反射镜. 将椭圆方程

$$\frac{x^2}{a^2} + \frac{y^2}{b^2} = 1$$

的轨迹绕长轴旋转一周, 得到回转椭球面, 如图 11.6a 所示. 椭球面的两个焦点之间等光程. 椭圆曲线绕短轴旋转一周, 得到回转扁球面, 如图 11.6b 所示.

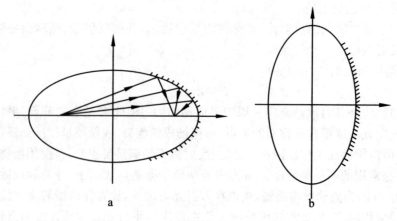

图 11.6

　　双曲面镜、椭球面镜和抛物面镜都可以单独作为一个物镜使用,但用在不同的情况下.如前所述,抛物面镜是把无限远发来的平行光轴的光线会聚其焦点上,椭球面镜是把一点发出的光束会聚到另外一点,而双曲面镜则是把会聚到一点的光束再会聚到另外一点处.尽管使用情况不同,它们都是利用二次曲面均有一对等光程、无像差共轭点的特点.

　　3. 双反射镜系统

　　双反射镜系统由两面反射镜组成,其中大的为主镜,另一块小的为次镜.较常用的有牛顿系统、格里高里系统和卡塞格林系统.这些系统在第七、十二章中都有介绍,这里不再赘述.

三、折反射系统

　　常用的折反射系统有施密特系统、曼金系统和马克苏托夫系统.曼金物镜如图 11.7 所示.

　　曼金折反射镜是由一个球面反射镜和一个与它相贴的弯月形折射透镜组成.弯月形物镜也是用来校正球面反射镜的像差,主要是球差和彗差,但色差较大,有时为了校正色差,把弯月物镜做成双胶合消色差物镜.

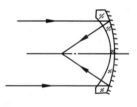

图 11.7

　　上面介绍了各种红外物镜,从设计角度看红外物镜的设计与可见光光学系统没有本质的区别,但在设计折射式和折反式物镜时,要特别注意光学材料的选择,因为透镜系统的像差和色差与材料的折射率 n 及色散有关,不同材料对不同波段有不同的透过率,这些都要精心考虑,设计时要参考有关的材料手册,本书不做专门介绍.还有,红外系统还存在冷反射的问题,即被冷却的探测器表面辐射信号又被光学表面反射到探测器上,从而影响了系统的质量,必要时也应该进行冷反射的计算.

第三节　辅助光学系统

　　红外系统接收器为对红外光敏感的探测器如碲镉汞、锑化铟等.探测器尺寸一般都比较小,若光学系统的焦距 f' 较长,视场 ω 较宽,入瞳直径 D 较大时,要求探测器尺寸也相应地加大,但探测器尺寸大时噪声就大,整个红外系统的信噪比降低.因此就需要在红外物镜后面加入一些辅助系统;在保持 f',ω,D 不变的情况下尽可能缩小探测器尺寸,或者说把光能尽可能多的收集到探测器中去,这些辅助光学系统就是场镜、光锥和浸没透镜.它们也常称为探测器光学系统.

一、场镜

在可见光系统中,场镜是经常用到的,特别是光路很长的情况下,不使用场镜,系统的体积就会很大,或者有较大的渐景.场镜通常加在像平面附近,它是在不改变光学系统光学特性的前提下,改变成像光束位置.在红外光学系统中场镜经常应用.在大多数红外辐射计、红外雷达系统中,需要在光学系统焦平面上安放调制盘,探测器放在焦后附近,这样在探测器上接收的光束就要增大,或者说探测器就要加大,如在焦面放一场镜,使全视场主光线折向探测器中心,就可以用较小的探测器接收整个光束,且整个探测器照度均匀,如图 11.8 所示.

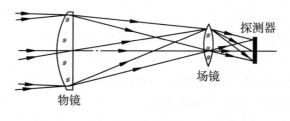

图 11.8

二、光锥

光锥为一种空心圆锥或由一定折射率材料形成的实心圆锥.光锥内壁具有高反射率.它的大端放在光学系统焦平面附近,收集光线并依靠光锥内壁多次反射传递到小端,小端口放置探测器,这样就可以用较小尺寸的探测器收集进入大端范围的光能.实心光锥光线传播情况如图 11.9 所示.

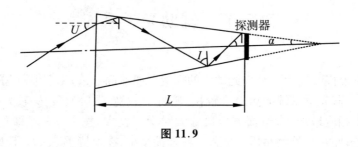

图 11.9

　　实际使用中也采用场镜与光锥的组合结构.如图 11.10 所示.a 图为空心光锥加场镜,b 图为将场镜与实心光锥做成一体.来自物镜的大角度光线先经场镜会聚再进入光锥大端,将减小进入光锥的入射角,有利于收集更大范围内的光能.

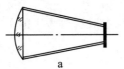 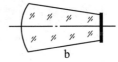

图 11.10

三、浸没透镜

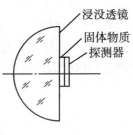

图 11.11

　　浸没透镜是粘接在探测器表面的高折射率球冠状透镜.前表面为球面,后表面为平面,平面与探测器表面光胶或粘接.如图 11.11 所示.它与高倍显微物镜中的浸液物镜类似,浸液物镜是将标本浸在高折射率液体中,提高了物镜的数值孔径 NA 值,使更多的光能进入物镜,提高了像的照度和分辨率.红外系统探测器前加入的浸没物镜一般用 Ge,Si 等高折射率红外材料做成,它可以有效地缩小探测器的尺寸,从而提高信噪比.

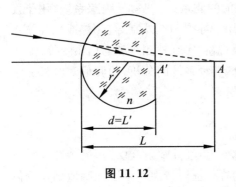

图 11.12

　　浸没透镜的加入改变了光线进行的方向,像的位置发生了变化,如图 11.12 所示.加入浸没透镜前的像点位置 A 和加入浸没透镜后的像点位置 A' 之间应该满足共轭点方程式.由于浸没透镜的后表面与探测器粘接,所以浸没透镜的成像可以看做是单个折射球面成像问题.如图 11.12 所示,设球面半径为 r,浸没透镜厚度为 d,球面顶点到 A 和 A' 的距离分别为物距 L 和像距 L',写出单个球面折射的物像关系式

$$\frac{n'}{L'} - \frac{n}{L} = \frac{n'-n}{r}$$

式中,物方折射率 $n = 1$;像方折射率 $n' = n$.像点要成在浸没透镜的后表面即探测器表面处,所以 $L' = d$,上式可写成

$$\frac{n}{d} - \frac{1}{L} = \frac{n-1}{r}$$

根据垂轴放大率公式又可写出

$$\beta = \frac{y'}{y} = \frac{nL'}{n'L} = \frac{d}{nL}$$

联立上面两式,消去 L,即可得到浸没透镜结构参数和放大率的关系式

$$\beta = 1 - \frac{n-1}{n} \cdot \frac{d}{r}$$

或

$$d = \frac{n}{n-1}(1 - \beta)r$$

单个折射球面一般是有像差的,适当选择共轭点位置可以消除宽光束小视场的像差.但实际上还是要考虑和主光学系统像差的匹配,使包括浸没透镜的整个系统达到最好的校正.

第四节 典型红外光学系统

红外系统按功能大致可以分为如下几类:①探测与测量系统.如辐射计、测温计、光谱仪等用于辐射通量的测定和光谱辐射的测量;②搜索与跟踪系统.用于发现红外目标、确定方位并进行跟踪、测量,常用于导弹的红外制导;③热成像光学系统.接受红外目标的辐射并形成图像,供人眼观察;④红外测距和通信系统等.

下面介绍几种典型红外系统,通过对这些典型系统的分析,使我们对红外光学系统的组成、功能等各个方面有一个概貌的了解.

一、红外测温光学系统

我们知道,温度高于绝对零度的物体都会产生红外辐射,红外辐射特性与物体表面温度有着密切的联系,所以,测定物体的红外辐射特性就可以准确地确定物体表面温度,它在工农业生产中例如炼钢生产、机械加工等领域内应用很广.红外测温依据不同的测量原理分成不同类型,如全辐射测温、亮度法测温、双波段测温等,但各类测温方法所采用的光学系统有许多共同之处.图 11.13 给出的就是一个红外测温仪光学系统的实例.

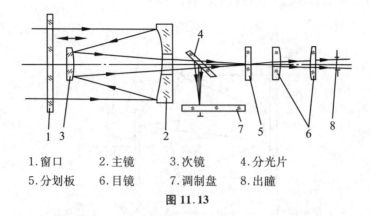

1.窗口　　　　2.主镜　　　　3.次镜　　　　4.分光片
5.分划板　　　6.目镜　　　　7.调制盘　　　8.出瞳

图 11.13

图中 2 为主镜,3 为次镜,目标光线通过双反射系统主镜、次镜的反射后,经分光片 4 分成两路,反射红外光通过调制盘 7 成像在 $\varnothing 0.6$ 的硫化铅器件上,透射可见光成像在分划板 5 上,人眼通过目镜 6 进行观察、瞄准.主镜与次镜的间隔可在 $-55 \sim -74.71$ mm 的范围内调节,以保证距离在 $500 \sim 5000$ mm 内的目标能被准确地瞄准与测温.

系统成像质量要求不高,所以主光学系统采用双反射球面系统,有利于降低成本.

二、红外跟踪光学系统

红外跟踪系统是接收给定远距离目标的红外辐射并跟踪其位置的系统.它采用调制盘或多元探测器进行扫描,产生目标位置的误差信号,由此误差信号驱动伺服系统使仪器不断修正方向对准目标.它主要用于导弹和飞行器的制导等军事方面.

下面给出一个双反射主系统和光锥、浸没透镜组合的红外跟踪系统的实例.

如图 11.14 所示,主系统采用卡塞格林系统,主镜为抛物面,次镜为双曲面,主系统焦平面位于主镜之后,光线先经主镜反射,再经次镜反射,再由主镜中间的洞中穿出到达焦平面.焦面上安置可绕 AA' 轴旋转的调制盘.该系统采用 $\varnothing 4$ mm 的硫化铅器件,工作波长为 $1 \sim 3\ \mu\mathrm{m}$,中心波长为 $1.8\ \mu\mathrm{m}$,相对孔径为 $1:1.45$,视场角 $2\omega = \pm 1.5^\circ$.主系统焦距为 $f' = 334$ mm.由于相对孔径很大,焦平面尺寸也较大,为了使光线聚交到尺寸较小的探测器表面上,该系统采用了空心光锥和浸没透镜,硫化铅元件用高折射率胶直接胶粘在浸没透镜后表面中心.浸没透镜采用锗材料,保护窗口采用 HWC21 红外玻璃材料.

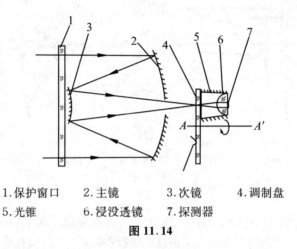

1.保护窗口　　2.主镜　　3.次镜　　4.调制盘
5.光锥　　6.浸没透镜　　7.探测器

图 11.14

三、热成像光学系统

　　红外热成像系统是收集目标上各点的红外辐射,经光电转换,使光信号变成模拟电信号,再经处理,最终在监视器上显示出目标的空间图形,虽然它反映的是目标各点温度的差异,但与可见光景物十分相似.由于它反映了目标各部分的热分布和各部分发射本领的差异,所以我们可以根据所成的热像分析目标各部分的状况,如医用热像仪可据此判断局部的病变.

　　热像仪大体可分为工业热像仪和医用热像仪两大类,它们原理是一样的,只不过工业热像仪的空间分辨率和热分辨率一般要求低一些,另外,工业热像仪拍摄的电网、轧制板材、水泥筒式转炉等工业热图,温度较高,常采用 InSb 探测器,医用热像仪拍摄对象是人体,常采用 HgCdTe 探测器.

　　下面给出一个红外热像仪光学系统的实例.

　　如图 11.15 所示,该系统由对近距离目标成像物镜、八面外反射行扫描转鼓、平面摆动帧扫描镜、准直透镜组组成.

　　系统要求工作距离为 2 m,孔径角 1.4°,物高 50 mm,其工作波长为 8～14 μm,中心波长为 10 μm,探测器采用 $\varnothing$0.15 mm 的单元碲镉汞器件.要求整个光学系统像点弥散斑直径小于 0.1 mm.

　　根据上述要求,光学系统应对有限距离成像;由于采用单元探测器,为了使目标上各点都能在探测器上成像,所以采用扫描方式,即利用八面外反射转鼓 3 进行行扫描,用平面摆镜4进行帧扫描,使整个物面各点先后在探测器上成像.由于像质要求高,这里采用透射式成像系统.实际上前组1和后组2构成了一个出射平行光的望远系统,转鼓和平面摆镜均位于平行光路中可以避免处于会聚光路中的散焦,有利的像质保证.前组1与后组2相对孔径相同,但后组视场大,所以后组复杂一些,由四片锗透镜组成.准直物镜接收由平面摆镜反射的平行光并将其成像在碲镉汞探测器上.

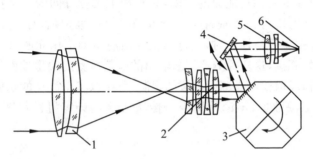

1.成像系统前组　　　　2.成像系统后组　　　　3.外反射行扫描转鼓
4.平面摆动帧扫描器　　5.准直透镜组　　　　　6.探测器

图 11.15

第五节　红外遥感仪器

上一节简单介绍了几种红外光学系统.基于航空航天技术的飞速发展,各种空间红外遥感仪器不断出现.故本节专门就红外遥感仪器的原理和特点作一介绍.

所谓遥感技术是指用飞机、卫星等运载工具把传感仪器带到空中以至太空去接收和记录地面、海洋或某种特定目标的电磁辐射信号,并对之进行识别、分类、判读和分析的技术.在农业、畜牧、地质、地理、测绘、海洋、天文、气象、环境科学、资源调查以及国防军事等多领域有广泛应用.

红外遥感与其他遥感相比较,它的工作波段更宽,能获得更多的目标信息,而且昼夜都能有效工作.但是红外辐射不能穿透云层,所以对于被云层覆盖的区域无能为力,必须采用微波遥感.红外遥感在空间分辨率方面比工作在可见光波段的光学遥感要低些.

红外遥感仪器按技术分类可分为红外扫描成像遥感仪器和红外光谱遥感仪两大类,在航空或航天应用中互有交叉.

一、红外扫描成像遥感仪

这是一种摄取远距离目标图像数据的仪器.在飞机或卫星上摄取地面辐射图像,常采用行扫描原理.摄取一幅平面图像,需要完成两个互相垂直方向上的扫描运动,由于飞机或卫星相对地面的运动,它实现了飞行方向的一维扫描,仪器内设置的机械运动反射镜可完成垂直于飞行方向的另一维扫描(见图11.16).控制扫描镜的转速,在扫完一行地面时,飞行器正好向前运动了像元所对应的地面距离,并使下一行很好邻接,这样探测器不断输出的电信号就反映出地面的图像数据.这种光电式行扫描成像仪不受辐射波段的限制,可摄取各个波长的辐射图像,而且可直接产生电学图像数据,不论是远距离传送或是用计算机进行图像处理都十分方便.

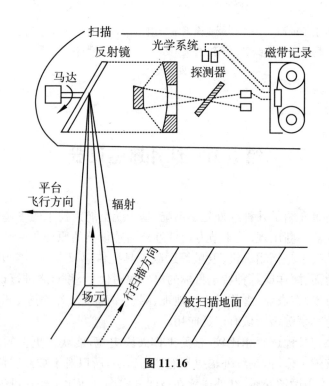

图 11.16

红外扫描成像遥感仪的类型很多,下面介绍两种:

1.多光谱扫描仪

多光谱扫描仪可在多个波段同时产生目标辐射图像数据.地面辐射由分光装置按波段分开,分别进入各自的探测器,并分别输出相应波段的地面辐射信号,因此可获得同一地面某一时刻各波段的图像数据.这类遥感仪可在可见光和红外波段同时产生多达 24 个波段的图像数据.

装在遥感飞机上的机载多光谱扫描仪和装在人造卫星上的星载多光谱扫描仪是现代遥感技术中的重要仪器,它们在自然资源勘探和军事侦察等许多方面得到成功的应用.当需要"宏观"来观察地球时,应采用星载多光谱扫描仪;当需要"微观"来观察地球时,则应采用机载多光谱扫描仪.前者的瞬时视场很小,约 0.1 mrad,但由于卫星轨道高,地面分辨率较低,约 50 M,后者的瞬时视场较大,约几个毫弧度,由于飞行高度低,地面分辨率较高,约几米.

图 11.17 为机载多光谱扫描仪的光学系统示意图.采用 45°反射镜作扫描元件,物镜为卡塞格林双反射镜系统,在 $0.4 \sim 12 \ \mu m$ 波段范围内,利用分色元件实现 9 个通道,在 $0.4 \sim 0.8 \ \mu m$ 波段共有 5 个通道,用光电倍增管作为探测器;$0.8 \sim 1.1 \ \mu m$ 为一个通道,采用硅光二极管作为探测器;$1.1 \sim 1.8 \ \mu m$ 通道的探测器用 InAs;$3 \sim 5 \ \mu m$ 通道的探测器采用 InSb;$8 \sim 12 \ \mu m$ 通道的探测器采用 HgCdTe.

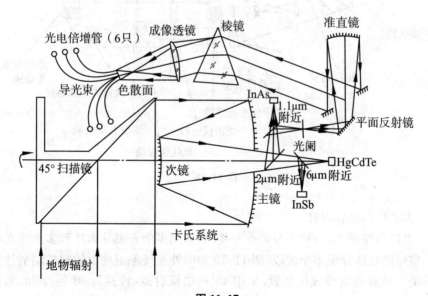

图 11.17

系统瞬时视场角 3 mrad×3 mrad.

星载多光谱扫描仪的工作原理和机载多光谱扫描仪是一样的,都是把地面目标来的辐射分成多个通道同时成像.由于卫星飞行高度很高,视场很小,所以不需要像机载系统那样采用 45°扫描镜扫过 90°视场,只需扫描镜作振动就可以了.

图 11.18 是天空实验室某星载多光谱扫描仪的光学系统示意图.主物镜由球面反射主镜和平面反射次镜组成,两个转动的小反射镜构成扫描系统,扫描光束经过非球面校正反射镜后到达分色片上,透过分色片的热红外波段光束被准直镜准直,最后由制冷的 HgCdTe 探测器接收.由分色片反射的可见光和近红外波段光束准直后,经过棱镜系统,最后分别聚焦在硅光二极管和硫化铅探测器上.该光谱仪在 0.4~13.5 μm 波段内共有 13 个通道.

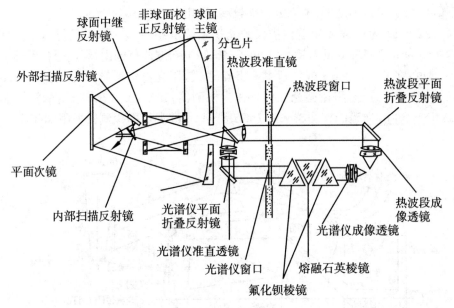

图 11.18

2.多波段扫描辐射计

这类仪器视场人,但地面分辨率差些.它利用多个光束分离片和多个滤光片相配合,将地面景物分成多个波段.图 11.19 为国外某气象卫星上的扫描辐射计光路图,这是一种双通道线成像装置,采用 45°扫描反射镜,转速为 48 转/min.来自地面的辐射经卡塞格林系统会聚到分色片上,分色片把辐射分成两束,一束可见光被反射到硅光二极管上,由带通滤光片限制在波段 $0.52 \sim 0.73$ μm,由视场光阑限制单元瞬时视场为 2.8 mrad;另一路红外辐射透过分色片,经中继透镜后聚焦在带有超半球锗浸没透镜的热敏电阻上,用薄膜滤光片限制带通在 $10.5 \sim 12.5$ μm,用视场光阑限制瞬时视场在 5.3 mrad.

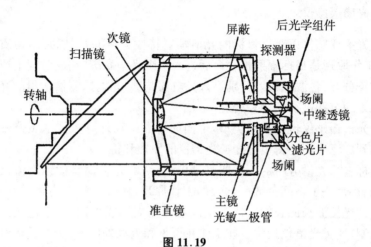

图 11.19

图 11.20 为国内研制的另一种扫描辐射计,它是由两台辐射计组装成一体而成,具有两个独立的对称式放置的光学系统.两台辐射计的两块 45° 扫描反射镜由同一台电机直接带动,位相差 180°,严格保证两台辐射计交替地接收地球辐射.一台辐射计的工作波段为 $0.55 \sim 0.75$ μm 及 $10.5 \sim 12.5$ μm;另一台辐射计的工作波段为 $0.52 \sim 1.1$ μm 及 $10.5 \sim 12.5$ μm.

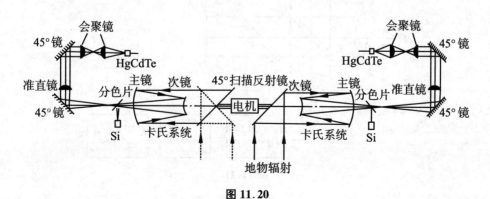

图 11.20

这种多波段扫描辐射计常用于空间气象观测.我国风云号气象卫星就用了可见/红外波段扫描辐射计,取得很好效果.

由上面介绍的几种红外扫描成像遥感仪看出,这类仪器的主光学系统都是采用卡塞格林双反射镜型式.有关此系统的设计前面已叙述过,此处不再重复.

二、红外光谱遥感仪

红外光谱遥感仪以获得目标的光谱辐射特性为目的,用以判断物质的存在及种类.其工作原理是目标辐射被会聚后进入中继光学系统,它从时间上或空间上将辐射按波长分开,各波长辐射分别进入光电探测器,光电探测器输出的光谱信息由记录仪和处理电路进行记录和处理.

红外光谱遥感仪也有多种类型,下面简单介绍随计算机技术飞速发展而在红外领域得到广泛应用的傅里叶变换光谱仪的原理和特点.

对目标进行光谱分析的仪器叫光谱仪.传统的光谱仪有棱镜光谱仪和光栅光谱仪,它们都是基于空间色散(分光)的工作原理.棱镜和光栅为色散元件,它们将入射的复合光按波长的长短次序在空间散开而成形成光谱.由于色散元件材料和尺寸的限制,这类光谱仪通常只能工作在可见和近红外区域.为了适应红外波段特别是远红外区域高分辨率光谱分析需要,人们将无线电波调制技术应用于光学光谱区,产生了基于干涉调制色散的新原理,也就是从时间上将辐射按波长分开.

图 11.21 表示了以迈克尔逊干涉仪为基础的傅里叶变换光谱仪原理.光源 S 发出的光波经准直镜 L_1,分光板 G_1 变成两束平行光,经互相垂直的平面反射镜

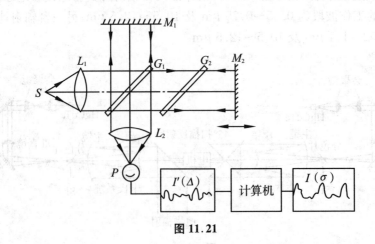

图 11.21

M_1，M_2 反射后相干涉形成干涉图样．光电元件 P 位在透镜 L_2 的焦点上，P 接收到的不是干涉图样，而是干涉场的总能量．当用马达带动 M_2 作匀速运动时，两束相干光的光程差 Δ 连续改变，干涉场能量也发生改变，于是，光电元件接收的光强随时间变化．

由干涉理论可知，光源的光谱分布函数与所产生的干涉强度随光程差变化函数之间表现为傅里叶变换关系

$$I(\sigma) = \int_{-\infty}^{\infty} I'(\Delta) \mathrm{e}^{-i2\pi\sigma\Delta} \mathrm{d}\Delta$$

即

$$I(\sigma) = \mathscr{F}\{I'(\Delta)\}$$

式中，$I'(\Delta)$ 代表干涉光强随光程差 Δ 的变化，也就是干涉光强随反射 M_2 移动距离的变化；$I(\sigma)$ 表示光源的光谱分布，$\sigma = 1/\lambda$ 称波数．

只要光电元件 P 记录下 $I'(\Delta)$，并作傅里叶变换，即得光源的光谱分布 $I(\sigma)$，这就是傅里叶光谱仪的原理．

傅里叶变换光谱仪已在各领域广泛应用，尤其在红外光谱分析方面更显示其优越性．与经典光谱仪相比，它有如下特点：

1. 多频道

在传统的棱镜和光栅光谱仪中，为了测定光谱分布，必须逐次转动分光元件，在出射狭缝处顺序接收每个光谱元，这种顺序制称为单频道测量．而傅里叶变换光谱仪中，同时能记录大量的光谱元，在动镜扫描的每个时间间隔内，同时包含各种光谱元的信息，全部光谱分布曲线在一次测量中同时完成，这种测量称为多频道测量．

多频道测量可获得更高信噪比．设在 T 时间内完成 M 个光谱元的测量．在经典光谱仪中，各光谱成分的测量时间是 $t = T/M$，而在傅里叶光谱仪中，各光谱成分的测量时间均为 T．由噪声理论可知，信号值正比于测量时间 t，噪声值正比于 $\sqrt{t}$．由此，傅里叶光谱仪比经典光谱仪信噪比提高 $\sqrt{M}$ 倍．这一优点对红外光谱更有利，因为红外光谱一般能量较小，而热外探测器（如热电偶，光电导管）又有较大的噪声，所以要用信噪比大的仪器．

2. 高分辨率

傅里叶光谱仪的分辨率取决于反射镜 M_2 的移动距离．由于精密机械及气浮导轨等现代技术的发展，反射镜的高精度移动距离可在 1 m 以上，因此，傅里叶变换光谱仪能获得比经典光谱仪更高的分辨率．

3. 高通过量

在傅里叶变换光谱仪中,因为光束的截面积(准直镜面积)和光源所张立体角很大,所以能通过系统传输的辐射通量大.在相同的准直镜面积和分辨率条件下,傅里叶光谱仪的通过量比光栅光谱仪高约 200 倍.

此外,傅里叶光谱仪还具有杂散辐射低、扫描速度快、工作波段宽等优点.

近年来,傅里叶变换光谱技术又有了许多新的发展,其中突出的是傅里叶变换干涉成像光谱仪,它把傅里叶变换光谱仪和成像仪结合起来,这种干涉成像光谱仪是 21 世纪世界上重要的空间遥感仪器.

第六节   光学系统无热化技术

一、无热化技术概述

光学系统在经受非常大的环境温度变化时,由于光学材料和机械材料的热不稳定性,将引起系统焦距变化、像面位移(离焦)和成像质量恶化.这种光学系统的热不稳定性尤以红外系统为甚,这主要是因为红外光学材料的热稳定性能较差,多数红外光学材料的折射率随温度变化明显,折射率 n 随温度 t 的变化系数用 β 表示,常用红外材料 Ge 的 $\beta = 408 \times 10^{-6}/℃$,而用于可见波段的光学玻璃,其最大的 β 值仅为 $\beta = 9 \times 10^{-6}/℃$.正因为如此,红外透镜的焦距随温度变化而有明显改变.比如,一块工作在 $10\ \mu m$ 波长的锗(Ge)透镜,温度 20 ℃时,焦距是 100 mm;当温度达到 60 ℃时,焦距变成 99.49 mm;当温度在 -20 ℃时,焦距又变成 100.51 mm.这就是说,当这一锗透镜工作在 -20 ℃到 60 ℃温度范围时,将产生 1.02 mm 离焦量,造成像质下降.除影响折射率外,温度还将因线膨胀系数而影响系统结构参数(半径、间隔等)变化,可见波段材料的线膨胀系数 $\alpha = (3.5 \sim 9.5) \times 10^{-6}/℃$,红外材料的 $\alpha = (0.55 \sim 58) \times 10^{-6}/℃$,其最大值是可见波段的 6 倍.因此,在设计红外光学系统,特别是环境温度范围巨大的空间遥感系统时,应充分重视温度变化对光学系统的影响.

为了避开温度的影响,可以采用以下方法:

1)把仪器安装在恒温室中,当外界温度变化时,室内温度始终保持在 ±2 ℃的变化,相当于把仪器与外界隔断,逃避了温度的影响;

2)光学系统采用反射式,红外光线不需要通过材料,所以就不存在温度引起材料折射率变化的问题.同时还要尽量采用低膨胀系数的材料,如融石英和特殊复合材料等.

这些方法正在并已经被实际仪器使用,取得一定效果.

为彻底解决温度影响的问题,发展了光学系统的无热化技术.所谓无热化是指通过特殊设计或一定的补偿办法,使光学系统在一个较大的温度范围内保持焦距、像面和像质不变或变化很小,以满足使用要求.无热化技术可分为三类:

1.机械补偿式无热化技术

通过采用对温度敏感的机械结构材料,使透镜产生轴向位移来补偿温度变化引起的像面位移.

在图 11.22 中,温度变化引起 BFL 变化.合理选择两种镜筒材料的线膨胀系数,使温度变化引起的镜筒长度 L 的变化正好等于 BFL 的变化.

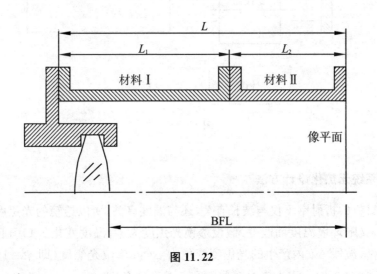

图 11.22

2.机电式无热化技术

先由温度传感器测出现场实际温度,处理器即时算出透镜移动量,然后马达驱动透镜做轴向移动,如图 11.23 所示.

3.光学式无热化技术

利用光学材料特性之间的差异,通过不同特性材料的合理组合来消除温度的影响,在较宽温度范围内保持焦距、像面和像质稳定.

机械式和机电式无热化技术已在红外工程中得到实际应用,但它们都只补偿像面位移,无法保证焦距,而且不可避免地使系统复杂化、体积庞大、重量增加、可靠性降低.光学式无热技术则不仅能保证光学性能,成像质量,而且具有不增加重量,不需供电,可靠性好等特点,是红外光学系统消热差的好途径.下面着重介绍基于材料特性互补原理的消除热差的方法.

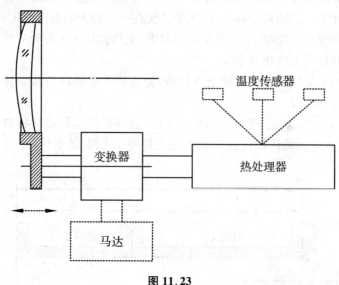

图 11.23

二、光学系统无热化设计方法

光学材料的折射率不仅与波长有关,还与温度有关.所以透镜的光焦度既因波长而变化,又随环境温度而改变.假设透镜光焦度为 φ,温度变化 1 ℃引起光焦度变化为 $\Delta\varphi_t$,波段 $\Delta\lambda$ 内产生的光焦度变化为 $\Delta\varphi_\lambda$.单位光焦度(即 $\varphi=1$)的透镜所产生的 $\Delta\varphi_t$ 和 $\Delta\varphi_\lambda$ 称为热差系数 T 和色差系数 C,即

$$T=\frac{\Delta\varphi_t}{\varphi}, \quad C=\frac{\Delta\varphi_\lambda}{\varphi}$$

经变换,T 和 C 又可表示为

$$T=\frac{\beta}{n_{\lambda_0}-1}-\alpha, \quad C=\frac{n_{\lambda_1}-n_{\lambda_2}}{n_{\lambda_0}-1}$$

式中,$\beta=\partial n/\partial t$ 为折射率温度系数;α 为线膨胀系数;n_{λ_0} 为中心波长 λ_0 时的折射率;$(n_{\lambda_1}-n_{\lambda_2})$ 为 $(\lambda_1-\lambda_2)$ 波段内折射率之差.

由上讨论可见,热差系数 T 和色差系数 C 不仅表示透镜光焦度的变化,是透镜的质量指标,而且又和材料的性能有关,不同材料有不同的 T,C 值,在以 T,C

作坐标轴的坐标系中,每一种材料有其相应的点,称材料点.图 11.24 是几种最常用的红外材料在 $8\sim12~\mu\mathrm{m}$,波段的 T-C 图.

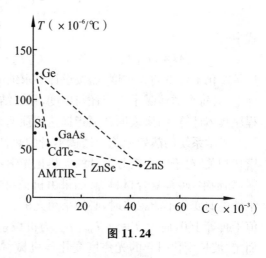

图 11.24

根据薄透镜理论,一个由 m 块薄透镜组成的光焦度为 Φ 的光学系统,要实现既消热差又消色差,必须满足如下方程组:

$$\left.\begin{array}{l}\Phi=\sum_{i=1}^{m}h_{i}\varphi_{i}\\[2mm]T=\sum_{i=1}^{m}h_{i}^{2}T_{i}\varphi_{i}/\Phi\\[2mm]C=\sum_{i=1}^{m}h_{i}^{2}C_{i}\varphi_{i}/\Phi\end{array}\right\}$$

式中,φ_{i},T_{i},C_{i} 分别为各透镜的光焦度、热差系数和色差系数;h_{i} 指轴上近轴光线在各透镜上的规化高度,即 $h_{1}=1$ 时轴上近轴光线在各透镜上的高度;Φ 为系统总光焦度,规化条件下取 $\Phi=1$.

此方程组称无热化方程组.求解此方程组时,首先要选择透镜材料.为减小透镜光焦度(对像质有利),三密接(紧紧靠在一起)透镜的三个材料点构成的三角形应尽量大,图 11.24 上表出了 Ge,CdTe,ZnS 三种材料的对应点所构成的三角形.两密接透镜的两个材料点应位在过坐标原点的一条直线上.如果透镜与透镜分隔开,方程组中的 h_{i} 值除 $h_{1}=1$ 外,其他均不为 1,此时的材料点位置应以($h_{i}T_{i}$,$h_{i}C_{i}$)坐标值而定.

三、无热化设计举例

以密接三片型为例设计一个无热系统.设计参数为:焦距 45.4 mm,相对孔径 1/2.5,全视场角 $6°$,工作波长 $8\sim12~\mu\mathrm{m}$,温度范围 $-20\sim+60~℃$,期望的热差值和色差值 $T=C=0$.选用三种材料:Ge($T=1.27\times10^{-4}$,$C=1.16\times10^{-3}$),CdTe($T=5.34\times10^{-5}$,$C=5.78\times10^{-3}$),ZnS($T=2.76\times10^{-5}$,$C=4.41\times10^{-2}$).按无热化方程组求得三块透镜的光焦度为

$$\varphi_{1}=\frac{C_{2}T_{3}-C_{3}T_{2}}{M}\Phi=-0.8128$$

$$\varphi_{2}=\frac{C_{3}T_{1}-C_{1}T_{3}}{M}\Phi=+2.0616$$

$$\varphi_3 = \frac{C_1 T_2 - C_2 T_1}{M}\Phi = -0.2488$$

式中

$$M = (C_1 T_2 - C_2 T_1) + (C_2 T_3 - C_3 T_2) + (C_3 T_1 - C_1 T_3)$$

这是规化条件下的光焦度,需按设计要求缩放.在保持光焦度不变或变化很小的条件下,对每个透镜赋予它半径与厚度,只要结构允许,各透镜尽量靠近,然后用光学程序具体计算,结果表明各项指标达到预期无热化效果.

　　光学系统的热效应除与透镜本身的热性能有关外,还与支撑透镜的机械结构密切相关.对于一个精心设计的无热化光学系统,其机械结构应选用低热膨胀的材料,如铟钢、碳纤复合材料等.如果由机械材料热膨胀引起光学系统结构参数和光学性能的变化不能忽略时,必须采用光机热一体化设计,此时无热化方程组中的 T 值不再等于0,而为 $T = -T_m$,T_m 为机械系统所引起的热差,其数值视具体结构而定.波长变化引起的光焦度变化与机械材料无关,所以实际系统的色差系数 C 仍取值为0,反映到 T-C 图上,这时所期望的热差和色差不再在坐标原点,而是在 T 轴上某一点.

　　近些年来,随着二元光学元件加工技术提高,出现了用二元光学透镜和普通折射透镜组合的系统,通常称作折射/衍射混合光学系统来消热差,使高性能高质量红外系统的实现成为可能.另外,也有采用相位调制板来消除温度、振动、冲击、压力等对空间遥感仪器光学系统的影响.

习　题

1. 有一红外望远物镜,通光直径 25 mm,焦距 100 mm,全视场角 6°.问:1)若不加场镜,应选多大尺寸的探测器? 2)若探测器的光敏面直径 3 mm,需在物镜像方焦面上加一块场镜,该场镜的焦距和通光直径为多大? 此时探测器应放在何处才能使光线充满光敏面?

2. 浸没透镜由锗(Ge)材料制成,锗的折射率为4,浸没透镜为平凸球冠体,第一球面半径为 5.5 mm,厚度 6.474 mm,求此浸没透镜的放大率 β,并比较浸没透镜与场镜的异同处.

3. 一红外探测系统由上题中的浸没透镜和红外物镜组成,被探测的热源直径为 20 mm,热源离红外物镜 800 mm,探测器光敏面尺寸 0.18×0.18 mm²,浸没透镜轴向光束直径为 8 mm,红外物镜和浸没透镜由锗制成.求红外物镜的焦距和通光直径,红外物镜离浸没透镜球面的间距.

4. 设计一个 $f' = 100$ mm 的密接型三透镜无热化系统.要求在温度 $-20 \sim +60$ ℃,波长 $8 \sim 12 \ \mu$m 范围内无热差无色差.选用 Ge,CdTe 和 ZnS 三种材料.试按无热化方程求出三块透镜的实际焦距值.三种材料的 T,C 值为

$$Ge \quad T = 1.27 \times 10^{-4}, \quad C = 1.16 \times 10^{-3}$$
$$CdTe \quad T = 5.34 \times 10^{-5}, \quad C = 5.78 \times 10^{-3}$$
$$ZnS \quad T = 2.76 \times 10^{-5}, \quad C = 4.41 \times 10^{-2}$$

第十二章　光学系统设计

前面各章已系统介绍了光学系统的成像理论和各种典型光学系统的组成及特点.本章则要讨论光学系统的设计问题.当仪器的技术指标给定后,首先要确定光学方案,然后进行光学系统外形尺寸计算和选择结构型式及像差的校正,最后绘制出规范的光学图纸,这一过程称为光学系统设计.光学设计是一项实践性很强的工作,在学习本章节内容时,必须通过理论与实践的反复结合,才能真正掌握.

第一节　光系系统设计过程概述

所谓光学系统设计就是根据仪器总的技术指标、使用要求,设计出满足要求的切实可行的光学系统.光学系统设计的过程可以分为下面几个阶段:

一、确定光学方案

在着手进行光学设计之前,首先要明确对仪器的要求.任何一台光学仪器,根据它的用途和使用条件,必然对它的光学系统会提出如下方面的要求:

1)系统的光学性能和技术条件;

2)系统的外形、体积和重量;

3)系统的成像质量;

4)由特定工作环境提出的系统的稳定性、牢固性、抗振性、抗热性、耐寒性等.

根据上述光学特性和外形、体积等方面要求,首先拟定光学系统的结构原理图,从原理图上明确表示出光学系统采用了几个光组? 各光组的位置如何安排? 它们之间的成像关系如何? 需不需要引入平面零件和其他特殊光学元件? 有无运动零件? 采用什么光源和探测器? 它们的性能如何等,这些内容构成了光学方案.

光学方案是仪器工作性能好坏的关键.方案不合理,会给后续设计带来困难,导致系统结构过于复杂或成像质量不佳,严重的还可能使仪器根本无法工作.

二、外形尺寸计算

本阶段的任务是按照拟定的光学方案,确定各光组的光学特性参数和整个光学系统的外形尺寸.基本光学参数包括焦距、放大率、视场、相对孔径、数值孔径等;外形尺寸则指各光学组元的轴向间距和横向口径大小.外形尺寸计算一般按理想光学系统的理论与计算公式进行.

三、初始结构型式选择

由外形尺寸计算得到的光组是一块理想的薄透镜.为获得优良成像质量,必须用若干透镜的组合来替代单薄透镜.根据基本光学特性参数来选择透镜组的具体结构型式便是本阶段的任务.

初始结构型式的选择是后阶段透镜像差校正工作的基础,选型是否合适关系到以后设计是否成功.

四、像差校正与平衡

初始结构选好后,紧接着的工作是根据选定的结构型式进行光路计算和像差校正.所谓像差的校正与平衡,是通过改变光学系统的结构参数,使像差发生变化.并使各种像差得到恰当平衡,从而让成像质量满足要求.现在,这项工作是在计算机上,借助专门光学程序来完成.

五、绘制光学图纸

光学系统设计完成后,必须绘制光学图纸,进行加工.为获得合格的光学图纸,必须了解光学图纸的尺寸标注特点和对光学材料及加工质量的特殊要求.

第二节　光学系统外形尺寸计算

在光学方案确定之后,需对所定方案进行外形尺寸计算.外形尺寸计算包含如下三方面内容:

1)确定光学方案中每个光组的光学特性参数,如焦距、放大率、相对孔径、视场角等;

2)确定各光组的轴向位置,即把光组间距定下来;

3)选择系统成像光束位置,并计算各个光组的通光口径.

可见,经过外形尺寸计算后,光学系统各光组的光学特性确定了,光学系统的横向和纵向尺寸也定了,也就是说,整个光学系统的外形尺寸基本确定了.

怎样进行外形尺寸计算? 首先,在外形尺寸计算时,不考虑光学系统的像差,也就是把光学系统看做一个理想的系统,所有尺寸都按理想光学系统的公式进行计算.其次,在外形尺寸计算时,不考虑每个光组的具体结构,一律都以单个薄透镜看待,也就是把一个光组看做一个理想的薄透镜.因此,外形尺寸的计算比较简单,但又因为它把光组简化为理想的单薄透镜,与实际的透镜组合有差距.所以,计算出来的外形尺寸只是初步的,不是最后的结果.

利用理想光学系统的成像理论计算外形尺寸几乎可以满足任意的要求.但作为仪器,仅考虑几何光学的物像关系还不够,还要考虑制造工艺、衍射、像差校正可能性、仪器的重量、大小和成本等一系列问题.只有全面考虑后,计算出来的外形尺寸才是可行的.

下面以用途最广的包含光学零件品种最多的望远系统为对象,举两个例子来说明外形尺寸计算的具体方法.

一、具有棱镜转像组的望远系统外形尺寸计算

棱镜转像组经常用在棱镜式双筒望远镜和其他一些军用观察、测量仪器中.这些仪器均可视为在普通开普勒望远镜中加入棱镜转像系统.棱镜转像组在光路中的作用是折转光轴和正像,将棱镜展开,则相当于在望远镜光路中加入了一块平行玻璃平板.

含棱镜转像组的望远系统的外形尺寸计算通常分两步进行,首先根据给定光学性能指标计算望远镜外形尺寸,然后再确定棱镜和反射镜尺寸.

某军用观测仪器中的包含棱镜转像组的望远系统给出如下光学性能要求:

1)视放大率 $\Gamma = 8$ 倍;

2)视场角 $2\omega = 7°$;

3)出瞳直径 $D' = 5$ mm;

4)出瞳距离 $l'_z = 22.7$ mm;

5)潜望高 $H = 250$ mm.

因为是观测仪器,所以应采用带分划板的开普勒望远镜系统;系统应成正像,为此需加入转像组;转像组的 $\beta = -1$,开普勒望远镜的 $\Gamma_0 = -8$;考虑到仪器要求的潜望高不大,宜采用棱镜转像系统;从减小仪器尺寸、重量,使结构紧凑出发,采

用靴形屋脊棱镜与头部反射镜相配合,实现光轴折转与正像;由于头部反射镜要作高低俯仰,应将其置于仪器最前端,因此,物镜应放在头部反射镜与靴形屋脊棱镜之间.光学系统结构原理图如图 12.1 所示.

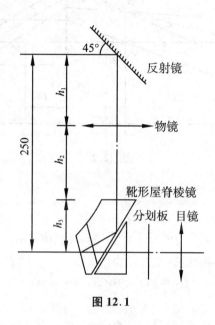

图 12.1

下面对此系统进行外形尺寸计算,计算时将各光组均看做理想薄透镜.

1. 目镜参数计算

已知 $\Gamma = 8$ 倍;$\omega = 3.5°$.

所以 $\mathrm{tg}\omega' = \Gamma\mathrm{tg}\omega = 8 \times \mathrm{tg}(3.5°) = 0.489301$;$\omega' = 26.07°$.
即要求的目镜视场为:$2\omega' = 52.14°$.

一般望远系统,通常将物镜作为孔径光阑亦即入瞳,它经目镜成的像为出瞳,应满足出瞳距要求.由图 12.2,按高斯成像公式可得

$$\frac{1}{l'_z} - \frac{1}{-(f'_1 + f'_2)} = \frac{1}{f'_2}$$

因为 $\Gamma = 8$ 倍.所以 $f'_1 = 8f'_2$,又已知 $l'_z = 22.7 \text{ mm}$,代入上式求得目镜焦距为

$$f'_2 = 20.2 \text{ mm}$$

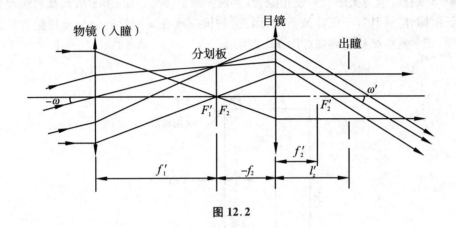

图 12.2

2.物镜参数计算

物镜焦距为

$$f'_1 = \Gamma f'_2 = 8 \times 20.2 = 161.6 (\text{mm})$$

设入瞳与物镜框重合,则物镜通光直径为

$$D_1 = \Gamma D' = 8 \times 5 = 40 (\text{mm})$$

物镜的相对孔径为

$$\frac{D_1}{f'_1} = \frac{40}{161.6} = \frac{1}{4.04}$$

物镜的视场角为

$$2\omega = 7°$$

3.目镜通光直径 D_2 计算

为了减小整个系统的横向尺寸,取边缘视场斜光束渐晕系数 $K = 0.5$.如图 12.2,在 $K = 0.5$ 的条件下,目镜的通光口径应为

$$D_2 = 2(f'_1 + f'_2)\text{tg}\omega + KD'$$
$$= 2(161.6 + 20.2) \times \text{tg}3.5° + 0.5 \times 5 = 24.74 (\text{mm})$$

4.分划线直径 D_r 计算

由图 12.2 可知,分划板直径应为

$$D_r = 2f'_1 \text{tg}\omega = 2 \times 161.6 \times \text{tg}3.5° = 19.77 (\text{mm})$$

由以上计算即可确定开普勒望远系统的基本外形尺寸.需要指出,外形尺寸计算的顺序并不是一成不变的,而是要根据具体仪器和给定的条件具体分析,灵活运用.我们这里是从目镜参数开始,计算到物镜;有些情况下,则宜于首先确定物镜的

参数,再计算目镜和分划板等参量.

5.头部反射镜尺寸的确定

头部反射镜尺寸根据通过系统的轴上及最大视场斜光束宽度来确定.在本系统中,$K = 0.5$,物方视场较小,在反射镜上的斜光束高度比轴上光束小.所以,反射镜的尺寸完全由轴上光束直径决定,其宽度等于物镜的直径 D_1,长度为 $D_1/\cos 45°$,因此反射镜的尺寸为 $56.57\ \text{mm} \times 40\ \text{mm}$.

6.靴形屋脊棱镜尺寸计算

棱镜结构尺寸计算的核心问题是求出棱镜的通光直径,由通光直径查手册即可得到棱镜全部尺寸.

1)确定棱镜出射面的通光直径

图 12.3 为加进棱镜展开后的等效空气层的系统光路示意图.根据结构要求,棱镜出射面到分划板的距离 $A = 45\ \text{mm}$.由图 12.3 的几何关系,求得轴上光束在棱镜出射面上的通光直径为 $11.14\ \text{mm}$;轴外斜光束在棱镜出射面上的直径为 $19.83\ \text{mm}$,它大于轴上光束口径,所以应由斜光束来确定棱镜出射面上的通光直径.考虑固定和防止光束被棱镜拦截,取棱镜出射面通光直径为

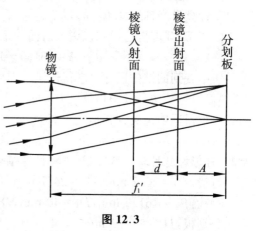

图 12.3

$$D_{出} = 22\ \text{mm}$$

2)计算棱镜的等效玻璃平板厚度 d

查《光学仪器设计手册》,得到靴形屋脊棱镜展开后等效平行玻璃板的厚度为

$$d = 2.98 D_{出} = 65.56\ \text{mm}$$

3)选择棱镜玻璃材料

选用 K_9 玻璃,因为这种玻璃性能稳定,价格便宜,是最常用的光学材料,其 $n = 1.5163$.

4)求玻璃平板的等效空气层厚度 $\bar{d}$

$$\bar{d} = \frac{d}{n} = \frac{65.56}{1.5136} = 43.24（\text{mm}）$$

5)计算棱镜入射面的通光直径

由图 12.3 上光线光路的几何关系求得轴上光束在棱镜入射面上的直径是

21.84 mm;轴外斜光在棱镜入射面上的通光直径为 11.89 mm. 显然,棱镜入射面的通光口径应为

$$D_入 = 21.84 \text{ mm}$$

由于 $D_入 < D_出$,不会造成光束拦截,计算是合适的. 如果出现 $D_入 > D_出$,则需再加大 $D_出$,重新进行计算.

6)确定棱镜通光直径 D_p

D_p 值应取 $D_入$ 和 $D_出$ 中的大者,所以本系统中

$$D_p = 22 \text{ mm}$$

由 D_p 值查《光学仪器设计手册》便可得到靴形屋脊棱镜的全部结构尺寸.

7.计算沿光轴尺寸 h_1, h_2, h_3

由图 12.3 求得物镜到棱镜入射面的距离

$$h_2 = f'_1 - \bar{d} - A = 161.6 - 43.24 - 45 = 73.36 (\text{mm})$$

由手册中查到的结构尺寸可求得棱镜入射面到系统出射光轴间的距离为

$$h_3 = 1.945 D_p - 0.5 D_p = 1.445 \times 22 = 31.79 (\text{mm})$$

因此可求得反射镜到到物镜的距离为

$$h_1 = H - h_2 - h_3 = 250 - 73.36 - 31.79 = 144.85 (\text{mm})$$

至此,外形尺寸计算全部完成.现将计算结果整理如下:

目镜:$f'_2 = 20.2$ mm,$D_2 = 24.7$ mm,$D'/f'_2 = 1/4$,$2\omega' = 52.14°$

物镜:$f'_1 = 161.6$ mm,$D_1 = 40$ mm,$D_1/f'_1 = 1/4$,$2\omega = 7°$

分划板:$D_r = 19.77$ mm

反射镜:56.57 mm×40 mm

靴形屋脊棱镜:$D_p = 22$ mm

反射镜到物镜距离:$h_1 = 144.85$ mm

物镜到棱镜入射面距离:$h_2 = 73.36$ mm

棱镜入射面到系统出射光轴的距离:$h_3 = 31.79$ mm

棱镜出射面到分划板的距离:$A = 45$ mm

分划板到目镜距离:$f'_2 = 20.2$ mm

目镜到出瞳距离:$l'_z = 22.7$ mm

二、具有透镜转像组的望远系统外形尺寸计算

具有透镜转像组的仪器主要有各种类型的潜望镜及某些需要长镜筒的瞄准镜等.下面以应用最多的 $\beta = -1$ 的双透镜转像组为例,介绍具有透镜转像组的望远系统外形尺寸计算方法.望远系统给出如下要求:

1）视放大率 $\Gamma = 6$ 倍；

2）视场 $2\omega = 8°$；

3）出瞳直径 $D' = 4$ mm；

4）镜筒长度 $L = 1000$ mm；

5）入瞳距 $l_z = -100$ mm；

6）边缘视场斜率光束渐晕系数 $K = 1/3$；

7）转像组的通光直径等于物镜的像面直径.

　　光学系统的结构原理图如图 12.4 所示. 物镜 L_1 和目镜 L_5 构成基本的望远系统，其视放大率 $\Gamma_0 = -6$；透镜 L_3 与 L_4 构成 $\beta = -1$ 的透镜转像组，两透镜之间为平行光；为减小后面转像组的横向尺寸，在物镜像方焦面处放置场镜 L_2；系统 L_1、L_2 和 L_3 构成一望远系统，L_4 和 L_5 构成另一望远系统. 斜光束渐晕系数 K 值的意义在图中已表示出来. 整个望远系统的视放大率应为

$$\Gamma = \Gamma_0 \cdot \beta = (-6) \times (-1) = 6$$

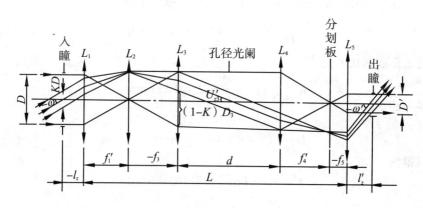

图 12.4

外形尺寸按如下步骤进行计算：

1. 计算系统各透镜组的焦距

如图 12.4 所示应有如下关系

$$L = f'_1 + f'_3 + d + f'_4 + f'_5 \tag{12.1}$$

为求物镜焦距 f'_1，必须首先确定 f'_3、f'_4、f'_5、d 和 f'_1 的关系.

因 L_1 和 L_5 组成基本的开普勒望远系统，所以

$$\Gamma_0 = -\frac{f'_1}{f'_5} = -6 \tag{12.2}$$

L_3 与 L_4 构成 $\beta = -1$ 双透镜转像组,两透镜间为平行光,所以

$$f'_3 = f'_4 \tag{12.3}$$

由于 L_1,L_2 和 L_3 构成一个望远系统,故有

$$\frac{f'_1}{f'_3} = \frac{D}{D_3} \tag{12.4}$$

按给定要求,转像透镜的口径与物镜像面直径要相等,所以有

$$D_3 = D_2 = 2f'_1 \text{tg}\omega \tag{12.5}$$

因而

$$f'_3 = \frac{D_3}{D}f'_1 = \frac{2\text{tg}\omega}{D}f'^2_1 = f'_4 \tag{12.6}$$

由 $K = \frac{1}{3}$ 和 $\beta = -1$,从图中可得到

$$d = \frac{(1-K)D_3}{\text{tg}U'_{z3}} = \frac{(1-K)D_3}{D_2/2f'_3} = \frac{4(1-K)\text{tg}\omega}{D}f'^2_1 \tag{12.7}$$

将(12.2),(12.6),(12.7)各式代入(12.1)式中,得到求解 f'_1 的方程式

$$\frac{4(2-K)\text{tg}\omega}{D}f'^2_1 + \left(1 - \frac{1}{\Gamma_0}\right)f'_1 - L = 0 \tag{12.8}$$

将下列已知数据代入上式

$$K = \frac{1}{3}; \Gamma_0 = -6; L = 1000 \text{ mm}$$

$$\text{tg}\omega = \text{tg}4° = 0.069927$$

$$D = \Gamma D' = 6 \times 4 = 24 (\text{mm})$$

化简后得到

$$f'^2_1 + 60.06f'_1 - 51482.25 = 0$$

解出

$$f'_1 = 198.85 \text{ mm} \text{ 和} -259.90 \text{ mm}$$

因 $f'_1 > 0$,故取

$$f'_1 = 198.85 \text{ mm}$$

将 f'_1 值代入(12.6)式,得到

$$f'_3 = f'_4 = \frac{2 \times 0.069927}{24} \times 198.85^2 = 230.42 (\text{mm})$$

将 f'_1 值代入(12.7)式,得到

$$d = \frac{4\left(1 - \frac{1}{3}\right) \times 0.069927}{24} \times 198.85^2 = 307.22 (\text{mm})$$

将 f'_1 值代入(12.2)式,得到

$$f'_5 = -\frac{f'_1}{\Gamma_0} = 33.14(\text{mm})$$

将以上计算结果代入(12.1)式验算,有

$$L = 198.85 + 230.42 + 307.22 + 230.42 + 33.14 = 1000.05(\text{mm})$$

符合筒长要求,表明计算无误.

2.确定场镜焦距

场镜 L_2 应使物镜的出瞳与转像组的入瞳相重合.系统的孔径光阑位于 L_3 和 L_4 的中间,其入瞳位置 L_{z3} 由高斯公式求出

$$\frac{1}{l'_{z3}} - \frac{1}{l_{z3}} = \frac{1}{f'_3}$$

将 $l'_{z3} = \dfrac{d}{2} = 153.61(\text{mm})$ 和 $f'_3 = 230.42 \text{ mm}$ 代入上式,得到

$$L_{z3} = \frac{230.42 \times 153.61}{230.42 - 153.61} = 460.81(\text{mm})$$

转像组的入瞳到场镜的距离为

$$L'_{z2} = f'_3 + L_{z3} = 230.42 + 460.81 = 691.23(\text{mm})$$

已知 $l_{z1} = l_z = -100 \text{ mm}$,因而整个系统的入瞳经物镜 L_1 所成像的像距为

$$L'_{z1} = \frac{f'_1 l_{z1}}{f'_1 + l_{z1}} = \frac{198.85 \times (-100)}{198.85 - 100} = -201.16(\text{mm})$$

因而有

$$l_{z2} = l'_{z1} - f'_1 = -201.16 - 198.85 = -400.01(\text{mm})$$

根据光瞳衔接的原则,利用高斯公式,即可求出场镜的焦距

$$f'_2 = \frac{l_{z2} \cdot l'_{z2}}{l_{z2} - l'_{z2}} = \frac{-400.01 \times 691.23}{-400.01 - 691.23} = 253.38(\text{mm})$$

3.求整个系统的出瞳位置

孔径光阑经透镜 L_4,L_5 成的像即为整个系统的出瞳.用高斯公式可求出

$$L'_{z4} = \frac{l_{z4} \cdot f'_4}{L_{z4} + f'_4} = \frac{-153.61 \times 230.42}{-153.61 + 230.42} = -460.81(\text{mm})$$

$$l_{z5} = l'_{z4} - (f'_4 + f'_5) = -460.81 - (230.42 + 33.14) = -724.37(\text{mm})$$

$$l'_z = l'_{z5} = \frac{l_{z5} \cdot f'_5}{l_{z5} + f'_5} = \frac{-724.37 \times 33.14}{-724.37 + 33.14} = 34.73(\text{mm})$$

4.求系统各透镜组的横向尺寸

1)物镜通光直径

轴外光束在物镜上的通光直径为

$$D_w = 2l_z \cdot \text{tg}\omega + KD = 2 \times (-100) \times (-0.069927) + \frac{1}{3} \times 24 = 21.99(\text{mm})$$

轴上光束在物镜上的直径为

$$D_0 = \Gamma \cdot D' = 6 \times 4 = 24(\text{mm})$$

故物镜通光口径为

$$D = D_0 = 24 \text{ mm}$$

2)场镜的通光直径

$$D_2 = 2f'_1 \text{tg}\omega = 2 \times 198.85 \times 0.069927 = 27.81(\text{mm})$$

3)转像组通光直径

$$D_3 = D_4 = D_2 = 27.81 \text{ mm}$$

4)分划板通光直径

$$D_r = D_2 = 27.81 \text{ mm}$$

5)目镜通光直径

$$D_5 = 2l'_z \text{tg}\omega' + KD' = 2 \times 34.73 \times (6 \times \text{tg}4°) + \frac{1}{3} \times 4$$
$$= 30.48(\text{mm})$$

由上面两个例子看出,外形尺寸计算时,假设各透镜组为单个理想薄透镜,所有尺寸均按理想光学系统成像公式计算.但实际光组都是若干块透镜的组合,透镜有厚度有像差,所以实际系统的纵向横向尺寸与外形尺寸计算结果会有差别,最终的系统外形数据应由实际的结构和光路而定.为了让外形尺寸计算与实际系统更一致,也可在外形尺寸计算时就考虑光组的结构型式,这样的计算当然会麻烦些.比如,目镜的出瞳距,实际仪器中指的是出瞳离目镜光组最后一面的距离,为使外形尺寸计算出的出瞳距与此定义值更靠近,可以针对具体目镜结构进行外形尺寸计算.

第三节　典型光学系统的结构型式

经过长期生产实践,人们对各种光学系统已经提出了许许多多不同的结构型式,而且还不断有新的型式在出现.本节仅给大家介绍四种典型光学系统——显微物镜、望远物镜、目镜和摄影镜头的常用的结构型式.

一、显微镜物镜

显微镜物镜的主要光学特性有两个:数值孔径 NA 和垂轴放大率 β.

要得到较大的视放大率和较高的分辨率,必须选用数值孔径较大的物镜.提高数值孔径的方法:一是增大物方孔径角;二是提高物方介质折射率的数值,即把物体浸在高折射率的液体中比如浸在油中,这时 n 就是油的折射率,这就是高倍显微镜采用浸液物镜的理由.

显微镜物镜根据它们校正像差的情况不同,通常分为消色差物镜、复消色差物镜和平像场物镜三大类.

1. 消色差物镜

消色差物镜是结构相对简单,应用最多的一类显微镜物镜.它只校正球差、彗差以及一般的消色差.这类物镜根据它们的倍率和数值孔径不同又分为低倍、中倍、高倍和浸液四种:

1)低倍消色差物镜

这类物镜的倍率大约为 3～4,数值孔径在 0.1 左右,对应的相对孔径约为 1:4,由于相对孔径不大,视场又比较小,只需校正球差、彗差和轴向色差,因此这些物镜一般都采用最简单的双胶合组如图 12.5a 所示.

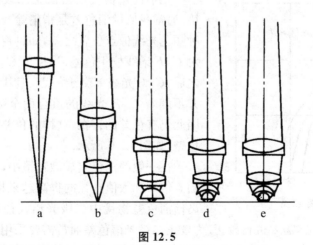

图 12.5

2) 中倍消色差物镜

倍率约为 8～12,数值孔径为 0.2～0.3,由于数值孔径加大,一个双胶合已不能符合要求,这类物镜一般由两个有一定间距的双胶合组成,它相当于两个薄透镜组构成的薄透镜系统,增加了校正像差的可能性.如图 12.5b 所示.

3) 高倍消色差物镜

这类物镜倍率约为 40～60,数值孔径 0.6～0.8.如图 12.5c,d 所示.它们可以看做是在中倍物镜的基础上,加上一个或两个由无球差、无彗差的折射面构成的会聚透镜,这些透镜的加入基本上不产生球差和彗差,但系统的数值孔径和倍率可以得到提高.

4) 浸液物镜

前面介绍的几类物镜,成像物体都位于空气中,物空间介质的折射率 $n = 1$,因此它们的数值孔径 $NA = n\sin U$ 绝不可能大于 1,目前这几类物镜的数值孔径最大可达 0.9.为了进一步提高数值孔径,可以把成像物体浸在折射率大于 1 的液体中,物空间介质的折射率等于液体的折射率,因而可以大大提高物镜的数值孔径,这类物镜称为浸液物镜,其数值孔径可以达到 1.2～1.5,最大倍率可达 100,其结构如图 12.5e 所示.

2. 复消色差物镜

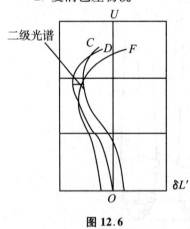

图 12.6

复消色差物镜是指校正二级光谱色差的物镜.通常我们说消色差是指消除或校正指定的两种颜色光线像点位置之差,如目视光学仪器一般对 C,F 谱线校正色差.当校正 C,F 光线的色差之后,C,F 光线聚交于一点,但其他颜色的光线并不随着 C,F 光线的重合而全部重合在一点,因此仍有色差的存在,这样的色差称为二级光谱色差,如图 12.6 所示.

在一般的消色差显微物镜中,二级光谱色差随着倍率和数值孔径的提高越来越严重,因此在高倍消色差物镜中二级光谱往往成为影响成像质量的主要因素,需要进行校正.为校正二级光谱色差通常需要采用特殊的光学材料,最常用的是萤石.复消色差显微物镜比相同数值孔径的消色差物镜复杂,如图 12.7 所示.图中画斜线部分就是采用萤石的透镜.

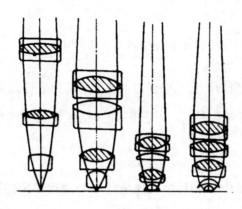

图 12.7

3. 平像场物镜

前面讲过的所有物镜中都没有校正场曲,对于高倍显微物镜和视场较大的显微物镜,由于场曲的存在,可见的清晰视场十分有限,为了看清视场中的不同部分,只能用分别调焦的方法来补救,而现代显微镜带有显微照相和 CCD 摄像,这就必须采用平像场物镜.一般平像场显微物镜结构往往比较复杂,常需要加入若干个弯月形厚透镜来实现.图 12.8a,b 分别是 40 倍和 160 倍浸液平像场物镜的结构图.

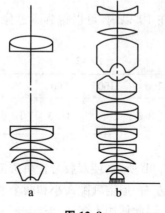

图 12.8

二、望远镜物镜

望远镜物镜的光学特性有如下几个特点.

1. 相对孔径不大

在望远系统中,入射的平行光束经过系统以后仍为平行光束,因此物镜的相对孔径$\left(\dfrac{D}{f'_物}\right)$和目镜的相对孔径$\left(\dfrac{D'}{f'_目}\right)$是相等的.望远镜物镜的相对孔径一般小于1/5.

2. 视场较小

望远镜物镜的视场角 ω 和目镜的视场角 ω' 与望远系统的视放大率之间存在以下关系

$$\mathrm{tg}\omega = \frac{\mathrm{tg}\omega'}{\Gamma}$$

目镜视场角 $2\omega'$ 大多在 $70°$ 以下,这就限制了物镜的视场角不可能大.例如,一个 8 倍望远镜,目镜视场角 $2\omega'$ 为 $70°$ 时,物镜视场 2ω 小于 $10°$.

因为望远物镜相对孔径和视场都不大,要求校正的像差较少,只校正球差、彗差和轴向色差.所以它们的结构一般比较简单,常采用的物镜类型有如下几种:

1. 折射式望远物镜

1)双胶合物镜.如恰当地选择玻璃,可以满足校正球差、彗差和轴向色差的要求.结构如图 12.9a 所示.

双胶合物镜一般视场在 $10°$ 以内.可以得到满意像质的相对孔径如下表 12.1 所示.

表 12.1

f'	50	100	150	200	300	400	500
$\dfrac{D}{f'}$	$1:3$	$1:3.5$	$1:4$	$1:5$	$1:6$	$1:8$	$1:10$

2)双分离物镜.如图 12.9b 所示,使双胶合正负透镜分开,中间留一定空气隙,使物镜相对孔径达到 $1:3$ 左右.但空气隙大小和两个透镜的同心度对成像质量影响很大,装配调整比较困难,因此使用不多.

3)双单和单双物镜.如果物镜相对孔径大于1/3,一般采用双单或单双两种形式,如图 12.9c,d 所示.若双胶合组和单透镜之间光焦度分配合适,胶合组玻璃选择恰当,相对孔径可达1/2.

4)三分离物镜.这种物镜的结构如图 12.9e 所示.相对孔径可达 1/2,但它装配调整困难,光能损失和杂光都比较大.

5)由两个双胶合组构成的物镜.如图 12.9f,g 所示,图 f 形式的物镜可以增大相对孔径达到 1∶2.5～1∶3;图 g 形式的物镜可以增加视场.例如,相对孔径为 1∶5 时,视场可以达到 30°.

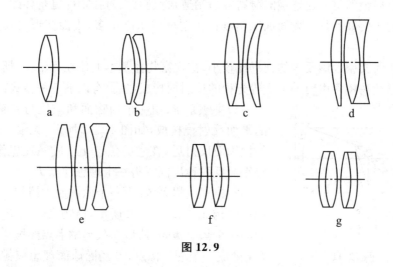

图 12.9

6)远摄物镜.如图 12.10 所示,由一正透镜组和负透镜组相隔一定距离构成的物镜,称为远摄物镜.它的特点是系统的总长度 L 小于物镜的焦距 f',一般可以达到焦距的 2/3～3/4.而一般物镜从第一面顶点到像面的距离大都大于物镜的焦距,在一些高倍望远系统中,物镜焦距很长,需要的空间就很大,如果采用远摄物镜就可以使物镜总长降低,所以在高倍望远系统中常采用远摄物镜.

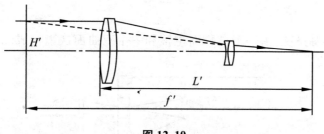

图 12.10

2. 反射式望远镜物镜

大口径的望远镜,例如从几百毫米到几米口径的物镜,目前全部采用反射式物镜,这是因为它具有以下优点:

1)完全没有色差,各种波长的光所成像严格一致,完全重合.

2)可以在紫外到红外很大波长范围内工作.

3)反射镜的材料比透镜的材料容易制造,特别对大口径零件更是如此.

它的主要缺点是反射面加工精度比折射面要求高得多,表面变形对像质影响较大.

由于天文望远镜要求的视场比较小,被观察物体基本上位在光轴上,所以大型天文望远镜物镜多由对轴上点等光程的反射面构成,主要有以下三种型式:

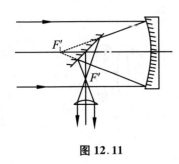

图 12.11

1)牛顿系统.由一个抛物面和一块与光轴成 45° 的平面反射镜构成,如图 12.11 所示.无限远轴上点经抛物面反射后,在它的焦点 F'_1 成一理想像点,再经平面反射镜后同样得一个理想像点 F'.

2)格里高里系统.由一个抛物面主镜和一个椭球面次镜构成,如图 12.12 所示,抛物面焦点 F' 与椭球面的一个焦点重合.所以无限远轴上点经抛物面后在 F'_1 处成一个理想像点,再经椭球面理想成像于另一个焦点 F'_2.格里高里系统成正像,但系统较长.

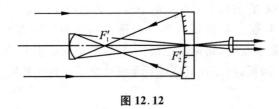

图 12.12

3)卡塞格林系统.由一个抛物面主镜和一个双曲面次镜构成.如图 12.13 所

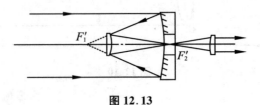

图 12.13

示.抛物面的焦点和双曲面的虚焦点重合于 F'_1.无限远轴上点经抛物面理想成像于 F'_1,再经双曲面理想成像于实焦点 F'_2.卡塞格林系统成倒像.由于系统长度短,主镜和次镜的场曲符号相反,有利于扩大视场,因此目前被广泛采用.

上述反射式望远镜物镜对轴上点来说成像符合理想,但对轴外点来说,有很大的彗差和像散,因此它们的可用视场很有限.为了获得较大视场,在像面附近加入透镜式视场校正器,用以校正反射系统的彗差和像散,因而出现了折反射式望远镜物镜.

3. 折反射式望远镜物镜

为了避免非球面制造的困难,以及改善轴外成像质量,采用球面反射镜作主镜,校正透镜用于校正球面镜产生的像差.根据校正透镜型式的不同,折反射式望远物镜主要有以下三种型式:

1)施米特物镜.它的构成如图 12.14 所示.在球面反射镜的球心上,放置一块非球面校正板(施米特校正板),一方面用于校正球面反射镜的球差,另一方面作为整个系统的入瞳,使球面不产生彗差和像散,相对孔径可达 1∶2,甚至达到 1∶1,视场可达到 20°.缺点是系统长度较大,等于主反射镜焦距的两倍.

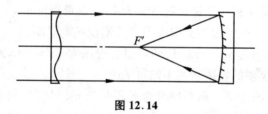

图 12.14

2)马克苏托夫物镜.由两个球面构成的弯月形透镜,也能校正球面反射镜产生的球差和彗差.这种校正透镜称作马克苏托夫弯月镜,如图 12.15 所示.相对孔径一般不大于 1∶4,视场为 3°.

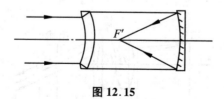

图 12.15

3)同心系统.如图 12.16 所示,用和主反射镜同心的透镜(称为同心透镜)作校正透镜,既能校正反射镜的球差,又不产生轴外像差.但存在剩余球差和少量色差,因此相对孔径不能太大.

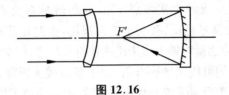

图 12.16

三、目镜

目视观察仪器中,目镜的作用都是相当于放大镜.它把物镜所成的像放大后成像在人眼的远点,以便进行观察.

目镜的光学特性主要有三个:像方视场角 $2\omega'$、相对出瞳距离 $\dfrac{l'_z}{f'_目}$ 和工作距离 S,如图 12.17 所示.下面分别加以说明.

1. 像方视场角 $2\omega'$

根据望远镜的视放大率公式,如果望远镜的视放大率和视场角一定,就要求一定的目镜视场.无论是提高望远镜的视放大率 Γ 或者视场角 ω,都需要相应地提高目镜的视场,同样,显微镜观察范围也受到目镜视场的限制.

一般目镜的视场为 $40°\sim50°$,广角目镜的视场为 $60°\sim80°$,$90°$ 以上的目镜称为特广角目镜.双眼仪器的目镜视场不超过 $75°$.

增大目镜视场的主要矛盾是轴外像差不易校正.尽管广角和特广角目镜的光学结构都比较复杂,但像质仍不理想,使用受到限制.

2. 相对出瞳距离 $\dfrac{l'_z}{f'_目}$

目镜的出瞳距离 l'_z 指的是目镜最后一面顶点离开出瞳的距离,如图 12.17 所示.目镜的出瞳距离 l'_z 和目镜焦距 $f'_目$ 之比 $\dfrac{l'_z}{f'_目}$ 称为相对出瞳距离.

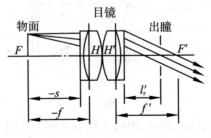

图 12.17

出瞳距离 l'_z 是根据使用要求给出的.相对出瞳距离 $\dfrac{l'_z}{f'_目}$ 的大小与目镜的结构有关.欲得到满意的像质,目镜的结构必然随着 $\dfrac{l'_z}{f'_目}$ 比值增大而趋于复杂.

一般目镜的相对出瞳距离为 $\dfrac{l'_z}{f'_目}=0.5\sim0.8$,有些目镜的相对出瞳距离达到 1 以上.

对于军用望远镜,考虑观察者戴防毒面具,炮车震动等影响,出瞳距离要求大于 20 mm,但一般条件下要求在 6～20 mm 之间.

3. 工作距离 s

目镜第一面顶点到物方焦平面的距离称为目镜的工作距离.目视光学仪器为了适应远视眼和近视眼使用,视度是可以调节的.为了保证在调负视度时目镜的第一面不与装在物镜像平面上的分划板相碰,要求目镜的工作距离 s 大于目镜调视度所需要的最大轴向移动量(如果没有分划板,则上述要求就不必要了).工作距离 s 表示在图 12.7 中.

在简单的望远镜中,目镜和物镜的相对孔径相等,但是目镜的焦距一般比物镜焦距小得多,同时所用透镜组也比较多.因此,目镜的球差和轴向色差一般都比较小,用不着特别注意校正便可满足要求.但是,由于目镜的视场大,和视场有关的彗差、像散、场曲、畸变和垂轴色差都相应地大,目镜主要需要校正这五种像差.然而,由于目镜视场过大,无法完全校正.因此,望远镜视场边缘的成像质量一般都比视场中心差,在装有瞄准或测量分划板的望远镜中,物镜(包括棱镜)和目镜应尽可能分别校正像差.如果没有分划板,设计时可使物镜和目镜的像差互相补偿.

除此之外,对于目镜的光阑球差也有一定要求,所谓光阑球差,就是孔径光阑经过在它后方的光学系统成像时的球差.当存在光阑球差时,不同视场斜光束的主光线不交在一点,如图 12.18 所示.如果光阑球差过大,当眼睛瞳孔在 E'_1 位置时,边缘视场的光束不能进入眼睛.因此,不能看到整个视场.瞳孔在 E'_2 位置时,虽能

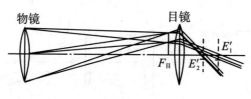

图 12.18

看到视场的边缘和视场的中心部分,但区域视场的一部分光束不能进入眼睛,因而看不清楚.所以,眼睛放在任何位置上都不能同时看清整个视场,因而必须对目镜的光阑球差进行验算.

下面介绍经常采用的一些目镜型式和它们的光学特性.

1. 惠更斯目镜

它由两个单透镜构成,如图 12.19 所示.

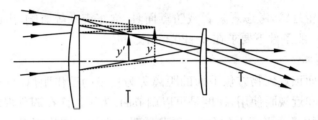

图 12.19

其光学特性为

$$2\omega' = 40° \sim 50°$$

$$\frac{l'_z}{f'_目} \approx \frac{1}{4}$$

天文望远镜和生物显微镜小型全相显微镜中常采用惠更斯目镜.它的缺点是由于不存在实像面,因此不能安装分划镜.

2. 冉斯登目镜

它由两个平凸透镜构成,如图 12.20 所示.

其光学特性为

$$2\omega' = 30° \sim 40°$$

$$\frac{l'_z}{f'_目} \approx \frac{1}{3}$$

冉斯登目镜主要用于大地测量仪器的望远镜目镜,一般用作测量和读数.

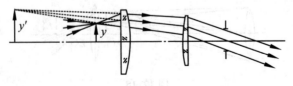

图 12.20

3. 凯涅尔目镜

它由一个单透镜和一个胶合透镜构成,如图 12.21 所示.其光学特性为

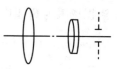

$$2\omega' = 45°\sim 50°$$

$$\frac{l'_z}{f'_{目}} \approx \frac{1}{2}$$

图 12.21

这是一种性能较好的目镜,结构也比较紧凑.

4. 对称目镜

由两个双胶透镜构成,如图 12.22 所示.其光学特性为

$$2\omega' = 40°\sim 42°$$

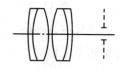

$$\frac{l'_z}{f'_{目}} \approx \frac{3}{4}$$

图 12.22

其像质优于凯涅尔目镜.由于结构对称,加工方便,相对出瞳距离大,它在军用观察和瞄准仪器中应用很广.

5. 无畸变目镜

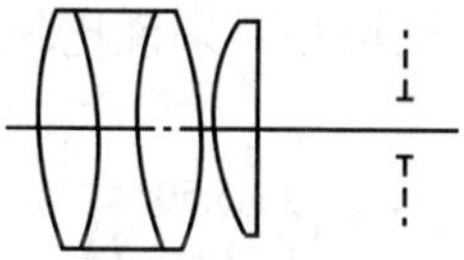

它的结构如图 12.23 所示,其光学特性为

$$2\omega' = 40°$$

$$\frac{l'_z}{f'_{目}} \approx \frac{3}{4}$$

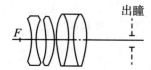

图 12.23

无畸变目镜并非完全校正了畸变,只是畸变略小些,适用于测量仪器中.

6. 艾尔弗目镜

其结构如图 12.24 所示,光学特性为

$$2\omega' = 65°\sim 72°$$

$$\frac{l'_z}{f'_{目}} = \frac{3}{4}$$

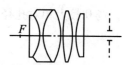

图 12.24

它适合于大视场和大出瞳距离的情形,是应用很广的一种广角目镜.

7. 特广角目镜

其结构如图 12.25 所示,光学特性为

$$2\omega' = 80°$$

$$\frac{l'_z}{f'_{目}} = \frac{4}{5}$$

图 12.25

当视场减为 60° 时

$$\frac{l'_z}{f'_目} \approx 1$$

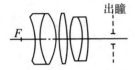

图 12.26

8. 长出瞳距离目镜

其结构如图 12.26 所示,相对出瞳距离可达到 $\frac{l'_z}{f'_目} \approx$ 1.37,但视场不大,仅为 40°.

目镜的型式很多,在满足光学性能(视场和出瞳距离)的条件下,设计选用时,一方面要注意它的成像质量,同时也要充分考虑到结构简单和工艺性好.

四、摄影镜头

根据使用条件不同,摄影镜头在焦距长短,相对孔径高低和视场大小上有很大差异.焦距的覆盖范围可以短到几毫米,长到几米;相对孔径可以从 1/32 大到 1/1 甚至更大;视场角则可由几度、几十度到一百度以上.为满足如此大范围的 f', D/f', 2ω 变化要求,摄影镜头的结构型式繁多,又由于其孔径、视场相对来说比较大,所以结构也比较复杂,下面是一些基本类型的摄影镜头.

1. 三片型

如图 12.27 所示,其视场角 $2\omega = 40° \sim 50°$,相对孔径 $\frac{D}{f'} = \frac{1}{3} \sim \frac{1}{5}$.这是一种具有中等光学特性的像质较好的最简单的结构,常被采用.

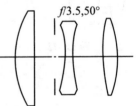

图 12.27

2. 天塞型

如图 12.28 所示.它的光学性能与三片型相同,但成像质量更好.在航空摄影和军用仪器中常用.

3. 双高斯型

如图 12.29 所示.其视场 $2\omega = 40° \sim 50°$,相对孔径 $\frac{D}{f'} = \frac{1}{2}$.这是一种具有较大视场和较大相对孔径.综合性能和成像质量皆好的结构.它广泛用于电影摄影和复制镜头.

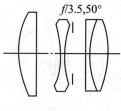

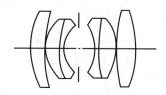

图 12.28   图 12.29

4. 匹兹伐型

又称等明型,如图 12.30 所示.其视场 $2\omega = 20°\sim30°$,相对孔径 $\dfrac{D}{f'} = \dfrac{1}{3.5}\sim\dfrac{1}{2}$.它的结构简单,相对孔径较大,但视场较小,用作电影放映物镜和大孔径摄影物镜.

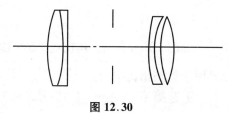

图 12.30

5. 松纳型

如图 12.31 所示.其视场 $2\omega = 30°\sim40°$,相对孔径 $\dfrac{D}{f'} = \dfrac{1}{1.9}\sim\dfrac{1}{1.4}$.特点是相对孔径大,用作强光力摄影镜头.

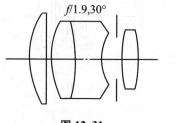

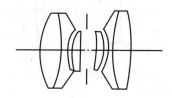

图 12.31   图 12.32

6. 达哥型

如图 12.32 所示.其视场 $2\omega = 70°$,相对孔径 $\dfrac{D}{f'} = \dfrac{1}{4}$.视场较大,可用于航空摄影.

7. 托卜岗型

如图 12.33 所示.其视场 $2\omega = 90°$,相对孔径 $\dfrac{D}{f'} = \dfrac{1}{6.5}$,属于广角镜头,主要用在大幅面航空摄影机上.

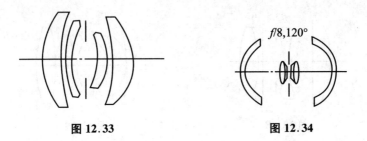

图 12.33　　　　　　　　　　　　　　图 12.34

8. 鲁沙型

如图 12.34 所示,其视场 $2\omega = 120°$,相对孔径 $\dfrac{D}{f'} = \dfrac{1}{8}$,是一种超广角镜头,主要用于航测相机中.

9. 远摄型

如图 12.35 所示. 其视场 $2\omega = 20°\sim30°$,相对孔径 $\dfrac{D}{f'} = \dfrac{1}{5}\sim\dfrac{1}{8}$. 这种结构的特点是能缩短镜筒筒长,可用作较长焦距的摄影物镜.

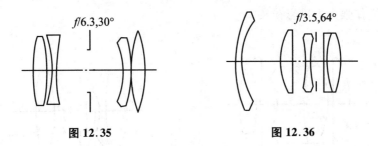

图 12.35　　　　　　　　　　　　　　图 12.36

10. 反远摄型

如图 12.36 所示,其视场 $2\omega = 50°\sim60°$,相对孔径 $\dfrac{D}{f'} = \dfrac{1}{3}\sim\dfrac{1}{4}$. 其特点是后工作距较长. 主要用于焦距较短、视场较大的摄影系统中.

11. 折反射型

如图 12.37 所示. 其视场 $2\omega < 10°$,相对孔径 $\dfrac{D}{f'} = \dfrac{1}{8}$. 这种结构型式主要用在长焦距系统中,目的是利用反射镜折叠光路,还能减小系统的二级光谱色差,但是

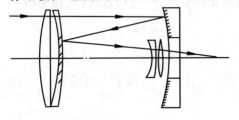

图 12.37

这种结构存在中心遮拦.

　　前面介绍了 11 种照相镜头结构的基本型式,如果以此基本型为蓝本,再将单片透镜分裂成多片透镜,或者再加进若干胶合面,便使结构型式复杂化.复杂化了的摄影镜头结构更是多种多样.由于结构复杂了,可变化的参数增加,所以像质进一步改善,视场和相对孔径亦会有所加大.

　　从上面介绍的常用结构型式还可看出,不同孔径、不同视场的光学系统,它们的结构型式是不同的.一般而言,随着孔径和视场的加大,其结构变得越复杂.在选择结构型式时,必须遵循既能满足光学性能和成像质量要求,又使结构最简单的原则.当外形尺寸计算完成后,通常都是从已有的技术资料和专利文献中选择其光学性能与所要求的相接近的结构作为初始结构.这是一种比较实用而又容易获得成功的方法,因此目前它被光学设计者广泛采用.

第四节　像差自动平衡

　　通过改变结构参数,使各种像差变化并相互平衡,从而让成像质量满足要求的过程称为像差平衡,或叫像差校正.其流程图如图 12.38 所示.在计算机上借助专用光学程序来自动修改结构参数以校正平衡像差的过程称像差的自动平衡.

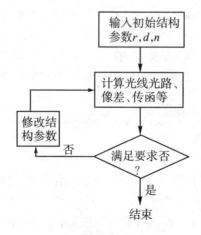

图 12.38

一、像差自动平衡的基本原理

电子计算机的应用,促进了数学上最优化理论和数值方法的发展.这样就为光学自动设计,确切地说应该是像差自动平衡打下了基础,并使透镜像差自动平衡成为了现实.

1.概述

设一个光学系统有 n 个结构参数,记作 $x_1, x_2, \cdots, x_n$.这些结构参数指透镜表面的曲率半径或非球面系数,透镜的厚度和间隔以及折射率等.要求校正 m 种像差,记作 $f_1, f_2, \cdots, f_m$.每种像差随各结构参数变化而变化,可表示为

$$f_1 = f_1(x_1, x_2, \cdots, x_n)$$
$$f_2 = f_2(x_1, x_2, \cdots, x_n)$$

或写成

$$f_i = f_i(x_1, x_2, \cdots, x_n) \quad (i = 1, 2, \cdots, m)$$

光学自动像差平衡就是要修改结构参数 $x_1, x_2, \cdots, x_n$,使 m 种像差都逐渐减小下来,且达到各自可允许的目标值.但光学系统的结构参数并不都是独立的自由变量,例如透镜的曲率半径要受限于它的中心厚度或边缘厚度,透镜的折射率也要受限于材料的种类而不能任意改变.这就要求在修改参数时,需对它们提出一些限制和约束,称为边界条件.

在像差自动平衡中要求控制的各种像差之间,也存在着相互依赖关系,并不是都能任意控制的独立的量.使得在修改结构参数时,会出现一些像差减小下来,而另一些像差反而增大的现象,例如一个孔径或视场的像差小了,而另一孔径或视场的同种像差大了.这就要求在设计时,应根据需要和可能,对各种像差进行综合平衡,以确定光学系统的最优结构参数.鉴于此,在光学自动平衡像差中,必须建立起一个能综合评价并足以反映像质好坏的函数,以引导结构参数的自动修改,直到获得良好的解.

前已指出,像差是结构参数的函数,以像差反映像质优劣的函数也应是结构参数的函数,即

$$\Phi = \Phi(x_1, x_2, \cdots, x_n)$$

函数 Φ 之值越小,成像质量就越好.例如有相同结构形式的光学系统的两个解其结构参数分别为 $x_1, x_2, \cdots, x_n$ 和 $y_1, y_2, \cdots, y_n$,若

$$\Phi(x_1, x_2, \cdots, x_n) < \Phi(y_1, y_2, \cdots, y_n)$$

就表示以 $x_1, x_2, \cdots, x_n$ 为结构参数的解,在像质方面优于以 $y_1, y_2, \cdots, y_n$ 为结构参数的解.在自动设计中,我们称 $\Phi(x_1, x_2, \cdots, x_n)$ 为评价函数,也有称价值函数

和目标函数的.

评价函数中的各种像差,不是以像差自身的绝对值 $|f_i|$,而是以它们相对于目标值之差 $(f_i - f_i^*)$ 来参与, f_i^* 为各种像差要求达到的目标值, $(f_i - f_i^*)$ 为剩余像差值.各种像差越接近于目标值,也就是各种剩余像差越小时,评价函数就越小.像差的目标值 f_i^* 可按像差的要求来确定.对各种像差还需乘上一个表示其相对重要性的系数 ω_i,对要求严格控制的像差,可乘上较大的 ω_i 值,使其在评价函数中占较大的比重;对要求不高的像差,乘以较小的系数;对不需考虑的像差取零系数.这一表示像差相对重要性的系数称为权重因子或权因子.权因子的选取不仅要据此区分各种像差的相对重要性,还要令其起统一像差量纲的作用.因为各种像差在数值上的要求差别很大,对于很大的数量差别,若不给它们乘以不同的权因子,计算机就会只对数值大的像差给予校正,数值小的像差就会被忽略.

根据上述考虑,评价函数的构成为如下形式

$$\Phi(x) = \omega_1^2 (f_1 - f_1^*)^2 + \omega_2^2 (f_2 - f_2^*)^2 + \cdots + \omega_m^2 (f_m - f_m^*)^2$$

$$= \sum_{i=1}^{m} \omega_i^2 (f_i - f_i^*)^2$$

式中, $\Phi(x)$ 为 $\Phi(x_1, x_2, \cdots, x_n)$ 的简写,以平方形式出现是因为考虑到剩余像差可正可负的缘故.

构成评价函数的诸像差 $f(x)$ 是泛指的,可以是几何像差,也可是波像差,还可以是点列图值或光学传递函数值等,还可以是一些光学系统需严格保证的高斯光学参数,如像方孔径角 u' 和像方截距 l' 等.

综上所述,所谓光学像差自动平衡,就是根据系统的要求构成评价函数以后,并在满足边界条件下,求 $x_1, x_2, \cdots, x_n$,使

$$\Phi(x_1, x_2, \cdots, x_n) = 极小$$

这就是自动设计问题的数学描述,是属数学上的最优化问题.

由于评价函数 Φ 以及构成评价函数的各种像差与结构参数之间非线性的复杂关系,不可能企图使一组初始结构参数经一次修改后就达到使评价函数为极小值的终解.实际上总是要对结构参数进行多次修改以后,才能使评价函数趋近于极小值.这一逐次修改结构参数使评价函数达到极小值的过程,称为迭代过程.每修改一次结构参数称为一次迭代.如果每次迭代都能使评价函数值减小,称为收敛.能否使评价函数快速收敛,是衡量自动设计方法的好坏和程序质量的主要标志.

2.像差自动平衡的基本原理

认为系统的结构参数和像差之间符合线性关系,这个假定是像差自动平衡的基础.根据这个假定,如果我们利用 n 个结构参数来校正系统的 m 种像差,每种像

差要求都可以表示成一个线性方程式，m 种像差对应着一个有 m 个方程式的线性方程组

$$\frac{\partial f_1}{\partial x_1}\Delta x_1 + \cdots + \frac{\partial f_1}{\partial x_n}\Delta x_n = \Delta f_1$$

$$\cdots$$

$$\frac{\partial f_m}{\partial x_1}\Delta x_1 + \cdots + \frac{\partial f_m}{\partial x_n}\Delta x_n = \Delta f_m$$

公式中 $\Delta f_1 \cdots \Delta f_m$ 为 m 种像差所要求的改变量，$\partial f_i/\partial x_j (i=1\cdots m, j=1\cdots n)$ 是每种像差对每个结构参数的偏微商；$\Delta x_1 \cdots \Delta x_n$ 则为每个结构参数相应的改变量.

根据像差方程组中方程式的个数 m 和自变量的个数 n 的多少，分成两种不同的情况：第一种情况 $m \leqslant n$，方程式的个数小于或者等于自变量的个数，方程组有无穷多组解或有唯一确定解；第二种情况是 $m > n$，方程式的个数多于自变量个数，方程组没有解. 对这两种不同的情况，须要用不同的数学方法求解，这就形成了两种不同的自动校正方法，前者称为适应法，后者称为阻尼最小二乘法. 下面分别介绍它们的具体解法.

1) 当 $m > n$ 时，方程组没有解，我们可用最小二乘解作为方程组的近似解. 下面说明最小二乘解的意义. 设

$$\varphi_1 = \omega_1 \left[\left(\frac{\partial f_1}{\partial x_1}\Delta x_1 + \cdots + \frac{\partial f_1}{\partial x_n}\Delta x_n \right) - \Delta f_1 \right]$$

$$\cdots$$

$$\varphi_m = \omega_m \left[\left(\frac{\partial f_m}{\partial x_1}\Delta x_1 + \cdots + \frac{\partial f_m}{\partial x_n}\Delta x_n \right) - \Delta f_m \right]$$

按照评价函数的定义，评价函数为

$$\Phi = \sum_{i=1}^{m} = \varphi_i^2$$

上面公式中，ω_i 为权因子，φ_i 称为加权像差函数. 以评价函数 Φ 的极小值的解作为像差方程组的近似解，这就是所谓最小二乘解，Φ 为极值的条件是

$$\frac{\partial \Phi}{\partial x_j} = 0 \quad (j=1,\cdots,n)$$

这是一个具有 n 个自变量，n 个方程式的方程组，称为法方程组. 法方程组的解就是像差方程组的最小二乘解. 我们把像差方程组和法方程组用矩阵表示，设

$$A = \begin{pmatrix} \omega_1 \dfrac{\partial f_1}{\partial x_1}, \cdots, \omega_1 \dfrac{\partial f_1}{\partial x_n} \\ \cdots \\ \omega_m \dfrac{\partial f_m}{\partial x_1}, \cdots, \omega_m \dfrac{\partial f_m}{\partial x_n} \end{pmatrix}$$

$$\Delta F = \begin{pmatrix} \omega_1 \Delta f_1 \\ \cdots \\ \omega_m \Delta f_m \end{pmatrix}$$

$$\Delta X = \begin{pmatrix} \Delta x_1 \\ \cdots \\ \Delta x_n \end{pmatrix}$$

则像差方程组可以表示为

$$A \Delta X = \Delta F$$

它和原始像差方程组的区别是每个方程式两边都乘以相应的权因子 $\omega_1 \cdots \omega_m$,显然并不影响方程组的解.

法方程组为

$$A^T A \Delta X = A^T \Delta F$$

它的解的公式为

$$\Delta X = (A^T A)^{-1} A^T \Delta F$$

2)当 $m \leqslant n$ 时,如果 $m = n$,方程式的个数等于自变量的个数,方程组有确定解,求解这样的方程组是没有困难的.但是如果 $m < n$,则方程组为不定方程组,有无穷多组解,这就产生了解的选择问题.按照优先改变那些最有效的结构参数,使结构参数改变得尽量少的原则,在挑选方程组解的时候须增加一个条件,即要求 $\sum\limits_{j=1}^{n} \Delta x_j^2$ 为极小值.于是问题变成了在满足像差方程组的条件下,求 $\sum \Delta x^2$ 的极小值,求这种解的数学方法称为拉格朗日乘数法,解的公式是

$$\Delta X = A^T (A A^T)^{-1} \Delta F$$

以上公式中的系数矩阵 A,无须考虑权因子,直接是像差方程组的系数矩阵. ΔF 也没有权因子.当 $m = n$ 时,以上公式也能应用,它就是像差方程组的确定解.

上面分别介绍了两种自动校正方法所用的数学方法和解的公式.上述讨论的基本前提是像差和结构参数之间符合线性关系.但实际上像差与结构参数之间的关系是非线性的.如果现有系统的像差很大,由像差线性方程组求出的解也就很大,很可能已大大超出了系统的近似线性范围.如果直接用这样的解来修改系统的

结构,往往不能获得预期的结果,甚至可能使像差变得更坏了.为了避免这种情况出现,采用"逐次渐近"的方式来克服像差和结构参数之间的非线性,即通过多次少量修改结构参数,使像差逐渐趋近最后目标值.

在阻尼最小二乘法中,具体的要求是希望每一次修改结构参数,既能使评价函数 $\Phi = \sum \varphi^2$ 下降,又不希望结构改得太多.为了达到这个目的,我们不单纯求 $\sum \varphi^2$ 的极小值,而是改为求下列函数的极小值

$$\Phi = \sum \varphi^2 + p^2 \sum \Delta x^2$$

公式中 p 称为阻尼因子,p 越大求得的 Δx 越小,根据系统线性的好坏,优选一个最好的 p 值,这时法方程组变为

$$(A^T A + p^2 I)\Delta X = A^T \Delta F$$

解的公式变为

$$\Delta X = (A^T A + p^2 I)^{-1} A^T \Delta F$$

式中,I 为单位矩阵.

评价函数中的阻尼项体现了既要校正像差,又不能使系统改得太大的逐次渐近设计方法.引入阻尼因子可以克服结构参数和像差之间的非线性关系,通过多次迭代使系统达到最后校正.

在适应法中为了用逐次渐近的方法克服系统的非线性性,可以把解 ΔX 缩小若干倍.这也就相当于把系统要求的像差改变量 ΔF 缩小若干倍进行求解的结果一样.

有关非球面系统的自动设计比球面系统要复杂困难得多.但是非球面自动设计程序的基本数学模型,自动设计过程的基本数学思想,非线性问题的处理方法等,与球面系统自动设计程序均无重大差异.此处不再细论.

3.自动设计与人工干预

据上所述,像差自动校正过程是建立在线性近似和逐次渐近基础上的,因此有很大的局限性.每一个新的系统都是在上一个系统基础上,作小量修改得出的,这就很难摆脱原始系统的特点,因此校正能否取得成功与原始系统的好坏有很大关系,而原始系统的选定必须靠设计人员,计算机程序本身无能为力.

在阻尼最小二乘法像差自动平衡程序中,由于评价函数在整个自变量空间一般存在多个极值,程序只能使它下降到和原始系统邻近的那个极值,这个极值很可能并不是系统可能达到的最小极值,这样的极值称为局部极值.程序无法判断当前的极值是否是最小极值,也不能自动跳出局部极值.

在适应法自动平衡过程中,由于像差之间的互相关联,由于像差与结构参数之

间的非线性.有时会出现某些像差下降,必须导致另一些像差的上升,从而使程序无法求解,像差无法继续校正.

上述情况的出现,必须靠人工"干预"才能解决,也就是说,需要设计人员把系统作某些大幅度修改以后,重新进入自动校正.这充分说明像差自动校正并不能完全代替设计人员的工作,而是在设计过程中需要进行多次人工"干预",这种"干预"过程无疑是设计者运用像差理论和设计经验的过程.所以在光学自动设计过程中,设计人员依旧需要发挥他的作用,而这些作用是与设计者对像差理论的了解和设计的实践经验分不开的.只有在此基础上,加之正确掌握自动平衡像差程序的使用方法,才能加速设计进程提高设计质量,真正发挥自动平衡像差的效果.

二、现有光学设计软件介绍

随着光学系统设计要求的不断提高和结构型式的日趋复杂,得心应手的计算机辅助设计软件已经成为专业设计人员不可缺少的工具.光学 CAD 发展数十年,国内外都开发了一些功能齐全或有一定特色的成熟软件包,下面介绍几个国内外实用软件.

1.国内实用软件

目前国产的光学软件主要有北京理工大学研制的 SOD88 和 GOLD 程序,长春精密光学机械研究所研制的 CIOES 程序等.

SOD88 光学设计程序适用于共轴光学系统,面型包括球面、非球面,系统可以是折射、反射和折反射系统.软件主要功能有几何像差计算和图形输出、像差自动校正、光学传递函数计算、变焦系统计算、公差分析和半径标准化,还提供出图计算功能,可计算出绘制光学图纸时所需要的数据,还能绘光学传递函数曲线图和点列图.

GOLD 软件可以对各种非对称、非常规复杂光学系统进行像质分析和结构优化.其主要功能包括光线追迹和像差计算、阻尼最小二乘法优化设计、各种像质指标计算和加工公差分配等,并能按需要输出各种图形.

CIOES 是一套集长光所几十年光学设计之经验的软件,其功能包括光学系统初始结构设定、像差分析、自动设计、像质评价、加工公差估算、样板的匹配等.

2.国外著名软件

目前在国际上有较大影响的光学设计软件包括:美国 ORA(Optical Research Associates)公司研制的 CODE V 和 Light Tools,Sinclair Optics 公司研制的 OS-LD,Focus Software 公司研制的 ZEMAX,英国 Kidger Optics 公司研制的 SIG-MA,法国 OPTIS 公司研制的 Solo,俄国圣彼得堡光机学院研制的 OPAL 软件等.下面对国内单位购买得比较多的 CODE V 软件和 ZEMAX 软件作一简要介绍.

1)CODE V

这是目前世界上分析功能最全、优化功能最强的光学软件.它有十分强大的优化设计能力.软件中优化计算的评价函数为垂轴像差、波像差或是用户定义的其他指标,也可直接对空间频率上的传递函数值进行优化.经过改进的阻尼最小二乘优化算法用拉格朗日乘子法提供精确的边界条件控制.除程序本身带有大量不同的优化约束量供选用外,用户还可根据需要灵活地定义各种新的约束量.该软件还提供了实用化的全局优化模块(Global Synthesis),可以在优化进程中自动跳出局部极小值,继续在解空间中寻找更佳设计,并在优化约束时把找到的满足设计要求的各种不同的结构型式——列出供使用者根据需要选择.

CODE V 提供了各种不同的像质分析手段.除了常用的三级像差、垂轴像差、波像差、点列图、点扩展函数、光学传递函数外,软件中还包括了五级像差系数、高斯光束追迹、能量分布曲线、部分相干照明、偏振影响分析、鬼像和冷反射预测、透过率计算、一维物体成像模拟等多种分析计算功能.

对于空间光学系统,环境因素的影响不可忽视.CODE V 软件具有计算压力变化、温度变化以及非均匀温度场对系统像质影响的功能,使用户可以在设计阶段对其加以控制.

CODE V 带有先进的公差分析子程序,可以针对均方根波像差、衍射传函、主光线畸变或用户定义的评价指标进行自动公差分配.在公差计算中,可以使用镜片间隔、像面位移、倾斜等各种补偿参数来模拟系统装校过程中的调整,从而求出最经济的加工公差,降低制造成本.其他与系统制造有关的功能包括自动对样板、加工图纸绘制、成本估算,而且还提供了与干涉仪的接口.与干涉仪联用,可以实现对复杂光学系统的计算机辅助装调.

CODE V 还包含了与光学设计有关的各种功能模块,如多层膜系设计、照明系统设计、变焦系统凸轮设计、系统整体光谱响应分析、系统质量和成本估算等.该软件具有开放式的程序结构,可以通过 IGES 或 DXF 图形文件实现与机械 CAD 软件的接口,并带有一个在软件内部使用的现代高级编程语言 Macro‑PLUS,用户可根据需要自行对软件进行各种扩充与修改.

2)ZEMAX

这是一个综合性光学设计软件.这一软件集成了包括光学系统定义、设计、优化、分析、公差等诸多功能,并通过简便直观的用户界面,为光学设计者提供了方便快捷的操作手段.由于其优越的性价比,近年来,ZEMAX 在光学设计领域所占份额越来越大,在全球已经成为最广泛采用的软件之一.

ZEMAX 的功能主要有:

①光源与光学系统建模

采用简单的列表式输入界面,可以方便地进行光源和光学系统的设定.ZEMAX支持多种不同类型光源,如点光源、椭球体、圆柱体、半导体激光器、白炽灯等,可以是单色光源,也可是复色光源.光源的光学特性及结构型式都可由用户定义.对于光学系统的建立,ZEMAX 提供了 60 种光学曲面面型供选择,主要类型有:平面、球面、二次曲面、光锥面、轮胎面、渐变折射率面、二元光学面、光栅、全息衍射元件、菲涅尔透镜、波带板等,同时还支持用户自定义表面.用户可以根据需要对每个面型孔径形状、散射、倾斜、离轴和镀膜膜层进行设定.系统工作波长和视场可达 12 个,各波长可设定不同的权重,各视场可自动设置和计算偏心及渐晕系数.光学系统建立过程中,可借助软件提供的二维、三维外形图功能,进行及时调整,使之合理化.

②像质分析和评价

ZEMAX 提供丰富的像质评价指标,比如评价小像差系统的波象差、包围圆能量;评价大像差系统的点列图、弥散圆、MTF、PSF、几何像差等.软件还提供偏振、镀膜、像面照度、衍射像等计算分析.像质评价结果的表现形式多种多样,既有直观的图形,也有详细数据报表.

③优化设计

ZEMAX 采用的优化算法是阻尼最小二乘法,能优化加权目标值组成的评价函数.提供 20 种缺省的评价函数,比如点列图 RMS 半径、MTF 响应、包围圆能量等.目标值有 200 多种.优化得到的结构参数显示在数据编辑器中,如不满足要求,可进行人工干预.

④公差分析

用来分析的公差包括结构参量变量,如曲率、厚度、位置、折射率、阿贝数、非球面系数等;表面和透镜的偏心;表面或透镜的倾斜等.

⑤结果数据和图形报表输出

为方便用户使用,ZEMAX 对计算分析结果提供了详细明晰的数据报表输出.图形输出可以产生一个同时显示 4～6 幅图形的窗口,便于进行分析比较.

⑥数据库

包括有玻璃库、镜头库和样板库.玻璃库中包含了 Schott,Hoya,Ohara,Corning,Sumita 等公司的各种玻璃产品,还包括红外材料、光学塑料及一些天然材料、双折射材料等.镜头库提供国外十九家厂商的几千个镜头数据.样板库提供多个厂商的样板列表.

⑦顺序与非顺序光线追迹

顺序追迹是指光线严格按照顺序从物面到光学系统最后一面进行追迹.非顺

序光线追迹是指不按输入界面中的元件顺序按实际需要进行光线追迹.

第五节　光学零件技术条件

一、尺寸加注和标记符号

为了把所设计的光学系统投入生产,必须绘制生产图纸、进行光学制图时,除满足国家机械制图标准外,在如何加注光学零件的尺寸,怎样使用标记符号等方面有其特别之处.

1.球面半径

考虑到零件加工的方便和可能,光学球面半径必须标准化,标准半径系列由公比为$\sqrt[n]{10}$并将数值化整的几何级数构成,根据国家标准将半径数值分成七个疏密不同的区域,每个区有特定的根指数 n 值和半径范围.

2.零件直径

零件需固定在金属框中,零件直径要比通光口径稍大.固定零件的方式一般有压圈和包边两种.通光口径小于 6 mm 时,用压圈不太合适;通光口径大于 80 mm 时,用包边不太牢靠;通光口径在 6~80 mm 范围内,两种方法都可以用.按零件性质,确定零件与镜框的配合类型,给出公差.

3.零件中心厚度

正透镜中心厚度的确定,主要要保证透镜边缘不能太尖.由允许的透镜最小边缘宽度和直径、球面半径便可算出中心厚度.负透镜的中心厚度要保证在加工过程中不易变形.一般为直径的 1/10 左右.位于仪器外部的保护玻璃,需要足够机械强度时,厚度应取大些.一般情况下,除非以厚度作为校正像差的参数外,零件厚度过厚,则对透过率、重量、尺寸、成本等都不利.

4.光学零件倒边尺寸

光学零件的倒边可以分为两类,即保护性倒边和设计性倒边.保护性倒边是为了防止零件在装配时,尖锐的边缘被碰破,也免得划破工人的手.在透镜磨边和定中心时,砂轮和透镜的接触不是十分均匀的,因此磨边以后,总会发生大大小小的破边,倒边可以去掉一些小的破边.当然,大的破边,倒边也无法补救,只好报废.设计性倒边则是为了零件固定方便,或是减轻重量等特殊需要.倒边应在光学零件通光口径之外,圆形零件倒边尺寸包括宽度和角度,非圆形零件除倒边外还需倒角.

  5.光学图纸上的标记符号

  光学图纸上常用的标记表示在表 12.2 上.

表 12.2 图纸上的标记

序号	名称	标记	图线名称	序号	名称	标记	图线名称
1	光阑或光瞳			9	增透膜		
2	狭缝			10	内反光膜		
3	物面或像面		粗实线	11	外反光膜		细实线
4	光源			12	分光膜		
5	光电接收器	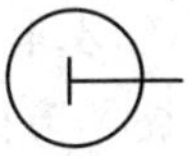		13	滤光膜	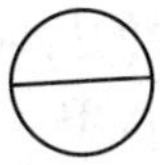	
6	眼点			14	保护膜	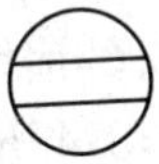	
7	分划面			15	电热膜		
8	毛面		细实线	16	偏振膜		

对特殊光学零件的剖面画法也有规定,如光学纤维件的剖面画法如图 12.39 所示,a,b 为沿光学纤维方向;c 为垂直光学纤维方向.晶体的剖面画法与玻璃相同,晶轴方向用箭头表示即可.

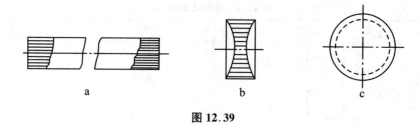

图 12.39

二、对光学材料的要求

光学材料包括光学玻璃、光学晶体和光学塑料三大类.光学玻璃是用得最广泛的光学材料.由于人工晶体的培养比较困难,体积和尺寸受到限制,所以,光学晶体只有在光学玻璃不能满足要求时才使用;光学塑料属于有机高分子化合物,具有价格低、易成形、重量轻等特点,近年来有广泛应用.

1.折射率误差 Δn_d

每种玻璃都规定了它的标准折射率数值.我国国家标准规定,n_d 是指光学玻璃对钠光 d 谱线的折射率,n_d 与标准值的误差分 0,1,2,3,4 五类;同一批玻璃中,n_d 的一致性分 A,B,C,D 四级.折射率误差应包含上述两方面误差.

2.色散误差 $\Delta(n_F - n_c)$

用 F 谱线和 C 谱线折射率之差($n_F - n_C$)表示色散,色散值与标准值允许的误差分 0,1,2,3,4 五类;同一批玻璃中,色散的不一致分 A,B,C,D 四个等级.

3.光学均匀性

光学玻璃因退火温度不均匀或在内部残余应力作用下,使玻璃的各部分折射率产生差异.对于大尺寸光学零件,若光学不均匀存在面积较大,将降低像的分辨率和质量.玻璃的光学均匀性分为四类.

4.应力双折射

光学玻璃存在内应力,加工中易破裂或产生残余变形,产生双折射现象,影响仪器的性能.玻璃双折射分为 1a,1,2,3,4 共五类.

5.光吸收系数

光学系统成像的亮度与玻璃的透明度成比例关系.光学玻璃对某一波长光线

的透明度,以光吸收系数表示.国家标准规定,玻璃的吸收系数分为 00,0,1,2,3,4,5,6 共八级.

6.条纹度

条纹是由于玻璃内部的化学成分不均匀产生的局部缺陷.条纹会造成光线的散射、折射而使波面变形.条纹度按规定分为 00,0,1,2 共四类,并按检验观察方向,分为 A,B,C 三级.

7.气泡度

气泡是由于玻璃在熔炼中气体来不及溢出而形成,它会造成光线的散射、折射而使波面变形,气泡度按最大气泡的直径分为 1,2 两类,按每 100 cm^3 玻璃内允许含有的气泡总截面积分为 A_0,A,B,C,D,E 共六级.

典型光学系统中光学零件对光学玻璃的要求见表 12.3.

表 12.3　对光学玻璃的要求

技术指标	物镜			目镜		分划板	棱镜	不在光路中的零件
	高精度	中精度	一般精度	视场角 2ω $2\omega>50°$	视场角 2ω $2\omega>50°$			
ΔN_d	1B	2C	3D	3C	3D	3D	3D	3D
$\Delta(n_F-n_C)$	1B	2C	3D	3C	3D	3D	3D	3D
光学均匀性	2	3	4	4	4	4	3	5
应力双折射	3	3	3	3	3	3	3	4
光吸收系数	4	4	5	3	4	4	3	5
条纹度	1C	1C	1C	1B	1C	1C	1A	2C
气泡度	3C	3C	4C	2B	3C	1C	3C	8E

三、对零件质量的要求

1.光学样板的精度 ΔR

在光学零件加工过程中,通常是用光学样板来检验工件的面形精度.光学样板半径所允许的误差 ΔR,对被检工件的面形精度有直接的影响.因此,光学样板的光圈数 N_G 应比其检验的零件光圈 N 要严格 3~5 倍.标准样板的精度等级 ΔR 分为 A,B 两级.

2.光圈数 N 和局部光圈 ΔN

零件表面与样板表面之间存在的偏差用两表面间的空气间隙所产生的干涉条

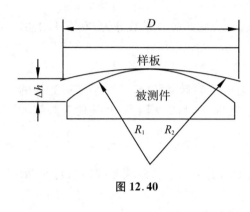

图 12.40

纹数 N（整个面形误差）和 ΔN（局部误差）表示. 由图 12.40，样板和被测零件半径之间有微小差别，其半径差为

$$\Delta R = R_1 - R_2$$

所造成的空气隙，即两者矢高差为

$$\Delta h = \frac{D^2}{8R_1} - \frac{D^2}{8R_2} = \frac{D^2}{8}\left(\frac{1}{R_1} - \frac{1}{R_2}\right) = \frac{D^2}{8}\Delta C$$

光圈数 $N = \dfrac{\Delta h}{\lambda/2} = \dfrac{D^2}{4\lambda}\Delta C = \dfrac{D^2}{4\lambda}\cdot\dfrac{\Delta R}{R^2}$

给出光圈数后，便能算出被加工面的半径误差.

3. 中心偏差 C

透镜中心偏差是指透镜外圆的几何轴线与光轴在曲率中心处的偏差，用 C 表示. 显微物镜、广角物镜、复制照相物镜和望远镜中心偏差应为 $0.005\sim0.01$ mm；目镜的中心偏差为 $0.03\sim0.05$ mm；放大镜和聚光镜中心偏差为 $0.05\sim0.1$ mm.

4. 厚度公差和空气间隙偏差 Δd

透镜的厚度公差，特别是空气间隙的偏差会改变像差，影响像质，因此规定了透镜的厚度公差和空气间隙偏差. 放大镜和普通目镜的透镜厚度公差和空气间隙偏差为 $\pm(0.1\sim0.2)$ mm；复杂目镜的厚度公差和空气间隙偏差为 $\pm(0.05\sim0.1)$ mm；物镜的厚度公差为 $\pm(0.1\sim0.3)$ mm.

5. 表面疵病 B

表面疵病是指光学表面存在的麻点、划痕、开口气泡和破边等. 根据表面疵病的尺寸和数量共分十个等级. 位在像面附近的疵病最易发现，所以像面附近的零件对疵病要求最高.

6. 表面粗糙度

表示零件表面的光滑程度. 有光线通过的光学表面要求最高等级的表面粗糙度，允许表面轮廓算术平均偏差最小，即 $R_a = 0.012$ μm，零件的非工作面，如透镜的外圆面 $R_a = 3.2$ μm，表面粗糙度的允差直接在表面上用符号 $\sqrt{\dfrac{Ra}{}}$ 表示.

7. 平板零件的平行度公差

对平板零件的两光学表面要规定平行度公差. 一般精度的滤光镜和保护玻璃，不平行度 $1'\sim10'$，高精度时则为 $3''\sim1'$；分划板和表面涂层的平面反射镜不平行度为 $10'\sim15'$；背面涂层的平面反射镜不平行度为 $2''\sim30''$.

8.棱镜制造公差

棱镜的制造公差包括尺寸公差和角度公差.棱镜的面形公差也用 $N,\Delta N$ 表示,表面疵病 B 的指标与透镜相同.各种棱镜的角度误差基本控制在 $0.5'\sim10'$ 内.

9.光楔角度公差

光楔角度按高精度、中精度和一般精度要求规定公差,其值在 $0.2''\sim1'$ 范围内.

10.需要镀膜时,在零件表面要注出镀膜符号,说明对膜层的具体要求;胶合部件需说明什么胶胶合;分划板需标出刻线位置、长度和宽度以及有关技术要求;为减少或消除仪器中的漫射光,常在光学零件的非工作面、端面和倒边上涂黑色消光漆.漆层厚度一般不超过 0.1 mm.

不同用途的光学系统,其零件的加工要求也不同.典型光学零件所允许的光圈数 N、局部光圈 ΔN 和表面疵病等级 B 表示在表 12.4 中.其他的一些要求及有关更详细信息可从设计手册中查寻.

表 12.4　光学零件的面形误差和表面疵病

仪器类型	零件性质	面形误差		表面疵病
		N	ΔN	B
显微镜和 精密仪器	物镜	1~3	0.1~0.5	Ⅲ
	目镜	3~5	0.5~1	
照相系统 投影系统	物镜	2~5	0.1~1	Ⅴ~Ⅵ
	滤光镜	1~5	0.1~1	
望远系统	物镜	3~5	0.5~1	Ⅳ~Ⅴ
	转像透镜	3~5	0.5~1	
	目镜	3~6	0.5~1	
	棱镜:反射面	1~2	0.1~0.5	Ⅱ~Ⅲ
	折射面	2~4	0.3~0.5	
	屋脊面	0.1~0.4	0.05~0.1	
	反射镜	0.1~1	0.05~0.2	Ⅲ~Ⅳ
	场镜、分划板	5~15	0.5~5	$Ⅰ_{-10}\sim Ⅰ_{-30}$

本节所讨论的对光学零件的技术要求应充分反映在光学图纸上,如图 12.41 和图 12.42 所示.对于光学系统图,应在图上清楚表示出各零部件之间的相互位置

关系和主要光学特性参数以及有关技术要求.

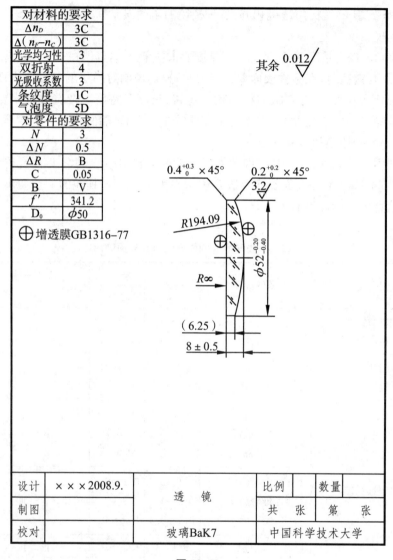

对材料的要求	
Δn_D	3C
$\Delta(n_F-n_C)$	3C
光学均匀性	3
双折射	4
光吸收系数	3
条纹度	1C
气泡度	5D
对零件的要求	
N	3
ΔN	0.5
ΔR	B
C	0.05
B	V
f'	341.2
D_0	$\phi 50$

⊕ 增透膜GB1316–77

其余 0.012

$0.4^{+0.3}_{0} \times 45°$ $0.2^{+0.2}_{0} \times 45°$

3.2

R194.09

$\phi 52^{-0.20}_{-0.40}$

$R\infty$

(6.25)

8 ± 0.5

设计	× × × 2008.9.	透 镜	比例		数量	
制图			共　张		第　张	
校对		玻璃BaK7	中国科学技术大学			

图 12.41

对胶合件的要求	
N	3
ΔN	0.5
ΔR	B
C	0.05
B	V
f'	501.6
l_F	−500.3
l'_F	494.2
D_0	$\phi 50$

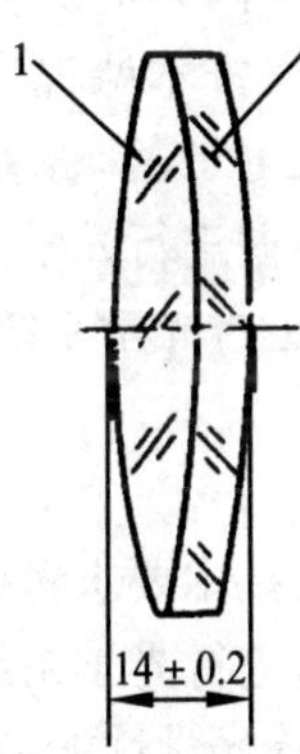

技术要求
用××胶胶合……

2		负透镜	1	
1		正透镜	1	
序号	代号	名称	数量	附注

设计		双胶合透镜	比例		数量	
制图			共 张 第 张			
校对			中国科学技术大学			

图 12.42

课 程 设 计

一、课程设计目的

第十二章是"应用光学"课程内容的综合应用.为了让学生能对本课程内容真正掌握,并能做到学以致用,特安排本课程设计.希望通过课程设计使学生经历从光学系统原理方案制定,外形尺寸计算,像差校正到绘制光学图纸的全过程,从而加深对光学成像理论的理解,掌握进行光学系统整体布局和尺寸计算的基本方法,培养在计算机上利用光学软件进行光学系统设计的初步能力.

二、课程设计内容

1.理解设计技术要求,根据技术要求考虑方案,拟定光学系统原理图.

2.根据确定的光学原理图,进行光学系统外形尺寸计算,包括计算确定系统中各透镜组元的焦距、孔径、视场等光学性能参数以及各光组的相对轴向位置和横向尺寸.

3.选择光组的初始结构型式,给定结构参数,在计算机上借助光学软件进行像差平衡.

4.将设计结果绘制光学零件图和系统图.

5.整理上述设计过程与计算数据,完成设计报告.

三、课程设计题目(供参考)

题目一　变倍望远镜光学设计

技术要求:

1.视放大率 $\Gamma = 4、6、9$ 倍;

2.入瞳口径 $D_\lambda = \varnothing 30$ mm;

3.视场角 $2\omega = 8°$;

4.镜筒筒长 $\leqslant 300$ mm;

5.轴外渐晕 $\leqslant 50\%$;

6.工作波长:可见光范围.

题目二　轻便型教学投影仪光学设计

技术要求:

1.投影倍率 $\beta = -20$ 倍;

2.投影镜头焦距 $f' = 75$ mm;

3.投影底片尺寸:24×36 mm^2;

4.照明光源:100 W,发光效率 20 lm/W,发光体为直径 $\varnothing 13$ mm 的球体,整个空间均匀发光;

5.投影屏幕中心照度 $\geqslant 200$ lx,照明均匀.

题目三　可调式半导体激光准直系统设计

技术要求:

1.出射激光束为平行光(即准直光),光束口径 $\varnothing 2$ mm $\sim \varnothing 10$ mm 连续可变;

2.工作波长:0.6328 μm;

3.LD 发光面尺寸 1 μm$\times 3$ μm;

4.准直系统长度 $\leqslant 50$ mm.

题目四　多功能光纤内窥镜光学设计

技术要求:

1.内窥镜适用于人体胃腔,具有目视观察、照相和电视摄像等多种功能,目视观察和电视摄像同时进行;

2.物距范围 $l = -5$ mm ~ -100 mm,当 $l = -30$ mm 时,观察系统中看到的像与物体大小、方向均相同;

3.采用阶梯型光纤传像束,长 1.2 m,端面有效直径 $\varnothing 2.4$ mm,单根光纤直径 $\varnothing 15$ μm,数值孔径 0.15;

4.采用 $\frac{1}{4}''$CCD,接收靶面尺寸 3.2 mm$\times 2.4$ mm.

部分习题参考答案

第一章

1. 2.25×10^8 m/s,2×10^8 m/s,1.818×10^8 m/s,1.966×10^8 m/s
2. $90°$
3. 0.75 m
4. $2\times51°18'$

第二章

1. $l' = -400$ mm,$y' = -3$ mm
2. 球心,$l_2 = -30$ mm
3. $l' = -111.1$ mm,$y' = -4.44$ mm,倒立实像.浸在水中时像的大小、位置不变
4. 1) $l = -60$ mm

   2) $l = -40$ mm

   3) $l = -300$ mm

   4) 不能
5. 凸面镜,$r = 400$ mm
8. 1) $f' = 40$ mm

   2) $f' = 40$ mm

   3) $f' = -40$ mm

   4) $f' = 111.1$ mm

   5) $f' = -111.1$ mm
10. $f' = 100$ mm
11. $\beta = -1$
13. 403.3 mm
14. 1) 75 mm

    2) 300 mm

    3) 后移 75 mm,$\beta = -1$
15. 1) $r_1 = \infty$,$r_2 = -8.03$ mm

    2) $r_1 = 16.06$ mm,$r_2 = -16.06$ mm

16. 空气中 $f' = 50$ mm

    水中 $f' = 195.6$ mm

17. $r_1 = 83.3$ mm, $r_2 = 45.45$ mm

18. $l_H = 50$ mm, $l'_H = 40$ mm, $f' = -587.4$ mm

19. $l_H = 20$ mm, $l'_H = 0$, $f' = 200$ mm

    点光源离透镜平面 180 mm

20. $l = -107$ mm, $l' = 1096$ mm, $L = 1218$ mm

第三章

1. 后移 20 mm, 逆转 $\frac{1}{4}$ rad

2. $n = 1.532$

3. $\alpha = 2.06°$

4. 900 mm

5. $22.5°$

7. $D_1 = 12.38$ mm, $D_2 = 11.61$ mm, $l' = 11.83$ mm

第四章

1. $l = \infty$ 时, $\varnothing 35$ mm 光阑为孔径光阑兼入瞳, 出瞳: $l' = -100$ mm, $D = 70$ mm; $l = -300$ mm 时, $\varnothing 40$ mm 镜框为孔径光阑兼入瞳和出瞳

2. 无渐晕时, $2y = 28.3$ mm

    50% 渐晕时, $2y = 33.3$ mm

3. 1) $f' = 176.47$ mm, $D = 49.38$ mm

    2) 孔径光阑在 F' 处, $D = 41.77$ mm

4. 1) 0.76 lm

    2) 1.512×10^6 cd

    3) 1.925×10^{12} cd/m^2

    4) 6.05×10^4 lx

5. $f' = 225$ mm, $\sin U = -0.46$

第六章

1. $l_{远} = -0.4$ m, $f' = -400$ mm

2. $\Gamma = 5$ 倍, $2y = 16.67$ mm

3. $NA = 0.55$, $|\Gamma_{min}| = 291$ 倍

4. $f'_{物} = 4.64$ mm, $\Delta = 185.6$ mm, $\Gamma_{总} = -600$ 倍

5. 276 倍

6. 1) 120 mm,20 mm

    2) 30 mm,24.6 mm

    3) 16.8 mm

    4) 23.3 mm

    6) ±2 mm

7. $f' = 54$ mm,场镜位于目镜前焦面处.

8. 右移 122 mm, -2 倍, -1.22 倍

第七章

3. $2\omega = 63.4°$

4. $F = 2.5$

5. 不能

6. $D = 5.625$ mm, $l_z = 20$ mm

7. $d = 78.87$ mm, $f' = 173.2$ mm

8. 36 m, $f' = 166$ mm

9. 两片密接

10. $2\omega = 14.53°$

第八章

4. $E'_0 = 1477$ lx

5. $E'_0 = E'_\omega = 223$ lx

第九章

1. $\omega = 0.7354$ mm, $R = -1199.6$ mm, $2\theta = 1.34 \times 10^{-3}$ rad

2. $\omega'_0 = 0.0402$ mm, $l' = 100$ mm

3. 1) 目镜: $f' = 10$ mm, $D = 2$ mm

      物镜: $f' = 100$ mm, $D = 20$ mm

    2) $2\omega'_0 = 20$ mm, $2\theta' = 0.4 \times 10^{-3}$ rad

4. 8 μm

7. $d = 300$ mm, $R_1 = 620.9$ mm

第十章

1. $NA = 0.56$

6. $f'_{min} = 1.29$ mm, $P = 12.17$ mm

第十一章

1. 1) 10.48 mm

   2) 10.714 mm,10.48 mm,场镜后方 12 mm

2. 0.117

3. 57.02 mm,40.65 mm,47.6 mm

4. -123.46 mm,48.54 mm,-400 mm

主要参考书目

[1] 袁旭沧.应用光学[M].北京:国防工业出版社,1988.

[2] 张以谟.应用光学[M].北京:机械工业出版社,1988.

[3] 迟泽英.应用光学[M].南京:华东工学院出版社,1984.

[4] 李士贤,等.应用光学(理论概要·例题详解·习题汇编·考研试题)[M].北京:北京理工大学出版社,1994.

[5] 王之江.光学技术手册[M].北京:机械工业出版社,1987.

[6] 张登臣,等.实用光学设计方法与现代光学系统[M].北京:机械工业出版社,1995.

[7] 吴宗凡,等.红外与微光技术[M].北京:国防工业出版社,1998.

[8] 姜景山.空间科学与应用[M].北京:科学出版社,2001.

[9] 李林,等.工程光学[M].北京:北京理工大学出版社,2002.

[10] 陈海清.现代实用光学系统[M].武汉:华中科技大学出版社,2003.

[11] 石顺祥,等.物理光学与应用光学[M].西安:西安电子科技大学出版社,2003.

[12] 叶玉堂,等.光学教程[M].北京:清华大学出版社,2005.

[13] 毛文炜.光学工程基础(一)[M].北京:清华大学出版社,2006.